Elisabeth Kals
Arbeits- und Organisationspsychologie
Workbook

Elisabeth Kals

Arbeits- und Organisationspsychologie

Workbook

Anschrift der Autorin:

Prof. Dr. Elisabeth Kals
Sozial- und Organisationspsychologie
Katholische Universität Eichstätt-Ingolstadt
85071 Eichstätt

© Beltz Verlag, Weinheim, Basel 2006
Programm PVU, Psychologie Verlags Union
http://www.beltz.de

Lektorat: Monika Radecki
Herstellung: Uta Euler
Reihengestaltung: Federico Luci, Köln
Umschlagbild: Getty Images, Hamburg
Satz: Druckhaus „Thomas Müntzer", Bad Langensalza
Druck: DruckPartner Rübelmann, Hemsbach
Bindung: Druckhaus Beltz, Hemsbach

Printed in Germany

ISBN 3-621-3-621-27584-3
EAN 978-362127584-2

Vorwort

Sie halten einen kurzen Überblick über Themen, Methoden und Erkenntnisse der Arbeits- und Organisationspsychologie in den Händen – einen knappen Einstieg in die beiden Anwendungsdisziplinen. Aufbauend auf dieser Einstiegslektüre können Sie sich vertiefend mit dem Feld der Arbeits- und Organisationspsychologie auseinander setzen.

Die Arbeits- und Organisationspsychologie befasst sich mit psychologischen Problemen und ihrer Lösung im Arbeits- und Wirtschaftsleben. Sie bietet Theorien und fundierte Erkenntnisse, die helfen, psychologische Herausforderungen in der Arbeitswelt und in Organisationen langfristig und nachhaltig zu meistern. Dazu werden in diesem Buch vorhandene Wissensbestände im Überblick zusammengebracht, Anregungen für die Praxis gegeben und so die Arbeits- und Organisationspsychologie als leistungsstarkes Anwendungsfeld gezeigt. Somit liegt der Schwerpunkt auf der praktischen Anwendung arbeits- und organisationspsychologischen Wissens und damit auf der Überwindung bestehender Brüche zwischen Theorie und Praxis.

Das Buch richtet sich insofern nicht nur an Studierende der Psychologie oder der Wirtschaftswissenschaften, sondern ebenso an all jene, die psychologische Fragestellungen in der Arbeitswelt und organisationalen Praxis bearbeiten und lösen.

Seit Beginn der Arbeits- und Organisationspsychologie als Wissenschaft (markiert durch die Hawthorne-Studien in den 1920er Jahren) hat sich diese zu einem wichtigen Anwendungsfach innerhalb der Psychologie entwickelt. Immer mehr Psychologinnen und Psychologen arbeiten in privaten und öffentlich-rechtlichen Unternehmen. Hinzu kommen Tätigkeiten in klinischen und pädagogischen Einrichtungen (wie Krankenhäuser und Schulen), in denen Grundkenntnisse in der Organisationspsychologie ebenfalls wichtig sind.

In all diesen Feldern kann die Psychologie ihre Kompetenzen einbringen, etwa bei der Analyse und Entwicklung von Organisationen, der urteilssicheren Personalauswahl, der Personalentwicklung, dem konstruktiven Umgang mit Konflikten am Arbeitsplatz, der systematischen Analyse und Gestaltung von Arbeitsplätzen und -systemen.

Dabei steht die wissenschaftliche und anwendungspraktische Arbeits- und Organisationspsychologie in einem potentiellen Spannungsfeld: auf der einen Seite die Arbeits- und Organisationspsychologie als Wissenschaft, bei der es vor allem um die Analyse und das Verständnis arbeitsbezogener und organisationaler Prozesse geht, auf der anderen Seite Anforderungen der Praxis, bei der schnelle und kostengünstige Lösungen von Problemen erwartet werden.

Die Arbeitswelt unterliegt einem steten Wandel. Statt traditioneller Organisationsformen finden sich zunehmend „moderne" Organisationen mit kontinuierlichem Wandel, Selbstorganisation, flachen Hierarchien und kontinuierlichem Lernen. Neue Informations- und Kommunikationstechnologien verändern viele Branchen grundlegend.

Aufgrund dieser raschen Veränderungen in Arbeitswelt und Organisationen sind beim Umgang mit konkreten Fragestellungen in Organisationen (z.B. Fragen der Personalentwicklung) oftmals Methoden der Einzelfalldiagnostik anzuwenden: Theorien sind auf den jeweiligen Einzelfall zu beziehen. Die Fragestellung ist auf der Basis dieser Theorien situationsspezifisch zu analysieren. Entscheidungen, z.B. über Personalentwicklungsmaßnahmen (PE-Maßnahmen), sind aufbauend auf dieser Einzelfalldiagnostik zu fällen, und ihre Umsetzung ist zu evaluieren.

Ein solches systematisches Vorgehen vermindert die Gefahr von Fehlentscheidungen erheblich. Es trägt dazu bei, dass langfristig stabile Lösungen gefunden werden, und ist zudem erkenntnisorientiert, da beispielsweise Befunde über das Zustandekommen des Problems und Evaluationsdaten über seine Lösung wieder in die Grundlagenforschung eingespeist werden können. Allerdings ist ein solches Vorgehen – kurzfristig berechnet – zeit- und kostenintensiver als ein praxeologisches Vorgehen. Bei praxeologischen Vorgehen werden schnelle Lösungen gesucht und zumeist ohne große Beteiligung von Mitarbeitern und Betroffenen umgesetzt. Schlagen diese fehl, wird rasch nach Alternativen gesucht, über die abermals durch das Management entschieden wird.

Daher ist in der Praxis Überzeugungsarbeit zu leisten, um ein systematisches Vorgehen durchzusetzen, bei dem – wann immer dies sinnvoll ist – auch die Betroffenen einbezogen werden. Widerstände sind zu überwinden, z.B. seitens des Managements aus Sorge vor zu starken Demokratisierungsprozessen oder auch seitens der Mitarbeiter aus Sorge vor Manipulation oder zusätzlichem Aufwand.

Deshalb geht es im vorliegenden Buch immer auch darum, wie sich die wissenschaftlichen Theorien, Methoden und Erkenntnisse im Praxisalltag von Organisationen umsetzen lassen. Es werden positive Praxisbeispiele genannt und Gegenargumente vorweggenommen (das Vorgehen ist zu teuer, zu langwierig etc.).

Der Versuch, in einem Lehrbuch Wissenschaft und Praxis einander näher zu bringen, führt zu folgenden strukturellen und formalen Entscheidungen:

► Das Buch greift – in alphabetischer Reihenfolge – vor allem auf vier deutsche Lehrbücher zurück: (1) Hoyos, C. & Frey, D. (Hrsg.). (1999). Arbeits- und Organisationspsychologie. Weinheim: Beltz PVU. (2) Schuler, H. (Hrsg.). (2004). Organisationspsychologie. Bern: Huber. (3) von Rosenstiel, L. (2003). Grundlagen der Organisationspsychologie. Stuttgart: Schäffer-Poeschel. (4) Weinert, A.B. (2004). Organisations- und Personalpsychologie. Weinheim: Beltz PVU.

► Literatur wird äußerst sparsam zitiert und ist weitgehend auf den deutschsprachigen Raum beschränkt. Sie umfasst viele aktuelle Titel. Neben arbeits- und organisationspsychologischer Literatur wird auch Literatur von Wirtschaftswissenschaftlern und Organisationssoziologen zitiert.

► Autorinnen und Autoren wichtiger Theorien oder Studien werden namentlich genannt, aber die Primärquellen mit Jahreszahlen werden nicht zitiert. Stattdessen findet sich ein Verweis auf eine Sekundärquelle (meist eines der vier genannten Lehrbücher), in der ausführliche Angaben zur Originalliteratur zu finden sind. Dieses Vorgehen entspricht nicht gängigen Zitierrichtlinien, aber die Lesbarkeit des Textes wird erhöht. Der Verlust an Information durch den Verzicht auf die Jahresangabe wird in Kauf genommen, um zu vermeiden, dass nach dem Werk in der Literaturliste dieses Buches vergeblich gesucht wird. Dadurch rücken stärker inhaltliche, statt formale Kriterien in den Vordergrund, und das Literaturverzeichnis ist auf jene Quellen beschränkt, die ein breiteres Publikum interessiert.

► Die Struktur des Buches ist an den Ebenen einer Organisation ausgerichtet: Zunächst erfolgt die Makroperspektive auf Organisationen. Anschließend wird die Meso- bzw. interindividuelle Ebene in Organisationen betrachtet. Zuletzt liegt der Fokus auf der mikro- bzw. intraindividuellen Ebene und somit auf der individuellen Arbeit.

► Innerhalb dieser drei Ebenen richtet sich die Auswahl der Themen an Praxiserfordernissen aus. Interventions- und Gestaltungsentscheidungen stehen im Mittelpunkt, z.B. Organisationsentwicklung, Personalentwicklung, Arbeitsplatzgestaltung.

- ► Das Buch macht Vorschläge zur besseren Positionierung der Arbeits- und Organisationspsychologie in der Praxis: Es zeigt die Potentiale einer gelungenen Anwendung psychologischen Wissens in der Arbeitswelt und in Organisationen und verdeutlicht vorhandene Brüche sowie deren Überwindungsmöglichkeiten zwischen der Arbeits- und Organisationspsychologie und anderen Disziplinen.

- ► Das Buch will einen möglichst schnellen und einfachen Überblick über die verschiedenen Themenfelder der Arbeits- und Organisationspsychologie geben. Hierzu trägt u.a. die starke inhaltliche Gliederung, der symmetrische Kapitelaufbau sowie das Layout bei.

Abschließend sei jenen Personen gedankt, ohne deren Hilfe das Buch in dieser Form nicht entstanden wäre: Jutta Gallenmüller-Roschmann, Juliane Kärcher und Markus Müller für kollegiale Anregungen. Beate Schulda für die vielen Backup-Arbeiten. Ines Heinen, Ulrike Brok und Sandra Utz für vielfältige Unterstützungen und hilfreiche Rückmeldungen. Mein besonderer Dank gilt Heike Berger für ihre vielen kreativen und konstruktiven Ideen zur Konzeption und Gestaltung des Buches sowie Monika Radecki für die professionelle Realisierung des gesamten Projekts. Dank gebührt auch unseren Söhnen Richard und Robert für ihre muntere Präsenz.

München, im Sommer 2005   *Elisabeth Kals*

Inhalt

Teil IV
Individuelle Ebene

Teil V
Verbindung von Wissenschaft und Praxis

Teil I

Die Arbeits- und Organisations-psychologie als angewandte Wissenschaft

Herausforderungen der Arbeits- und Organisationspsychologie (Kap.1)

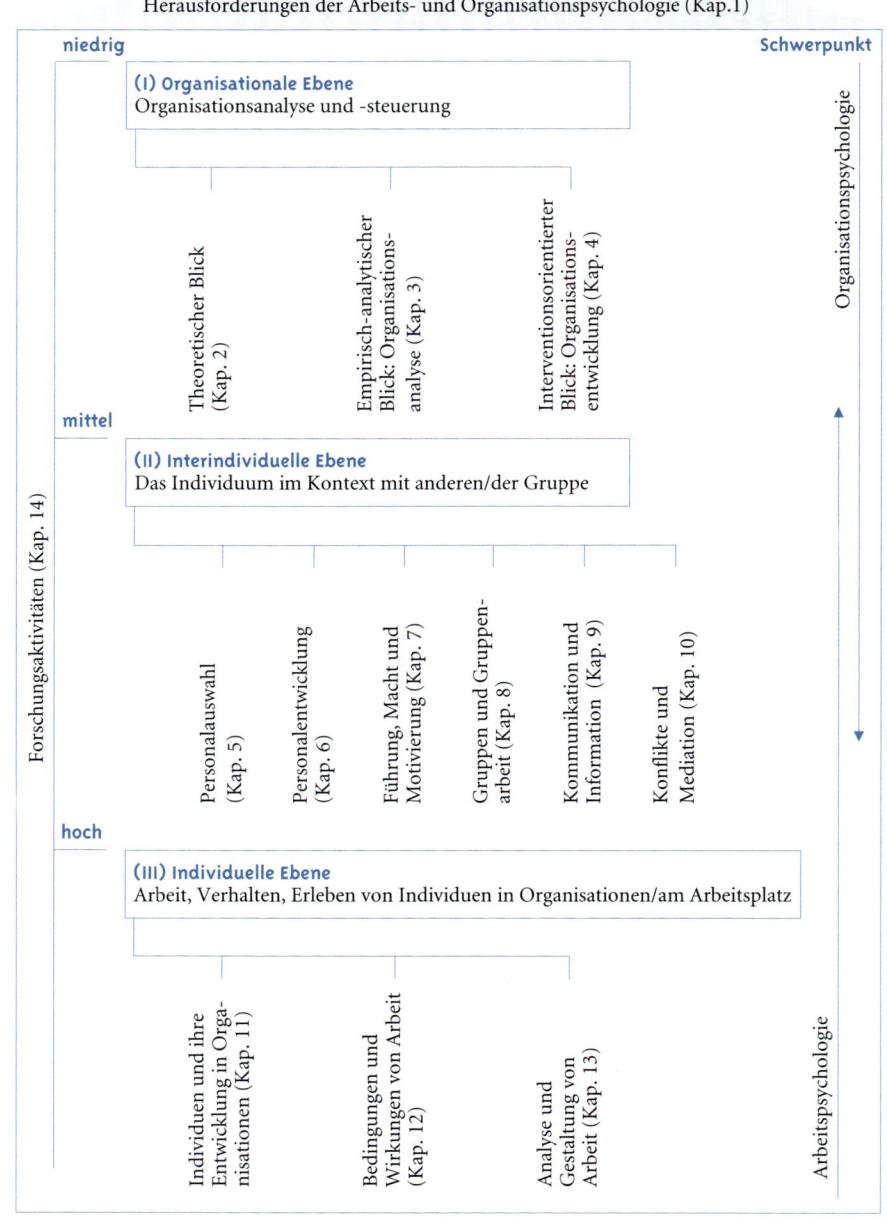

1 Herausforderungen der Arbeits- und Organisationspsychologie

Was Sie in diesem Kapitel erwartet

Die gesellschaftspolitische Situation in Deutschland und damit die Situation auf dem Arbeitsmarkt hat sich in den letzten 50 Jahren grundlegend verändert. Die demographische Struktur weist auf eine zunehmende Überalterung der Gesellschaft hin. Es gibt gesamtwirtschaftliche Veränderungen (z.B. zunehmende Globalisierung). Ein grundlegender Wertewandel wird diskutiert. Aber auch Organisationen verändern sich rasch, z.B. durch Informations- und Technologieentwicklungen, Abbau von Hierarchien, Prinzip des → Outsourcings statt Einheit unternehmerischen Handelns, Einführung flexibler Projektstellen statt dauerhaft definierter beruflicher Positionen.

Dies führt zu strukturell-technischen und sozialpsychologischen Veränderungen: Während beispielsweise noch vor einigen Jahrzehnten zumindest in einigen Branchen eine relative Sicherheit bestand, einen einmal eingenommenen Arbeitsplatz be- und erhalten zu können, besteht diese Sicherheit heutzutage nur in den allerwenigsten Fällen. Zahlreiche Adaptionsprozesse und lebenslanges Lernen sind erforderlich. Weiterbildungsangebote gehören zum Standardprogramm großer Organisationen.

Die raschen und grundlegenden Veränderungen in Gesamtgesellschaft und Organisationen können erklären, weshalb die Arbeits- und Organisationspsychologie als Anwendungsfeld immer wichtiger wird (zum internationalen Überblick Chmiel, 2000; McKenna, 2000). Psychologen sind zunehmend in Personalauswahl und Personalentwicklung tätig. Sie helfen mit, Arbeitsabläufe zu analysieren und Arbeitsplätze und -systeme nicht nur nach ökonomischen, sondern auch nach Humankriterien zu gestalten. Das vorliegende Kapitel wird dazu die Aufgaben und Ziele der Disziplin sowie die Arbeitsfelder von Arbeits- und Organisationspsychologen in Unternehmen und anderen Organisationen vorstellen. Es schließt mit einem Überblick über die Struktur des Buches ab.

1.1 Definition und Abgrenzung der Arbeits- und Organisationspsychologie

Arbeits- und Organisationspsychologie ist die empirische Wissenschaft von der Analyse, Erklärung und Steuerung des individuellen und kollektiven Erlebens und Verhaltens im Kontext von Arbeit und Organisationen.

Die Arbeits- und Organisationspsychologie entwickelt wissenschaftliche Erkenntnisse und Problemlösungen vor Ort. Dazu wird einzelfalldiagnostisch vorgegangen und analysiert, unter welchen spezifischen Bedingungen und in welchem organisationalen System das jeweilige Problem entstanden ist. Wie kommen beispielsweise stetige Konflikte zwischen Abteilungen zustande, die bislang nicht konstruktiv gelöst wurden (vgl. Hoyos & Frey, 1999b)? Welche Schwachstellen im Arbeitssystem sind für die Entstehung der Konflikte mitverantwortlich? Welche Konfliktstile und Kommunikationsmuster können den Konfliktverlauf erklären? Wie lassen sich die Schwachstellen beheben und neue Formen des Umgangs miteinander aufbauen? Anhand welcher ökonomischer und Humankriterien sollten die Lösungen bewertet werden (vgl. Kap. 2.2.2)?

Betriebspsychologie. Die frühere Arbeits-, Betriebs- und Organisationspsychologie (ABO-Psychologie) heißt in der neuen Rahmenprüfungsordnung im Diplomstudiengang Psychologie „Arbeits- und Organisationspsychologie" (A- & O-Psychologie). Der Begriff der Betriebspsychologie ist der historisch älteste. Unter dieser Bezeichnung wurde (zunächst auch mit dem Einfluss Taylors) die menschliche Arbeit in Industriebetrieben untersucht (→ Taylorismus). Ziel war es, Arbeitsprozesse im Sinne der Partialisierung zu optimieren. Dazu führte Taylor wissenschaftliche Zeit- und Bewegungsstudien durch. Sein zentrales Werk stammt aus dem Jahr 1911 (zit. in von Rosenstiel, 2003).

Nachdem der Aspekt der reinen Leistungssteigerung in Industriebetrieben an Bedeutung verlor, wurde der Begriff der Betriebspsychologie kaum noch verwandt, so dass man heute zumeist von der Arbeits- und Organisationspsychologie spricht. Dabei stellt sich die Frage nach der Abgrenzung beider Gegenstandsbereiche.

Abgrenzung der Arbeits- und Organisationspsychologie. Es gibt eine lange Diskussion darüber, wie man die Arbeits- und Organisationspsychologie gegeneinander abgrenzen kann. Traditionelle *organisations*psychologische Fragestellungen beziehen sich auf die Analyse und Entwicklung von Organisationen sowie auf das Verhalten und Erleben von Menschen im Kontext von Organisationen insgesamt. Klassische *arbeits*psychologische Fragestellungen lauten: Wie lassen sich Arbeitsplätze und -systeme in ihrer Wirksamkeit analysieren, bewerten und optimal gestalten (hinsichtlich verschiedener Kriterien, z.B. ökonomische oder Humankriterien, vgl. Kap. 2.2.2)? Bei der Abgrenzung der Arbeits- und Organisationspsychologie finden sich drei Positionen:

(1) Die Organisationspsychologie ist Teil der Arbeitspsychologie. Beispielsweise schließt Hacker (1998) unter dem Begriff der „allgemeinen Arbeitspsychologie" organisationspsychologische Anliegen ein.

(2) Die Arbeitspsychologie ist Teil der Organisationspsychologie. Beispielsweise werden in wichtigen deutschsprachigen Lehrbüchern (z.B. von Rosenstiel, 2003) arbeitspsychologische Theorien und Befunde unter dem Begriff der „Organisationspsychologie" behandelt.

(3) Beide Gegenstandsbereiche zeigen Überschneidungen und sind miteinander verwoben, ohne dass ein Bereich den anderen dominiert. Daher wird die Arbeits- und Organisationspsychologie oftmals in einer Wortverbindung genannt (z.B. in der Fachgruppe „Arbeits- und Organisationspsychologie" der Deutschen Gesellschaft für Psychologie).

Das vorliegende Buch folgt der dritten Position. Dennoch liegt hier der Schwerpunkt auf der Organisationspsychologie. Warum? Erstens werden bei der Arbeitspsychologie nur primär psychologische Ansätze aufgegriffen. Die technisch-ingenieurwissenschaftliche Perspektive bleibt weitgehend unberücksichtigt. Zweitens wird der Begriff der Arbeit auf Erwerbsarbeit in betrieblichen Organisationen beschränkt. Dies schließt z.B. Hausfrauentätigkeit aus. Fragen der organisationalen Struktur werden bei einem so verstandenen Arbeitsbegriff auf ihre direkten Auswirkungen auf die Arbeitsbedingungen bezogen. Allerdings ist dies oft der Fall, da die arbeits- und organisationspsychologischen Bereiche letztlich miteinander verwoben sind: Führt man beispielsweise auf organisationaler Ebene neue Arbeitsformen ein (z.B. Gruppenarbeit), so hat dies direkte Auswirkungen auf die Arbeitsgestaltung, da Einzelarbeitsplätze in Gruppenarbeitsplätze umgewandelt werden müssen (vgl. Kap. 8). Arbeits- und Organisationspsychologie überschneiden sich also (vgl. Kap. 1.1.6, Abb. 1.3):

- Der theoretische, analytische und empirische Blick auf Organisationen (Kap. 2–4) repräsentiert traditionelle *organisations*psychologische Fragestellungen.
- Individuen in Organisationen, Bedingungen, Wirkungen, Analyse und Gestaltung von Arbeit sind zentrale *arbeits*psychologische Themen (Kap. 11–13). Diese arbeitspsychologischen Fragestellungen sind weitgehend auf eine psychologische Perspektive beschränkt. Technische und ingenieurwissenschaftliche Fragestellungen werden teilweise genannt, aber nicht inhaltlich ausgeführt.
- Dazwischen liegt die interindividuelle Ebene (Kap. 5–10), die sowohl organisations- als auch arbeitspsychologische Themen umfasst. Sie repräsentiert damit zugleich die thematischen Überschneidungen beider Disziplinen.

Verwandte Disziplinen

Wirtschaftspsychologie. Eine verwandte psychologische Disziplin ist die Wirtschaftspsychologie (vgl. zum Überblick Frey, von Rosenstiel & Hoyos, 2005; Wakenhut, 1993). Wirtschaftspsychologie beschäftigt sich mit den psychologischen Aspekten des Wirtschaftslebens, an denen der Mensch als Produzent oder Konsument beteiligt ist.

Ist der Mensch als Produzent beteiligt, so sind Fragen der Arbeits- und Organisationspsychologie zentral. Geht es hingegen vorrangig um die Konsumentenseite, so ist die Markt- und Werbepsychologie relevant. Es gibt weitere „Splitterdisziplinen", wie die Psychologie von Tausch, Geld und Wohlfahrt mit den Bereichen der Steuer- und Finanzpsychologie (Gallenmüller-Roschmann & Maus, 2005) sowie der Psychologie der Wohlfahrt und Gesellschaftsentwicklung.

Im Kontext der Markt- und Werbepsychologie wird ebenfalls von der Psychologie des Verbrauchs, der Psychologie des Angebots und der Nachfrage gesprochen (vgl. Abb. 1.1).

> Die Wirtschaftspsychologie ist ein sehr weites Feld, das nicht klar abgesteckt ist.

Wirtschaftspsychologie
Psychologie des Wirtschaftslebens,
an dem der Mensch als Produzent bzw. als Konsument beteiligt ist

Psychologie der Arbeit
Arbeits-, (Betriebs-) und
Organisationspsychologie

Psychologie von Tausch, Geld
und Wohlfahrt
- Steuer- und Finanzpsychologie
- Psychologie der Wohlfahrt
  und Gesellschaftsentwicklung

Psychologie des Verbrauchs, des
Angebots und der Nachfrage
- Marktpsychologie
- Werbepsychologie

Abbildung 1.1. Einordnung der Arbeits- und Organisationspsychologie in die verschiedenen wirtschaftspsychologischen Teildisziplinen. Die Arbeits- und Organisationspsychologie ist die wichtigste wirtschaftspsychologische Teildisziplin

1.2 Arbeits- und Organisationspsychologie als Anwendungsfach

Inhalte. Arbeits- und Organisationspsychologie ist ein Anwendungsfach (vgl. zum Überblick Hoyos & Frey, 1999; Kirchler, 2005, Kleinbeck & Przygodda, 1993). Sie entwickelt Theorien und bezieht bereits existierende Theorien anderer Disziplinen auf den Kontext von Arbeit und Organisationen. Allerdings gibt es wenige genuin organisationspsychologische Modelle oder Theorien – es handelt sich überwiegend um Anwendungen und Spezifikationen von bestehenden psychologischen Theorien auf Arbeits- und Organisationskontexte. Dabei kommt das gesamte psychologische Theorien-, Methoden- und Interventionsrepertoire zum Einsatz. Einige Beispiele (vgl. unten Tab. 1.1):

Tabelle 1.1. Zusammenschau der Bedeutung psychologischer Grundlagen- und Anwendungsfächer und ihrer spezifischen Fragestellungen für die Arbeits- und Organisationspsychologie. Es folgt – ohne Anspruch auf Vollständigkeit – eine Auswahl von Forschungsbereichen mit beispielhaften Anwendungen in der Arbeits- und Organisationspsychologie

Psychologische Grundlagen- und Anwendungsfächer	Exemplarische Forschungsbereiche	Anwendungsbeispiele in der Arbeits- und Organisationspsychologie
Sozialpsychologie	▶ Konfliktforschung ▶ Gruppenprozesse	▶ inner-, zwischen- und überbetriebliche Konflikte ▶ Ausgrenzung von Mitarbeitern, Mobbing ▶ Umstrukturierungsmaßnahmen
Entwicklungspsychologie	▶ Lernprozesse	▶ lebenslanges Lernen in der Arbeitswelt
Allgemeine/Experimentelle Psychologie	▶ Wahrnehmungs- und Aufmerksamkeitsprozesse ▶ Motivation und Emotion	▶ Optimierung von Arbeitsplätzen und -systemen ▶ Arbeitsmotivation, Arbeitszufriedenheit, Führungsverhalten
Methodenlehre/Diagnostik	▶ Statistik und Evaluationswissen ▶ Eignungsdiagnostik	▶ Überprüfung des Erfolgs einer Maßnahme ▶ Marktforschung ▶ Personalauswahl ▶ Situationsmodifikation
Differentielle/Persönlichkeitspsychologie	▶ Persönlichkeit	▶ Personalauswahl ▶ Personalführung ▶ Personalentwicklung
Biologische Psychologie/Psychophysiologie	▶ Stress	▶ Prävention von und Umgang mit Stress am Arbeitsplatz
Pädagogische Psychologie	▶ Bedingungen und Methoden des Lehrens und Lernens	▶ Aus- und Weiterbildung, lebenslanges Lernen ▶ Interventionsmethoden bei der Personalentwicklung
Klinische Psychologie	▶ psychologische Störungen ▶ Sucht ▶ Stress	▶ Verhaltensauffälligkeiten von Mitarbeitern ▶ Alkoholismusprophylaxe, Sucht am Arbeitsplatz ▶ Stressabbau, Entspannung

- Personalauswahl: Hier kommen vor allem psychologische Diagnostik und Testverfahren zur Anwendung, um Aussagen über eine optimale Personalselektion oder Situationsmodifikation zu treffen. Beispielsweise erweisen sich unstrukturierte Einstellungsinterviews, die in der Praxis sehr verbreitet sind, als wenig valide und wenig hilfreich – indessen ist das multimodale Interview nach Schuler hier eine relativ valide Alternative (vgl. Kap. 5.3).
- Personalentwicklung: Es geht um persönliche Entwicklungen, um Fort- und Weiterbildung. Die Pädagogische Psychologie stellt hierzu ein breites Repertoire an Erkenntnissen und Möglichkeiten bereit, die in der Praxis den jeweiligen Rahmenbedingungen der Organisation anzupassen sind (vgl. Kap. 6). Beispiele: Trainings zu Kommunikation (vgl. Kap. 9), Konfliktlösung (vgl. Kap. 10) oder positivem Verhalten (vgl. Kap. 12.4).
- Führungsverhalten: Personale Führung dient letztlich der Steuerung und Motivation von Verhalten. Dabei sind allgemeine Führungstheorien sowie Motivations- und Handlungstheorien hilfreich, z.B. hinsichtlich personaler und situationaler Bedingungen, die einen Führungserfolg fördern (vgl. Kap. 7).
- Konfliktmediation: Die Konflikt- und Gerechtigkeitsforschung hat in der Sozialpsychologie eine lange Tradition. Ihre Erkenntnisse werden auf Konflikte am Arbeitsplatz und in Organisationen angewandt. Dabei wird z.B. über Mythen der Wirtschaftsmediation aufgeklärt (wie übergeneralisierte Forderung nach Neutralität) und ihnen so die ungesteuerte Kraft genommen (vgl. Kap. 10).
- Arbeitsmotivation und -zufriedenheit: Allgemeine Motivations- und Emotionstheorien werden auf die Themen Arbeitsmotivation und -zufriedenheit übertragen. Hieraus folgen u.a. praktische Empfehlungen für die Förderung von Motivation und Zufriedenheit von Mitarbeitern (vgl. Kap. 12.1, 12.2).
- Stress am Arbeitsplatz: Arbeitsbedingter Stress und Umgang mit Jobunsicherheiten lassen sich mittels Erkenntnisse der allgemeinen Stress- und Copingforschung analysieren und reduzieren. Als Beispiel kann hier das Stressmodell von Lazarus und Launier dienen (vgl. Kap. 12.3).

Bedeutung anderer psychologischer Fächer. Für die Arbeits- und Organisationspsychologie sind sowohl Grundlagen- als auch Anwendungsfächer relevant. Zu den wichtigen Grundlagenfächern gehören entsprechend der Einteilung der Rahmenprüfungsordnung für den Diplomstudiengang Psychologie (vgl. Abb. 1.2):

- die Sozialpsychologie, die beispielsweise hilft, Konflikte in Organisationen zu analysieren und konstruktiv zu lösen,
- die Entwicklungspsychologie, die sich u.a. mit lebenslangem Lernen auch im Kontext von Arbeitsplätzen und -bedingungen auseinander setzt,
- die Allgemeine und Experimentelle Psychologie, die dazu beiträgt, Arbeitssysteme oder -plätze zu optimieren, indem sie erklärt, wie Wahrnehmungs- und Aufmerksamkeitsprozesse ablaufen,
- die Methodenlehre und Diagnostik, die z.B. darüber berichten, wie man den Erfolg einer organisationalen Maßnahme evaluiert und nachweist oder wie man bei der Personalauswahl zu sicheren Eignungsdiagnosen kommt,
- die Differentielle bzw. Persönlichkeitspsychologie, die z.B. Auskunft darüber gibt, welche Persönlichkeitseigenschaften in welcher beruflichen Position von Bedeutung sind,
- die Biologische, Neuro- und Psychophysiologische Psychologie, die z.B. über Arbeitsplatz- und Stresserleben Kenntnisse beiträgt.

> ! Die gesamte Palette psychologischer Grundlagenfächer ist relevant, um Verhalten und Erleben im Kontext von Arbeit und Organisationen zu erklären und zu steuern. Daher sollten Wissensbestände der Grundlagenfächer genutzt werden, wenn arbeits- und organisationspsychologische Probleme „vor Ort" gelöst werden sollen.

Auch bezogen auf die zwei anderen großen psychologischen Anwendungsfächer der Rahmenprüfungsordnung des Diplomstudiengangs Psychologie profitiert die Arbeits- und Organisationspsychologie von einem Austausch (vgl. Abb. 1.2): (1) von der Pädagogischen Psychologie, die z.B. Interventionsmethoden zur Personalentwicklung bereitstellt, (2) von der Klinischen Psychologie, die z.B. bei Verhaltensauffälligkeiten von Mitarbeitern weiterhilft.

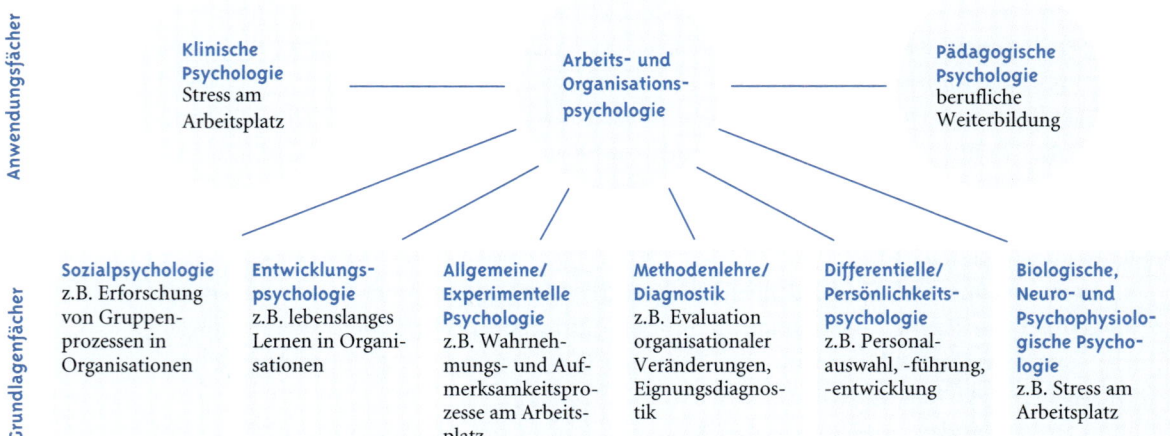

Abbildung 1.2. Interdisziplinäre Vernetzung der Arbeits- und Organisationspsychologie. Die Arbeits- und Organisationspsychologie hat, als eine der drei psychologischen Anwendungsfächer, sowohl mit den anderen Anwendungsfächern (Klinische und Pädagogische Psychologie) als auch mit psychologischen Grundlagenfächern enge Bezüge

Berufsfeld von Arbeits- und Organisationspsychologen. Seit den 1980er Jahren ist die Bedeutung der Arbeits- und Organisationspsychologie als praktisches Berufsfeld gestiegen. Während 1960 beispielsweise in diesem Bereich in Deutschland nur etwa 300 Psychologen tätig waren, waren dies 1990 bereits über 2000 (Schuler, 2004b).

Die größte Zahl der Arbeits- und Organisationspsychologen ist im Bereich der Personalpsychologie tätig: bei der Personalauswahl, Leistungsbeurteilung, Aus- und Weiterbildung sowie Personalentwicklung insgesamt. Dies macht ökonomisch Sinn, da in großen Unternehmen oftmals die Qualität des Personalmanagements wettbewerbsentscheidend ist (Human Resource Management, HRM, vgl. Kap. 6.1; Frey, 2004). Weitere große und stetig wachsende Arbeitsfelder sind: die Analyse und Gestaltung von Arbeitsabläufen und Arbeitssystemen sowie Organisationsentwicklungsmaßnahmen (OE-Maßnahmen).

> ! Die Arbeits- und Organisationspsychologie ist ein Anwendungsfach, das auf die Breite der Grundlagenfächer innerhalb der Psychologie zurückgreift. Es hat aber noch keine starke eigene Identität (Corporate Identity), weil die Aufgabenbereiche heterogen sind und einem schnellen Wandel unterliegen (vgl. Kap. 1.3).

1.3 Gesellschaftspolitische und organisationale Veränderungen

Gesellschaftliche Veränderungen. Es sind zwei gesellschaftspolitische Veränderungen, die den Hintergrund für Veränderungen auf dem deutschen Arbeitsmarkt bilden („Die Zeit", 1. 10. 2003):

(1) große demographische Veränderungen (höhere Lebenserwartung, Geburtenrückgang),

(2) veränderte Arbeitnehmerstruktur: Anstieg der Arbeitslosigkeit (Anfang 2005 auf über 5 Mio.), Anstieg der Erwerbstätigkeit von Frauen (etwa 58 % der Frauen sind berufstätig), Anstieg der Zahl ausländischer Arbeitnehmer (etwa jeder zehnte Einwohner in Deutschland ist ausländischer Herkunft), (zukünftiger) Anstieg des Bedarfs nach spezialisierten Fremdarbeitern (aufgrund des Geburtenrückgangs).

Diese Themen sind Inhalt zahlreicher Tagungen, Symposien und Seminare. Es finden sich Titel wie „Die demographische Zeitbombe tickt" oder „Älter werdende Belegschaft und fehlender qualifizierter Nachwuchs" (vgl. z.B. Pressemitteilung des Fraunhofer-Instituts für Arbeitswirtschaft und Organisation IAO in Stuttgart vom 11/2004).

Hinzu kommen gesamtwirtschaftliche Veränderungen, wie die steigende Bedeutung des Dienstleistungssektors, in dem mittlerweile etwa zwei Drittel aller Erwerbstätigen arbeiten, die sinkende Bedeutung von Industriearbeit, die Globalisierung des Wirtschaftslebens (Klauder, 1997, spricht von „Megatrends"). Wie sich die gesellschaftspolitischen und gesamtwirtschaftlichen Veränderungen auf den Arbeits- und Lebensalltag auswirken, illustriert Tabelle 1.2.

Organisationale Veränderungen. Es lassen sich außerdem verschiedene Veränderungen innerhalb von Organisationen ausmachen, die in unterschiedlichen Branchen und zu unterschiedlichen Zeiten unterschiedlich stark ausgeprägt sind (vgl. Hoyos & Frey, 1999b; Weinert, 2004).

Im Wesentlichen werden die Merkmale traditioneller Organisationen durch diejenigen moderner Organisationen verdrängt. Moderne Organisationen sind u.a. gekennzeichnet durch kontinuierliche Veränderungen, extreme Wettbewerbsorientierung, flexible, wechselnde Projektaufgaben statt dauerhaft definierter beruflicher Positionen (vgl. Kap. 3.3.2). Die Hierarchien sind oftmals flach. Es werden Maßnahmen des → Outsourcings durchgeführt und somit die unternehmerische Einheit von der Produktentwicklung bis zum Vertrieb aufgehoben. All dies führt dazu, dass kontinuierliches Lernen mit einem hohen Bedarf an Fort- und Weiterbildung ebenso notwendig ist wie ein effizientes Wissensmanagement. Dies beinhaltet insbesondere einen Wissenstransfer, der aufgrund der „demographischen Zeitbombe" besonders notwendig erscheint.

Gesellschaftspolitischer Wandel verändert Organisationen. Noch vor einigen Jahrzehnten wurde Berufstätigkeit und Mutterschaft gesellschaftspolitisch als miteinander unvereinbar bewertet. Mittlerweile ist es Ziel politischer Programme, diese Rollen in Einklang miteinander zu bringen und die „doppelte Sozialisation von Frauen" zu ermöglichen. Dies erfordert psychologische Veränderungen, wie z.B. die gesellschaftliche Akzeptanz arbeitender Mütter. Mit diesem Spannungsverhältnis von Beruf und Familie befassen sich viele Studien zur Genderforschung (vgl. z.B. Rech, 1991). Darüber hinaus sind Konsequenzen hinsichtlich von Organisationsstrukturen erforderlich, etwa Flexibilisierung von Arbeitszeiten, Angebot von Teilzeitarbeit, Ausbau guter und zuverlässiger Kinderbetreuung. Letztere sollte nicht nur städtischen und privaten Trägern überlassen werden, sondern auch betriebliche Angebote umfassen (z.B. zeitlich flexible Betriebskindergärten).

Tabelle 1.2. Illustration der veränderten Arbeits- und Lebensbedingungen heute und vor 50 Jahren

Arbeitnehmer vor 50 Jahren	Arbeitnehmer heute	Gesellschaftspolitische Veränderungs-dimension ("Die Zeit", 1.10.2003)
Johann S., 48 Jahre alt, hat fünf Kinder, eine Frau, die sich um die Kinder kümmert und nebenbei ein wenig Landwirtschaft auf dem Hof betreibt.	Stefan B., 48 Jahre alt, ist geschieden und hat in zweiter Ehe ein zweijähriges Kind. Weitere Kinder sind nicht geplant, seine Frau arbeitet bereits seit einem Jahr wieder halbtags als Buchhalterin. Das Kind ist in der Krippe versorgt.	▶ Die Erwerbstätigkeit von Frauen ist in den letzten 50 Jahren von 31 auf 58 % gestiegen. ▶ Die Geburtenrate ist in dieser Zeit um 50 % zurückgegangen.
Johann S. arbeitet als Industriearbeiter in einem Fertigungsbetrieb für Metallwaren. Dieser Betrieb ist der Hauptarbeitgeber am Ort. Er hat den Betrieb noch nie gewechselt und plant, hier bis zur Rente zu arbeiten. Er wohnt mit seiner Familie in einem geerbten Haus, in dem schon sein Vater groß geworden ist.	Stefan B. arbeitet als Computertechniker in einem großen Unternehmen, das 50 km von seinem Wohnort entfernt ist. Er hat seinen Arbeitsplatz bereits sechsmal gewechselt und ist dafür insgesamt viermal umgezogen. Zurzeit wohnt die Familie in einer kleinen Mietwohnung.	▶ In den letzten 50 Jahren ist Bauernschaft auf weniger als 3 % in der Bevölkerung gesunken. Die Zahl der Industriearbeiter ist von 50 auf 22 % gesunken. Der Dienstleistungssektor wurde zum Hauptarbeitsfeld. ▶ Mobilität betrifft nicht nur Pendeln, sondern im Schnitt zieht die deutsche Bevölkerung siebenmal im Leben um.
Johann S. geht mit seiner Familie jeden Sonntag zur Kirche. Arbeit ist für ihn Pflichterfüllung; Samstagsarbeit ist selbstverständlich.	Stefan B. ist aus der Kirche ausgetreten, auch um Kirchensteuer zu sparen. Kirche und Glauben spielen in seinem Leben keine Rolle.	▶ Die Entkirchlichung des Lebens lässt sich in Zahlen fassen: 74 % der Bevölkerung in den alten Bundesländern, aber nur noch 28 % in den neuen Bundesländern gehören der evangelischen oder katholischen Kirche an. ▶ Die Arbeitszeiten haben sich deutlich verringert.

1.4 Rück- oder Ausblick auf einen Wertewandel?

Auf gesellschaftspolitischer Ebene wird zudem der Wertewandel diskutiert. Werte sind Vorstellungen von Wünschenswertem und kennzeichnen eine einzelne Person oder eine Gruppe. Sie beeinflussen die Auswahl zugänglicher Mittel und Ziele von Handlungen. Aufgrund ihres relativ hohen Abstraktionsniveaus sind sie nicht gegenstandsbezogen – Werte wie Freiheit, Gleichheit, Gerechtigkeit können sich auf unterschiedliche Inhaltsfelder beziehen (vgl. von Rosenstiel, 2003).
Werte spielen in der organisationalen Praxis eine wichtige Rolle: Ihnen kommt eine grundlegende Orientierungs- bzw. Steuerungsfunktion zu. Sie schaffen Identitäten und Identifikation mit Organisationen und erleichtern die Ausrichtung auf ein gemeinsames Ziel. Sie bestimmen, wie eine Organisation aufgestellt ist, welche Ziele sie mit welcher Gewichtung verfolgt, wie mit Konflikten umgegangen wird, welche Personalentscheidungen bei knappen Ressourcen gefällt werden, wie sich die Organisation nach außen darstellt, welche Kultur sie verfolgt etc.

Ausgelöst durch die Veröffentlichung Ingleharts („Die stille Revolution") wird seit den 1970er Jahren von einem Wandel von materialistischen zu postmaterialistischen Werten gesprochen (zit. in Neuberger, 1994).

Trends des Wertewandels

(nach von Rosenstiel, Nerdinger, Spieß & Stengel, vgl. von Rosenstiel, 2003)

▶ Säkularisierung aller Lebensbereiche

▶ starke Betonung der eigenen Selbstentfaltung und des eigenen Lebensgenusses

▶ Betonung und Hochwertung eigener Freizeit

▶ Befürwortung der Gleichheit zwischen den Geschlechtern und der Emanzipation der Frau

▶ Ablösung der Sexualität von überkommenen gesellschaftlichen Normen

▶ abnehmende Bereitschaft zur Unterordnung

▶ sinkende Akzeptanz der Arbeit als Pflicht

▶ Höherbewertung der eigenen körperlichen Gesundheit und der Bewahrung dieser

▶ Wertschätzung unzerstörter Natur

▶ Skepsis gegenüber den Leitwerten der Industrialisierung, wie Wirtschaftswachstum, Leistung, Gewinn, technischer Fortschritt.

Ursachen des Wertewandels

Es werden viele Ursachenhypothesen diskutiert, von denen die Wohlstands- und die Bildungshypothese besonders viel Aufmerksamkeit erlangt haben (vgl. zusammenfassend Neuberger, 1994).

Wohlstandshypothese. Sie besagt, dass es zwischen 1950 und 1980 einen Wohlstandsschub gab, der zu einer Verdreifachung des Einkommens innerhalb einer einzigen Generation geführt hat (vgl. Wiendieck, 1994). Die Kriegs- und Nachkriegsgeneration lebte unter materieller Not. Die darauf folgende Wohlstandsgeneration hatte hingegen die Möglichkeit, sich auch mit anderen Lebensthemen zu beschäftigen.

Bildungshypothese. Sie basiert auf der Tatsache des Bildungsschubes. Während Anfang der 1950er Jahre nur etwa 5 % eines Jahrganges Abitur machten, ist es heute bereits etwa ein Drittel (vgl. Wiendieck, 1994). Postmaterialistische Werthaltungen, die die eigene Autonomie betonen, finden sich besonders häufig bei höherem Bildungsstand. Entsprechend sollten auch die postmaterialistischen Werthaltungen in einer besser gebildeten Bevölkerung ansteigen.

Auswirkungen des Wertewandels. Der Wertewandel wirkt sich auch auf den Arbeitsalltag aus. Hierzu gehört eine Differenzierung der klassischen Arbeitsmoral. Zwar hat der Wert der Arbeit nicht generell an Bedeutung verloren (vor allem nicht angesichts langanhaltender und steigender Arbeitslosigkeit). Allerdings finden sich in der Bevölkerung verschiedene Berufsorientierungen sowie Karriere- versus Freizeitorientierung. Zudem wird die Wertigkeit von Arbeit differenziert betrachtet: Welche Ansprüche an das berufliche Umfeld und die eigene Arbeit werden formuliert? „Arbeit ist nicht mehr bloße Pflichterfüllung oder materielle Absicherung des Lebens, sondern ein Feld, von dem Sinngebung, Selbstverwirklichung, Erweiterung des Horizonts und Kontakt mit anderen Menschen erwartet wird." (von Rosenstiel, 2003, S. 57).

Auswirkungen des Wertewandels auf die Unternehmensführung

Nachhaltige Unternehmensführung ist ein wichtiger Indikator für einen unternehmerischen Wandel von materialistischen zu postmaterialistischen Werten. Dies bedeutet, drei Säulen miteinander in Einklang zu bringen:

(1) Kriterien der Ökonomie (economic efficiency)

(2) Kriterien der Ökologie (environmental excellence)

(3) Kriterien der Sozialverträglichkeit (social responsibility).

▶

Diese Kriterien der Nachhaltigkeit beziehen auch zukünftige Generationen ein – etwa unter dem Stichwort der Generationengerechtigkeit. Es existieren Verschiebungen zwischen denjenigen Bevölkerungsgruppen, die von der modernen Wirtschaftsentwicklung profitieren, und jenen, die den resultierenden ökologischen Belastungen und Gefährdungen ausgesetzt sind (vgl. Pawlik, 1991). Beispielsweise werden zukünftige Generationen Gefahren des Treibhauseffekts ausgesetzt, die sich aus einem hohen Lebensstandard der jetzigen Generation ergeben (zeitliche Verschiebung). Menschen in Entwicklungsländern kämpfen aufgrund des „Mülltourismus" mit Problemen des Wohlstandsmülls, obgleich sie nie am Wohlstand teilgehabt haben (geographische Verschiebung). Wie ist mit diesen zeitlichen und geographischen Verschiebungen umzugehen? Welches Prinzip ist zur Lösung der ökologischen Probleme anzuwenden (z.B. Kooperations-, Vorsorge-, Verursacher-, Solidar- oder Gemeinlastprinzip)?

Ein erneuter Wertewandel? Der Wertewandel wird vor allem als ein Phänomen der 1970er und 1980er Jahre beschrieben, allerdings wird diskutiert, dass durch das Ende der „fetten Jahre" erneut ein Wandel der Wertorientierungen eintreten könnte.

1.5 Resultierende Aufgaben der Arbeits- und Organisationspsychologie

Aus den gesellschaftspolitischen und organisationalen Veränderungen resultieren zahlreiche Fragestellungen, zu deren Klärung und Lösung die Arbeits- und Organisationspsychologie beitragen kann. Einige Beispiele:

▶ Wie wirken sich die gesamtwirtschaftlichen und organisationalen Veränderungen auf die konkreten Arbeitsbedingungen aus? Wie können Arbeitsplätze und Fertigungsbereiche vor Ort analysiert und Schwachstellen vermindert werden?

▶ Wie ist mit dem Problem der Arbeitslosigkeit umzugehen? Was ist ein gerechter Umgang mit dem knappen Gut Arbeit? Wie ist das Problem der Individualisierung von Arbeitslosigkeit zu lösen?

▶ Wie sind Konflikte am Arbeitsplatz und in Organisationen zu behandeln, und wie lässt sich die Wirtschaftsmediation als kooperative Konfliktlösung fördern und etablieren?

▶ Wie können Anforderungen an ein lebenslanges Lernen erfüllt werden, die auch Anpassungen technischer Umwelt- und Arbeitsbedingungen an die Bedürfnisse älterer Arbeitnehmer nötig machen?

▶ Wie lassen sich die gestiegenen Anforderungen an die familiäre und institutionalisierte Bildung bewältigen, die sich nicht nur auf Kindergarten und Schule beschränkt, sondern die gesamte Lebensspanne umfasst?

▶ Wie sind die zunehmenden Erschwernisse der Vereinbarkeit von Beruf und Familie auch vor dem Hintergrund einer konkurrenteren Arbeitswelt aufzufangen?

▶ Welche Erkenntnisse und Empfehlungen hält die Psychologie aus gerontopsychologischer Sicht für eine immer älter werdende Gesellschaft mit sozialen Spannungen zwischen Jung und Alt bereit? Wie kann die Arbeits- und Organisationspsychologie diese Erkenntnisse auf die Arbeitswelt, z.B. auf immer älter werdende Belegschaften, übertragen?

Durch die gesellschaftspolitischen, gesamtwirtschaftlichen und organisationalen Veränderungen werden die Bedeutung der Arbeits- und Organisationspsychologie und der Bedarf an gut ausgebildeten Arbeits- und Organisationspsychologen in Zukunft vermutlich weiter steigen.

1.6 Ziele und Struktur des Buches

Ziel dieses Buches ist es, einen Überblick über die Forschungs- und Arbeitsfelder der Arbeits- und Organisationspsychologie zu geben. Es wird gezeigt, dass dies ein spannendes Arbeitsfeld mit hohem Zukunftspotential für angehende Psychologen, aber auch für Vertreter von Nachbardisziplinen ist.

Dabei erscheint die Arbeits- und Organisationspsychologie auf den ersten Blick als heterogenes Feld, bei dem verschiedene Aufgabenfelder und Themenfelder weitgehend unverbunden nebeneinander stehen. Abbildung 1.3 zeigt eine Möglichkeit, die Verbindungen zwischen diesen Arbeitsfeldern strukturiert darzustellen. Dazu wird die Arbeits- und Organisationspsychologie in drei Ebenen untergliedert: (1) Auf oberster Ebene befindet sich die Organisation als Gesamtsystem, ihre Analyse und Steuerung. (2) Die mittlere Ebene ist die interindividuelle Ebene mit dem Individuum, das in Organisationen in Kontakt mit anderen steht. (3) Die unterste Ebene ist die intraindividuelle Ebene, bei der die Arbeit, das Verhalten und das Erleben des Individuums in Organisationen im Fokus steht.

Die erste und zweite Ebene bilden die Schwerpunkte der Organisationspsychologie. Die zentralen Themen der Arbeitspsychologie sind auf der dritten Ebene angesiedelt, wobei Kapitel 12 und 13 die traditionellen arbeitspsychologischen Themen abdecken. Die Unterscheidung der drei Ebenen dient letztlich der Strukturierungshilfe, denn die Ebenen sind miteinander vernetzt.

Vernetzungsbeispiele
Beispiel 1 – Motivation

Organisationen sind zweckrationale Gebilde. Sie sind darauf ausgerichtet, dass die Mitglieder sich an der Erfüllung der organisationalen Ziele beteiligen und damit ihre eigentliche Aufgabe erfüllen. Dazu ist das Thema der Motivation auf allen drei Ebenen angesiedelt:

▶ Auf organisationaler Ebene sind Motivation und Kommunikation Leitthemen der Organisationspolitik. Sie sind Teile von Organisationskultur und -klima (vgl. Kap. 3.4).

▶ Auf interindividueller Ebene ist die Frage der Motivierung von Mitarbeitern eines der zentralen Themen von Führung (incl. Einsatz von Anreizsystemen) und Macht. Welcher Führungsstil und welche Führungseigenschaften sind unter welchen Bedingungen am besten geeignet, um Mitarbeiter zu motivieren (vgl. Kap. 7.2, 7.3)?

▶ Auf intraindividueller Ebene zählt schließlich das Thema der Leistungs- und Arbeitsmotivation zu den zentralen Themen der Arbeitspsychologie (vgl. Kap. 12.1).

Beispiel 2 – Gruppenarbeit

▶ Die Einführung von Gruppenarbeitsplätzen ist ein klassisches Instrument der Organisationsentwicklung (vgl. Kap. 4).

▶ Es ist jedoch auf interindividueller Ebene unter dem Stichwort Gruppenbildung (teambuilding) und Gruppenarbeit umzusetzen (vgl. Kap. 8).

▶ Auf intraindividueller Ebene sind (Schlüssel-) Qualifikationen und Fähigkeiten zur Teamarbeit mitzubringen, um Gruppenarbeit → effizient werden zu lassen; Qualifikationen und Fähigkeiten werden in Sozialisationsprozessen erlernt und gefestigt (vgl. Kap. 11).

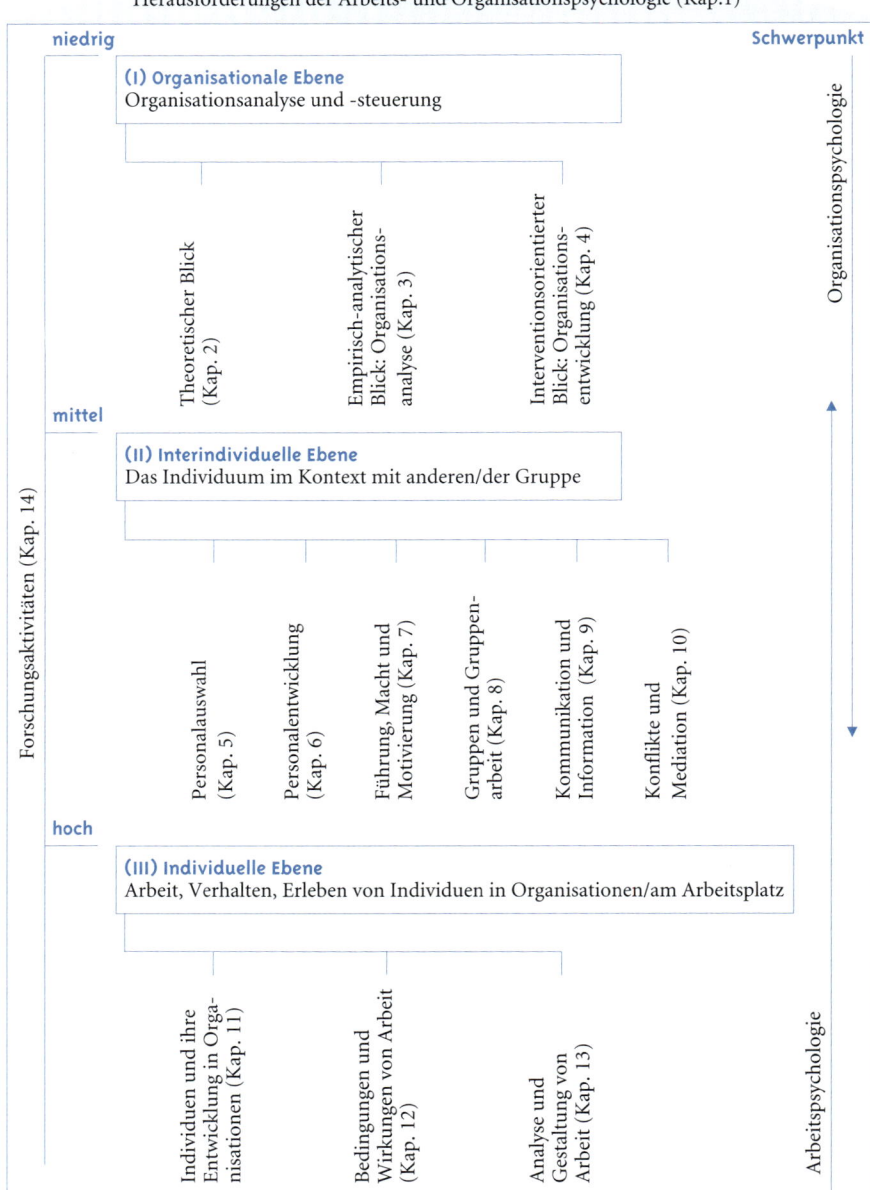

Herausforderungen der Arbeits- und Organisationspsychologie (Kap.1)

Abbildung 1.3. Arbeits- und organisationspsychologische Themen im Überblick. Es werden drei Betrachtungsebenen unterschieden: (I) organisationale, (II) interindividuelle und (III) intraindividuelle Ebene. Themen der organisationalen und interindividuellen Ebene zählen schwerpunktmäßig zur Organisationspsychologie. Themen der intraindividuellen Ebene gehören traditionell zur Arbeitspsychologie. In Kapitel 1 wird zudem ein übergeordneter Blick auf die Arbeits- und Organisationspsychologie geworfen. In Kapitel 14 werden Forschung und Praxis integriert

Systemisch denken. Die Verbindung der drei Ebenen erfordert ein systemisches Denken. Für den praktisch tätigen Arbeits- und Organisationspsychologen finden sich auf allen Ebenen „Hebel" für Änderungsprozesse, die aber koordiniert zu bewegen sind. Denn eine Veränderung, die z.B. im Sinne eines Top-down-Verfahrens (vgl. Kap. 4.3) nur auf organisationaler Ebene eingeführt wird, ohne auf interindividueller Ebene Strukturen zu schaffen oder auf intraindividueller Ebene Unterstützungsbereitschaft zu fördern, ist mit hoher Wahrscheinlichkeit zum Scheitern verurteilt.

Forschung und Praxis verbinden. Schließlich gibt es eine vierte Schiene, die zu diesen drei Ebenen quer liegt: Die Überwindung der Kluft zwischen Forschung mit profundem theoretischen Wissen einerseits und einem eher praxeologischen Vorgehen in Arbeitskontexten bzw. Organisationen andererseits (Kap. 14). Die Verbindung von Forschung und Praxis sollte auf intraindividueller, interindividueller *und* organisationaler Ebene stattfinden. Dies umfasst die Notwendigkeit, eigenes Vorgehen in der Praxis kritisch zu reflektieren („Qualitätssicherung praktischer organisationspsychologischer Maßnahmen"). Sie beleuchtet zudem arbeits- und organisationspsychologische Forschung aus den konkurrierenden Blickwinkeln → interner und → externer Validität („Qualitätssicherung organisationspsychologischer Forschung"): Grundlagenforschung ist so aufzubereiten und zu kommunizieren, dass sie zur Lösung von Praxisproblemen hilfreich ist. Interventionsforschung ist methodisch und inhaltlich so zu gestalten, dass aus ihr Schlüsse für die Lösung anderer Probleme und idealerweise auch für die Vermehrung von Grundlagenwissen gezogen werden können. Dies setzt eine hinreichende → interne Validität, aber auch eine umfassende Evaluation voraus.

Buchstruktur. Die gezeigte Struktur der drei Ebenen ist zugleich das Grundkonzept des vorliegenden Buches: Im vorliegenden Kapitel ging es um einen übergeordneten Blick auf die Arbeits- und Organisationspsychologie; die folgenden Kapitel beleuchten die einzelnen Ebenen (organisational, interindividuell, intraindividuell). Dem Thema der Forschung und evaluierten Praxis ist das Schlusskapitel gewidmet. Damit wird der Blick vom Globalen auf das Spezifische gerichtet. Er gleitet somit von oben (der Blick auf die Organisation) nach unten (der Blick auf den Einzelarbeitsplatz), bevor über die Verbindung wissenschaftlicher Erkenntnisse und praktischer Anforderungen ein abschließendes Gesamtbild entworfen wird.

1.7 Kernpunkte und Übungsaufgaben

Kernpunkte

▶ Arbeits- und Organisationspsychologie beschäftigt sich als empirische Wissenschaft mit der Analyse, Erklärung und Steuerung individuellen und kollektiven Erlebens und Verhaltens in Arbeitskontexten und in Organisationen. Sie nimmt damit eine psychologische Sicht auf die Arbeitswelt statt einer rein technisch-strukturellen Perspektive ein.

▶ Die Arbeits- und Organisationspsychologie gewinnt als Anwendungsfach in der Arbeitswelt und organisationalen Praxis zunehmend an Bedeutung. Wichtige Arbeits- und Anwendungsfelder sind die Personalauswahl, die Leistungsbeurteilung sowie die Personalentwicklung mit dem großen Feld der Aus- und Weiterbildung. Die Aufgaben sind heterogen und neue Arbeitsfelder (wie die Wirtschaftsmediation) kommen hinzu. Dies kann u.a. erklären, weshalb die Arbeits- und Organisationspsychologie noch keine starke eigene Identität ausgebildet hat.

► Die Arbeits- und Organisationspsychologie ist als Wissenschaft und Anwendungspraxis mit den anderen beiden großen Anwendungsdisziplinen (der Pädagogischen und Klinischen Psychologie) sowie mit den Grundlagenfächern vernetzt. Oftmals greift die Arbeits- und Organisationspsychologie auf Modelle und Wissensbestände von Grundlagenfächern zurück (z.B. der Stressforschung) und wendet diese spezifisch auf den Arbeitskontext an (z.B. mit dem Thema: Stress am Arbeitsplatz; vgl. Kap. 12.3, 12.4).

► Die Bedingungen in der Arbeitswelt und in Organisationen unterliegen einem steten Wandel. Für diesen Wandel „vor Ort" sind große gesellschaftspolitische und wirtschaftliche Veränderungen verantwortlich. Problemstellungen aus der Praxis sind daher oftmals als Einzelfälle zu begreifen, bei der Methoden der Einzelfalldiagnostik hilfreich sind. Der Bedarf an gut ausgebildeten Arbeits- und Organisationspsychologen wird in Zukunft – auch aufgrund der raschen Veränderungen – weiter steigen.

► Die drei Ebenen der Arbeits- und Organisationspsychologie (organisational, interindividuell, intraindividuell) bilden zugleich die Grundstruktur des Buches. Ein wesentliches Ziel des Buches ist es dabei, die Vernetzungen zwischen den drei Ebenen und den verschiedenen Einzelthemen aufzuzeigen und zugleich Praxisanforderungen und erkenntnistheoretische Standards und Interessen im Sinne der wissenschaftlichen Arbeits- und Organisationspsychologie miteinander zu verbinden.

Übungsaufgaben

► Welche Aufgabenfelder deckt die Arbeits- und Organisationspsychologie in der Praxis ab?

► Wie grenzt sich die Arbeits- und Organisationspsychologie von der Wirtschaftspsychologie in der Praxis ab?

► Welche inhaltlichen Überschneidungen bestehen zwischen der Arbeits- und Organisationspsychologie und anderen psychologischen Grundlagen- und Anwendungsfächern in ihren Forschungsfragen?

► Welche gesellschaftspolitischen und wirtschaftlichen Faktoren sind dafür verantwortlich, dass die psychologische Perspektive in der Arbeitswelt zunehmend an Bedeutung gewinnt?

► Sie wollen das Management eines mittelständischen Unternehmens überzeugen, die Stelle eines Arbeits- und Organisationspsychologen einzurichten. Welche Argumente könnten Sie anführen?

Weiterführende Literatur

Wirtschaftliche Veränderungen: Klauder (1997).
Standortbestimmung der Arbeits- und Organisationspsychologie:
Kleinbeck & Przygodda (1993).

Teil II
Organisationale Ebene

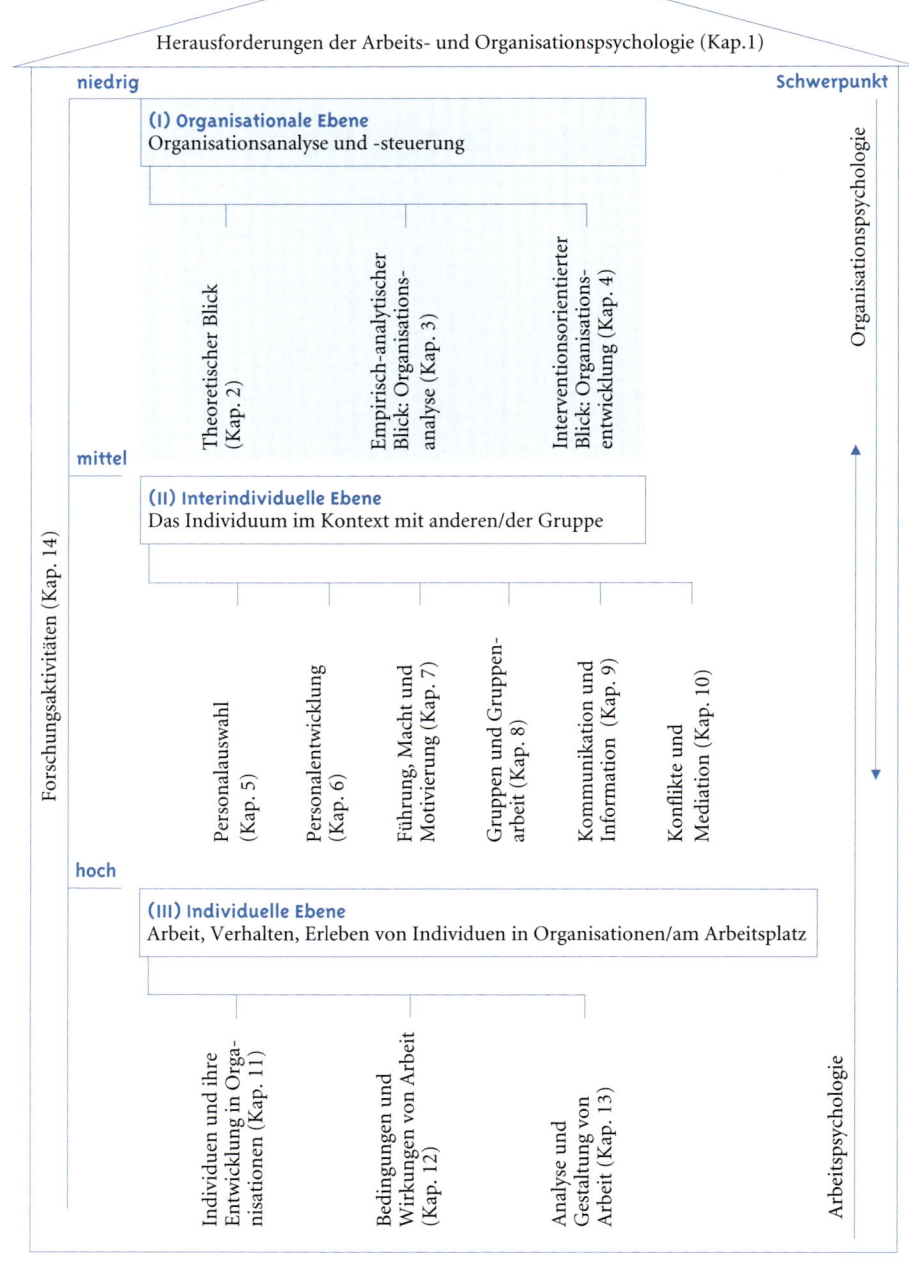

Herausforderungen der Arbeits- und Organisationspsychologie (Kap.1)

niedrig

Schwerpunkt

(I) Organisationale Ebene
Organisationsanalyse und -steuerung

Theoretischer Blick (Kap. 2)

Empirisch-analytischer Blick: Organisationsanalyse (Kap. 3)

Interventionsorientierter Blick: Organisationsentwicklung (Kap. 4)

Organisationspsychologie

mittel

(II) Interindividuelle Ebene
Das Individuum im Kontext mit anderen/der Gruppe

Forschungsaktivitäten (Kap. 14)

Personalauswahl (Kap. 5)

Personalentwicklung (Kap. 6)

Führung, Macht und Motivierung (Kap. 7)

Gruppen und Gruppenarbeit (Kap. 8)

Kommunikation und Information (Kap. 9)

Konflikte und Mediation (Kap. 10)

hoch

(III) Individuelle Ebene
Arbeit, Verhalten, Erleben von Individuen in Organisationen/am Arbeitsplatz

Individuen und ihre Entwicklung in Organisationen (Kap. 11)

Bedingungen und Wirkungen von Arbeit (Kap. 12)

Analyse und Gestaltung von Arbeit (Kap. 13)

Arbeitspsychologie

2 Theoretischer Blick auf Organisationen

Organisationen als soziale Gebilde, die nach Prinzipien der Zweckrationalität bestimmte Ziele erfüllen sollen, tun dies unter Zuhilfenahme von Struktur und Ordnungsmerkmalen. Hierzu gehören sowohl das → Tayloristische Prinzip der Arbeitsteilung als auch jenes der Hierarchie. Auf den ersten Blick scheinen daher Fragen, die die optimale Strukturierung und Ordnung von Organisationen betreffen, primär technisch-betriebswirtschaftlicher Art zu sein: Was sind die optimalen technischen Abläufe? Wie kann man Zweck-Mittel-Relationen zur Erreichung der Ziele durch Prinzipien der Kostensenkung und Outputerhöhung optimieren? Auf den zweiten Blick wird deutlich, dass sich alle organisatorischen Maßnahmen auf der Ebene von Arbeitsabläufen und somit des Erlebens und Verhaltens der Gruppe und des Einzelnen konkretisieren (vgl. von Rosenstiel, 2003). Strukturfragen betreffen daher immer auch die formale bzw. informale Verhaltenssteuerung – sie sind psychologisch relevant. Obgleich Psychologen nur selten im Top-Management von Unternehmen anzutreffen sind, wo über Organisationsstrukturen oder -entwicklungsmaßnahmen entschieden wird, könn(t)en sie wichtige Beiträge und Hilfen zur Entscheidungsfindung liefern. Dazu wird in diesem Kapitel ein theoretischer Blick auf Organisationen geworfen. Nach definitorischen Überlegungen werden psychologische Fragestellungen vorgestellt. Diese beruhen auch auf Menschenbildannahmen und ausgewählten Organisationstheorien, die es zu hinterfragen gilt.

Was Sie in diesem Kapitel erwartet

2.1 Was ist (k)eine Organisation?

Im Folgenden werden zunächst die gemeinsamen Bestimmungsstücke von Organisationen betrachtet (Kap. 2.1.1), bevor diskutiert wird, welche sozialen Gebilde möglicherweise keine Organisation mehr sind (Kap. 2.1.2). Anschließend werden Organisationen aus den Blickwinkeln von Institutionen, Instrumenten und Interaktionen analysiert (Kap. 2.1.3).

2.1.1 Gemeinsame Bestimmungsstücke

In der westlichen Welt ist der Mensch von Geburt bis Tod in Organisationen eingebunden. Er gestaltet diese mit und wird durch sie sozialisiert: Geburt im Krankenhaus, Besuch von Kinderkrippen, Kindergärten, Schulen, Mitgliedschaften in Vereinen, Ausbildung in Betrieben, Studium an Universitäten, Arbeit in und für Organisationen (z.B. Wirtschaftsunternehmen), Leben in Altersheimen, Sterben in Krankenhäusern oder Hospizen.

Was ist das Gemeinsame dieser Organisationen? Organisationen sind soziale Gebilde. Sie verfolgen dauerhaft ein Ziel. Dazu weisen sie eine formale Struktur auf, die dazu dient, Aktivitäten der Mitglieder auf das gemeinsame Ziel auszurichten (vgl. Kieser & Kubicek, 1983). Damit gibt es drei gemeinsame Komponenten der in der Organisationsforschung diskutierten Definitionen: (1) soziales Gebilde, (2) Mitgliedschaft, (3) Verfolgung von Zielen über koordinierte Tätigkeiten.

Institutionell vs. instrumentell. Die koordinierten Tätigkeiten sind unterschiedlich differenziert aufgeschlüsselt, beispielsweise ist explizit von Arbeitsteilung oder Funktionsdifferenzierungen oder auch von Hierarchie der Autorität und Verantwortung die Rede. Den Definitionen liegt zumeist ein institutioneller Organisationsbegriff zu Grunde (das soziale Gebilde bzw. das Unternehmen *ist* eine Organisation). Dieser institutionelle Organisationsbegriff wird vom instrumentellen Organisationsbegriff abgegrenzt (das soziale Gebilde bzw. das Unternehmen *hat* eine Organisation) (vgl. Reichwald & Möslein, 1999).

2.1.2 Abgrenzung

Mithilfe der genannten Definitionen lässt sich begründen, weshalb beispielsweise ein Unternehmen eine Organisation ist, eine Familie aber nicht unter den Organisationsbegriff fällt. Dennoch nimmt die Frage der Abgrenzung des Organisationsbegriffs in der einschlägigen Literatur breiten Raum ein. Zwei Beispiele (vgl. von Rosenstiel, 2003): Gehört ein juristisch eigenständiges Zulieferungsunternehmen noch zur Organisation, wenn es seinen Produktionsstandort auf dem Werksgelände des Unternehmens hat? Gehört ein Profitcenter, das als ausgegliederte Einheit nicht nur das Unternehmen, sondern auch Konkurrenzunternehmen beliefert, noch zur Organisation selbst?

Darüber hinaus gibt es neue Organisationsformen, wie die virtuelle Organisation, bei der sich ebenfalls die Frage stellt, ob diese Organisationsform noch traditionelle Definitionskriterien von Organisationen erfüllt. Denn sie relativiert den definitorischen Aspekt der Dauerhaftigkeit des sozialen Gefüges.

Die virtuelle Organisation. Virtuelle Unternehmen sind weniger dauerhafte, flüchtigere Gebilde (vgl. Reichwald & Möslein, 1999). Unter dem Sammelbegriff der virtuellen Organisation werden unterschiedliche Unternehmensformen zusammengefasst – einige Beispiele (vgl. Weinert, 2004): Die Herstellung bestimmter Produkte und Dienstleistungen ist nach außen vergeben (→ Outsourcing, wie es z.B. in der Automobilbranche üblich ist); Mitarbeiter arbeiten von zu Hause aus mithilfe moderner Medien (Internet, E-Mail etc.) für die jeweilige Organisation ("Telecommuting"); Mitarbeiter sind an verschiedenen Orten beschäftigt (z.B. in einer offenen Verbundorganisation, bei der Übersetzungsleistungen durch unterschiedliche Fachübersetzer im jeweiligen Land übernommen werden; vgl. Reichwald & Möslein, 1999). Die wesentlichen Charakteristika virtueller Organisationen sind somit (vgl. Reichwald & Möslein, 1999):

▶ Modularität (modulare Einheiten als relativ kleine, überschaubare Systeme mit dezentraler Entscheidungsstruktur)

▶ Heterogenität (Organisationsmitglieder beschränken sich auf Kernkompetenzen und weisen unterschiedliche Leistungsprofile auf)

▶ räumliche und zeitliche Verteiltheit der Arbeit (ermöglicht durch die neue Informations- und Kommunikationstechnologie).

2.1.3 Verschiedene Blickwinkel auf Organisationen

Wiendieck (1993, 1994) unterscheidet drei verschiedene Blickwinkel auf Organisationen (vgl. Abb. 2.1). Zuoberst steht die Organisation als Institution (z.B. als Krankenhäuser, Schulen, Parteien, Behörden). Diese Organisationen besitzen eine materiell sichtbare Struktur, eine äuße-

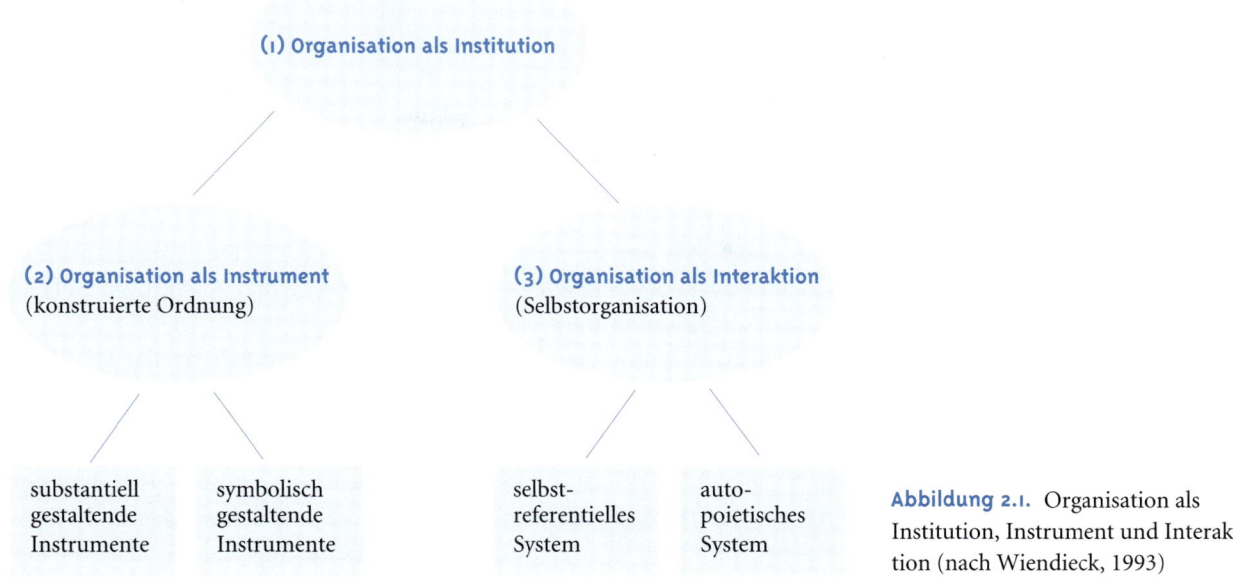

Abbildung 2.1. Organisation als Institution, Instrument und Interaktion (nach Wiendieck, 1993)

re Hülle, und verfolgen bestimmte Zwecke. Innerhalb dieses Blickwinkels lässt sich die Organisation als Instrument und als Interaktion betrachten.

Instrument. Die Organisation als Instrument ist eine konstruierte Ordnung (z.B. durch Anweisungen, Vorschriften, Pläne, Verträge). Diese dient dazu, das Verhalten des Menschen innerhalb einer Institution auf ein übergeordnetes Ziel hin zu steuern. Dabei werden substantiell und symbolisch gestaltende Instrumente unterschieden (z.B. symbolisierte Macht in Chefbüros).

Interaktion. Organisation als Interaktion hat die Selbstorganisation des Unternehmens zum Ziel. Hierbei wird Ordnung nicht konstruiert, sondern sie entwickelt sich durch instrumentelle Regeln und Interaktionen von Personen. Das Konzept der Selbstorganisation geht zurück auf die Beschreibung biologischer Vorgänge und wurde durch Luhmann auf soziale Systeme übertragen (zit. in Wiendieck, 1993). Es werden selbstreferentielle von autopoietischen Systemen unterschieden. Selbstreferenz meint die Selbstbeobachtung: Das System betreibt innere Analysen, erkennt innere Veränderungen und aktiviert damit Prozesse der Selbsterhaltung. Autopoiese bedeutet die Fähigkeit eines lebenden Systems, sich durch Reproduktion selbst zu erhalten. Bei dem Konzept der „Organisation als Interaktion" wird die Organisation als ein lebendes System gesehen, das im Austausch mit der Umwelt steht, sich aber als eigenständiges System letztlich selbst erhält.

2.2 Psychologische Fragestellungen auf organisationaler Ebene

Organisationen können aus dem Blickwinkel der Gerechtigkeitsfragen (Kap. 2.2.1), Gestaltungsfragen (Kap. 2.2.2) sowie Fragen ihrer psychologischen Wirksamkeit (Kap. 2.2.3) betrachtet werden. Zu allen drei Betrachtungsweisen leistet die Psychologie wichtige Beiträge, wie nachfolgend gezeigt wird.

2.2.1 Fragen der Gerechtigkeit

Der Aufbau von Organisationen wird oftmals unhinterfragt als gegeben hingenommen. Mit grundlegenden Entscheidungen über diesen Aufbau kommt es allerdings zu Gerechtigkeitsfragen (vgl. Scholl, 2004):

(1) Das Verteilungsproblem: Wie werden resultierende Rechte und Pflichten (normative Ebene), Gratifikationen und Beiträge (inhaltliche Ebene) und Anreize und Belastungen (subjektive Ebene) unter den Organisationsmitgliedern verteilt?

(2) Das Herrschaftsproblem: Wer disponiert die Ressourcen und die Aktivitäten der Mitglieder von Organisationen? Nach welchen Kriterien werden Entscheidungen gefällt? Wie werden Entscheidungsrechte festgelegt?

Verteilung. Die erste Fragestellung betrifft die → Verteilungsgerechtigkeit und somit die Frage der fairen Verteilung von Rechten und Gratifikationen, aber auch von Belastungen und Pflichten (vgl. Kap. 10). Sie wird hier auf den Kontext der Organisation angewandt – dabei stehen verschiedene Prinzipien in Konkurrenz (etwa Leistungsprinzip, Gleichheitsprinzip, Prinzip der Bedürftigkeit, der Leistungsfähigkeit, der Seniorität, des Besitzstandes, des Alters, des Status etc.).

Verfahren. Die zweite Frage berührt die → Verfahrensgerechtigkeit. Es geht primär um den Prozess der Entscheidungsfindung und somit um die Frage, wie darüber zu entscheiden ist, wie Ressourcen, aber auch Pflichten und Belastungen in Organisationen zu verteilen sind. Die Prinzipien von Leventhal (zit. in Montada & Kals, 2001) machen Aussagen darüber, wann ein Verfahren als gerecht zu bewerten ist (vgl. Kap. 10) – sie können nicht nur auf Konflikte in Organisationen, sondern auch auf grundsätzlich konflikthafte Fragen in Organisationen angewendet werden (z.B. organisationale Struktur, Verteilung von Gratifikationen).

Vor allem das Herrschaftsproblem wird in historischen Ansätzen angesprochen, die bis heute relevant sind. Hierzu zählen die Arbeiten von Max Weber. Insbesondere sein Werk „Wirtschaft und Gesellschaft", das bereits 1921 erschien (zit. in von Rosenstiel, 2003), legt den Grundstein für sein bürokratisches Organisationskonzept und seine Ideen zur Herrschaftsstabilisierung.

2.2.2 Fragen der Gestaltung

Auf Grund des globalen Wandels und des damit einhergehenden immer stärker werdenden Konkurrenzkampfes durchlaufen viele Organisationen (in diesem Fall speziell Unternehmen) grundlegende Veränderungsprozesse: Unternehmen werden zu Global Players, indem sie sich zu Großkonzernen zusammenschließen. Standortvorteile werden optimiert. Es werden dabei u.a. verfügbare Ressourcen, Lohn(neben)kosten, Subventionen und steuerliche Auflagen von Arbeits-, Gesundheits- und Umweltschutz berücksichtigt (vgl. von Rosenstiel, 2003). Dies führt zu verändertem Aufbau und Ablauf in Organisationen. Statt stabilen Linien- und Stablinienorganisationen finden sich zunehmend flexible und sich zeitlich verändernde Organisationsformen der Projektorganisation, des Netzwerkdesigns oder auch der Clanorganisation (vgl. von Rosenstiel, 2003).

Mikro-, Meso-, Makroebene. Reichwald und Möslein (1999) unterscheiden in Anlehnung an Picot drei Ebenen, die über den Aufbau von Organisationen entscheiden: (1) Mikroebene mit der Arbeitsorganisation (z.B. Gruppenkonzepte), (2) Mesoebene mit der Unternehmensstruktur (z.B. Zentralbereiche), (3) Makroebene mit der Wertschöpfungskette (z.B. Kooperationen, → Outsourcing, Allianzbildungen). Auf allen drei Ebenen werden Entscheidungen über Aufgabenteilungen und Koordinationen gefällt. Einige Beispiele (vgl. Reichwald & Möslein, 1999):

▶ Mikroebene: Welche Aufgaben sind voneinander abzugrenzen? Welche sind in organisatorische Einheiten zusammenzufassen? In welcher Form (z.B. Einzel- oder Gruppenarbeitsplätze) werden die Aufgaben bewältigt? Wie sind Einheiten miteinander verbunden, und wie sind Schnittstellen gestaltet, um Informations- und Kommunikationsprozesse zu optimieren?

▶ Mesoebene: Nach welchen Prinzipien werden Handlungs-, Weisungs- und Entscheidungsrechte festgelegt? Werden Formen der Zentralisierung oder der Dezentralisierung gewählt? Wie sind Führungsanreize und Controllingsysteme zu gestalten, einzuführen und zu kontrollieren? Welche Infrastrukturen der Informations- und Kommunikationspolitik werden installiert? Mittels welcher Maßnahmen und Organe werden Fehlinformation und Fehlkommunikation aufgedeckt und korrigiert?

▶ Makroebene: Wie werden strategische unternehmenspolitische Entscheidungen gefällt? Welche Fusionen oder Allianzbildungen werden eingegangen? Wie wird über wirtschaftsethische Fragen (z.B. bei Standortwahlen) entschieden? Welche gemeinsamen Wertmaßstäbe liegen der Organisation zu Grunde? Wie bedeutsam sind ökonomische Kriterien im Gegensatz zu Humankriterien?

Human- und ökonomische Kriterien der Arbeit. Alle Entscheidungen können anhand unterschiedlicher Kriterien erfolgen. Es lassen sich vereinfachend Human- von ökonomischen Kriterien abgrenzen. Zu den ökonomischen Kriterien gehören alle Leistungskriterien einer Organisation, mit den übergeordneten Kriterien der → Effektivität und den Einzelkriterien von Produktivität, Kosteneinsparungen, Anstieg von Qualität oder Quantität, Innovativität, Flexibilität.

Neubergers Konzeptualisierung von Humankriterien ist mit folgenden Aspekten eine der umfassendsten (zit. in Frieling & Sonntag, 1999): Würde, Sinn der Tätigkeit, Gerechtigkeit, Sicherheit, Orientierung, Gesundheit, Autonomie, Kontakt, Privatheit, Entfaltung, Abwechslung, Aktivität/Leistung, Konfliktregelung, Anerkennung, Schönheit. Konsens besteht derzeit hinsichtlich hierarchisch aufgebauter Kriterienlisten zur Bewertung „humaner" Arbeit (vgl. Frieling & Sonntag, 1999; Hacker, 1999). Hierzu zählen:

▶ Schädigungslosigkeit und Erträglichkeit der Arbeit im physiologisch-ökologischen Sinne

▶ Ausführbarkeit der Arbeit hinsichtlich der Operationen mit Werkzeugen und Maschinen

▶ Zumutbarkeit, Beeinträchtigungsfreiheit, Handlungs- und Tätigkeitsspielraum der Arbeit bezogen auf die Gestaltung der Arbeitsaufgaben und -umgebung

▶ Zufriedenheit der Mitarbeiter, Persönlichkeitsförderlichkeit der Arbeit in Bezug auf das Netzwerk produktiver Funktionen

▶ Sozialverträglichkeit der Arbeit, Beteiligung der Arbeitenden an der Gestaltung bezogen auf die kooperative Organisation von Produktion und Dienstleistung.

Inwiefern die Zielfelder der ökonomischen und Humankriterien in der Praxis miteinander in Einklang zu bringen sind, wird kritisch diskutiert. Gleichwohl gibt es Beispiele aus Unternehmen, in denen dies gelingt (vgl. Neuberger, 1994).

2.2.3 Fragen der psychologischen Wirksamkeit

Die wissenschaftliche Betrachtung des Gegenstands „Arbeit und Organisation" erfolgt aus unterschiedlichen Perspektiven (Psychologie, Soziologie, Wirtschafts- und Politikwissenschaft, Ergonomie, Arbeitsmedizin, Biologie, Physiologie etc.). Oftmals scheint es so, als ginge es um rein technisch-ökonomische Fragestellungen: Ein technisch optimaler Arbeitsablauf ist jedoch nur dann in seinem Ergebnis optimal, wenn auch Fragen der Arbeitsmotivation, Arbeitsbelastbarkeit, Arbeitskontrolle etc. berücksichtigt werden (vgl. Kap. 12).

Dennoch werden zur Theoriebildung Organisationen primär aus betriebswirtschaftlicher und soziologischer Sicht analysiert (vgl. z.B. Kieser & Kubicek, 1983). Aus diesen Traditionen stammt das Rüstzeug, mit dessen Hilfe sich Organisationen verstehen lassen. Es ist jedoch darüber hinaus notwendig, die Beiträge der Psychologie nicht auf interindividueller oder intraindividueller Ebene von Organisationen zu reduzieren, sondern die psychologische Betrachtungsweise auch auf Intergruppen- und organisationaler Ebene anzuwenden.

Mangelnde Präsenz der Organisationspsychologie. Der Begriff der Organisationspsychologie mag vermuten lassen, dass diese Ebene die entscheidende in dieser Disziplin ist, letztlich ist dies jedoch nur indirekt der Fall (vgl. von Rosenstiel, 2003): Fragen der organisationalen Struktur werden zumeist erst dann zu einem Thema der Psychologie, wenn es Probleme bei der Umsetzung von Strukturen oder bei den Auswirkungen der Strukturen auf Verhalten und Erleben gibt. Zukünftiges Ziel ist es, durch einen vorausschauenden Blick psychologische Erkenntnisse schon bei der Planung von Organisationen einzubeziehen. Entscheidungen hinsichtlich Spezialisierung, Koordination, Konfiguration, Entscheidungsdelegation und Formalisierung würden dabei nicht nur aus betriebswirtschaftlich-technischer, sondern auch aus psychologischer Sicht bewertet (vgl. Kieser & Kubicek, 1983). Dabei kann auf eine Vielfalt psychologischer Modelle und Erkenntnisse zurückgegriffen werden (vgl. Kap. 1), z.B.:

► Motivations- und Handlungstheorien
► Theorien zur Analyse und Bewältigung von Stress und Belastungen am Arbeitsplatz
► Modelle der Kommunikation und Interaktion
► Rollentheorien
► Konfliktforschung und Gruppendynamik
► Führungstheorien
► psychologische Analyse und Gestaltung von Arbeitsprozessen, -anforderungen und → -effizienz unter Rückgriff auf Erkenntnisse der Ergonomie und psychologischen Arbeitsplatzanalyse.

2.3 Menschenbildannahmen

Jedem wissenschaftlichen und praktischen Handeln in Organisationen liegen Menschenbildannahmen zu Grunde. Diese sollten expliziert und reflektiert werden: Denn obgleich dies in den wenigsten Fällen geschieht, sind die impliziten Menschenbildannahmen dennoch wirksam.

Mechanismus vs. Organismus. Übergeordnet können zwei Menschenbilder unterschieden werden: das Mechanismus- und das Organismusmodell. Beim Mechanismusmodell ist der Mensch vorwiegend passiv und von außen gesteuert. Es basiert theoretisch auf dem Behaviorismus. Beim Organismusmodell ist der Mensch hingegen aktiv gestaltend. Er ist zur Selbstreproduktion und Selbstorganisation fähig. Dieses Menschenbild des autonomen, handlungsfähigen Menschen liegt beispielsweise der Humanistischen Psychologie zu Grunde (vgl. Kap. 2.5). Schein unterscheidet vier Typologien von Menschenbildern (vgl. zum Überblick Kirchler, Meier-Pesti & Hofmann, 2005; Spieß, 2005):

(1) das Menschenbild der ökonomischen Rationalität (rational-economical man bzw. der Homo oeconomicus)

(2) das Menschenbild der sozialen Orientierung (social man)

(3) das Menschenbild des nach Selbstverwirklichung strebenden Menschen (self-actualizing man)

(4) das Menschenbild des flexiblen und komplex agierenden Menschen (complex man).

Der ökonomisch-rationale Menschentypus. Er wird extrinsisch motiviert und verhält sich passiv, sobald der geforderte Einsatz nicht der eigenen Gewinnmaximierung dient. Liegt dieses Menschenbild einer Management- und Organisationsstrategie bzw. -entscheidung zu Grunde, so folgt hieraus die Anwendung klassischer Managementfunktionen, wie Planen, Organisieren, Motivieren oder auch Kontrollieren. Da auf die Annahme intrinsischer Motivation verzichtet wird, müssen extrinsische Anreize gegeben werden. Eigeninitiative wird dem Einzelnen nicht überlassen.

Das Menschenbild der sozialen Orientierung. Es stehen soziale Bedürfnisse, die das Handeln motivieren, im Mittelpunkt. Dieses Menschenbild liegt der Human-Relations-Bewegung zu Grunde (vgl. Kap. 2.5). Als Management- und Organisationsstrategie leitet Mayo u.a. den Aufbau und die Förderung von Gruppen und den Einsatz sozialer Anerkennung ab (zit. in von Rosenstiel, 2003). Dieses Menschenbild widerspricht der Annahme der ökonomischen Rationalität und damit der Rational-choice-Tradition (vgl. Kap. 10.5).

Der Typus des nach Selbstverwirklichung strebenden Menschen. Bei diesem Menschenbild ist die Autonomie der primäre Antrieb. Als Strategien für das Management folgt hieraus die Annahme intrinsischer Motivation und die Notwendigkeit, Autonomie zu fördern, etwa durch Mitbestimmungsrechte. Manager sind somit eher Förderer und nicht Kontrolleure.

Der Typus des flexibel und komplex agierenden Menschen. Er kann sich auf neue Situationen flexibel einstellen und ist somit äußerst wandlungs- und lernfähig. Managementstrategien, die hierauf aufbauen: flexibler Arbeitsplatzeinsatz, ständige Weiterqualifikationen oder Mobiliät.

> Aus den Menschenbildannahmen lassen sich unterschiedliche Management- und Organisationsstrategien begründen und ableiten. Je nachdem, ob der Mensch als passives Opfer oder aktiver Gestalter seiner Umwelt gesehen wird, sind unterschiedliche Strategien notwendig, um individuelles Verhalten effizient zu steuern.

In der betriebswirtschaftlichen Praxis geht man vom Homo oeconomicus aus – zumeist als unhinterfragte Grundmaxime. Diese wird zunehmend auch innerhalb der Psychologie in Form der ökonomischen Verhaltensanalyse übernommen. Gleichwohl stehen der Annahme, dass die Maximierung des eigenen Nutzens alleiniges oder dominantes Motiv menschlichen Handelns sei, gewichtige theoretische, empirische und gesellschaftspolitische Argumente entgegen (vgl. Kap. 10.5).

Menschenbildannahmen sind tief verankerte Überzeugungen, die auch das Ergebnis von Sozialisations-prozessen und damit abhängig vom jeweiligen „Zeitgeist" sind. Dennoch sprechen empirische Forschung und die Erfordernisse einer sich wandelnden Arbeitswelt dafür, von komplexen multiplen Handlungsmotiven auszugehen: Neben der Maximierung des eigenen Nutzens stehen alternative Motive, wie z.B. Gerechtigkeit und Verantwortung sowie Selbstverwirklichung und Befriedigung sozialer Bedürfnisse.

2.4 Organisationsmetaphern

Auf der Basis der Menschenbildannahmen werden Organisationen mithilfe von Metaphern be-schrieben. Während sich Menschenbildannahmen auf Grundannahmen über den Menschen be-ziehen, umfassen die Metaphern Grundannahmen über das Funktionieren von Organisationen. Scholl (2004) formuliert acht Organisationsmetaphern, die im Folgenden dargestellt werden.

Maschinenmetapher. Bei dieser am meisten verbreiteten Metapher ist die perfekte Organisation eine Maschine. Mitarbeiter werden als Rädchen im Getriebe betrachtet. Diese Vorstellung geht zurück auf die Zeit der Industrialisierung und der Trennung von Hand- und Kopfarbeit. Die Metapher hat Bezüge zum → Taylorismus, da auch Taylor davon ausging, dass die Abläufe industrieller Fertigungsarbeit ähnlichen Gesetzen gehorchen wie Teile einer Maschine.

Bedürfnismetapher. Es werden Bedürfnisse nach sozialem Kontakt, sozialer Anerkennung und Selbstverwirklichung betont. Das zu Grunde liegende Menschenbild ist der sozial orientierte Typus. Psychologische Grundlage ist u.a. die Bedürfnishierarchie von Maslow (vgl. Kap. 12.1, Abb. 12.2). Die Bedürfnismetapher steht somit in Konkurrenz zur Maschinenmetapher, da dem Menschen komplexere und höhere Motive zugeschrieben werden. Diese Metapher hat vor allen Dingen motivationspsychologische Forschung in der Arbeits- und Organisationspsychologie hervorgebracht, etwa zur Arbeitszufriedenheit und -motivation (vgl. Kap. 12.1, 12.2), zur Füh-rung und Partizipation (vgl. Kap. 7).

Problemlösungsmetapher. Die Tätigkeit in Organisationen wird als Strom von Lern- und Prob-lemlösungsaktivitäten beschrieben, die arbeitsteilig anzugehen sind. Ziele werden festgelegt und spezifiziert, und es wird geplant, wie sie sich realisieren lassen. Analysiert werden analoge und unterschiedliche Prozesse individueller Problemlösestrategien wie auch Strategien zur Problem-lösung auf organisationaler Ebene.

Politikmetapher. Es wird davon ausgegangen, dass Konfliktaustragung in Unternehmen derjeni-gen in der staatlichen Politik ähnelt. Daher werden Konfliktaustragungen in Unternehmen als Mikropolitik bezeichnet. Ähnlich wie in der großen Politik gibt es auch in Organisationen ver-schiedene Verfassungen und Verfassungswirklichkeiten. Es gibt Interessenskonflikte sowie Stra-tegien, eigene Interessen gegenüber anderen Interessen durchzusetzen. Das Herrschafts- und Verteilungsproblem spielt hier eine zentrale Rolle. Fragen des Umgangs mit Konflikten (vgl. Kap. 10) und der Ausübung von Macht (vgl. Kap. 7) werden daher auch aus gerechtigkeitspsy-chologischer Sicht analysiert.

Organismusmetapher. Organisationen werden als offene Systeme beschrieben, die im ständigen Austausch mit der Umwelt stehen und dabei trotzdem ihre Eigenart bewahren. Bei dieser biolo-gischen Metapher werden Arbeit und Kapital als Energiepotentiale begriffen. Den Input liefern

Informationen aus der Umwelt. Sie werden in Güter und Dienstleistungen von höherem Wert transformiert und in direktem oder indirektem Tausch gegen benötigten Input abgegeben.

Kulturmetapher. Organisationen werden als Mikrogesellschaften mit eigener Kultur verstanden. Diese Kulturen sind durch ihre Einbettung in eine gesamtgesellschaftliche Kultur geprägt. Es stehen gemeinsame Interpretationen, kollektive Werte und Normen, aber auch sinnstiftende Mythen und Rituale der jeweiligen Organisation im Vordergrund. Theoretischen Hintergrund bietet der symbolische Interaktionismus nach Mead. Der Mensch hat eine aktive Rolle. Durch Interaktion und Interpretation wird die soziale Realität in Organisationen konstruiert. Dies geschieht im Wechselspiel von symbolischen und materiellen Aktivitäten.

Kostenmetapher. Die Transaktion und somit der Austausch materieller oder immaterieller Güter wird nach den jeweiligen Kosten beurteilt. Diese Transaktionskostentheorie ist eng verwandt mit austauschtheoretischen Konzepten der Sozialpsychologie.

Ausbeutungsmetapher. Es werden Zusammenhänge zwischen Personen, Organisationen und Gesellschaft verdeutlicht. Dabei werden Gefahren von Organisationen in modernen Gesellschaften in den Vordergrund gestellt, etwa dass für die Gewinnmaximierung im Kontext sozialer Dilemmata schädliche Nebeneffekte in Kauf genommen werden (wie Umweltverschmutzung, Gesundheitsgefährdungen). Angewandt wird diese Metapher etwa bei der Kritik der Global Players, welche Standortvorteile oder unterschiedliche Umweltauflagen, Lohnnebenkosten, Steuerrechte etc. in anderen Ländern nutzen, um als multinationale Konzerne ihre Produktion in jene Länder zu verlagern, in denen die jeweiligen rechtlichen und finanziellen Bedingungen am günstigsten sind.

> Organisationspsychologische Forschung und Praxis findet nicht in einem wertfreien Raum statt. Daher sind implizite Annahmen über Metaphern und Menschenbildannahmen zu reflektieren.

Die Reflektion betrifft sowohl eigene Annahmen als auch das Hinterfragen der Annahmen von Kooperationspartnern, etwa in Wirtschaftsunternehmen. Dadurch können Gefahren einseitiger Annahmen begrenzt werden (wie die des schleichenden Siegeszuges des Homo oeconomicus, der seinen eigenen Nutzen in jeder Situation maximiert). Welche schädlichen Auswirkungen diese Annahmen beispielsweise im Kontext der Konfliktentwicklung und -austragung haben können, wird noch zu zeigen sein (vgl. Kap. 10).

2.5 Theoretische Strömungen und Organisationstheorien

Überblick über Organisationstheorien

Welchem Zweck dienen Organisationstheorien? Nach Scherer (zit. in Kieser, 2001) erklären sie, wie Organisationen entstehen, bestehen und funktionieren. Indirekt dienen die Theorien somit der Verbesserung der organisationalen Praxis. Organisationstheorien können auf unterschiedliche Ziele ausgerichtet sein, z.B. auf die Anwendung von Methoden, die analytische Beschreibung einer bestimmten Organisation, gestalterische Empfehlungen für Organisationen etc. Es finden sich unterschiedliche Einteilungen von Organisationstheorien (vgl. zum Überblick Scherer in Kieser, 2001):

- Mikro-, Meso- und Makrotheorien der Organisation: Bei der Mikrotheorie bezieht sich die Theorie auf das Verhalten von Individuen in Organisationen, bei der Mesotheorie auf ganze Organisationseinheiten und ihre Strukturen, bei der Makrotheorie auf Beziehungen zwischen Organisationen.
- Unter welcher theoretischen Perspektive wird der jeweilige Teilaspekt beleuchtet?
- Unter Anwendung welcher Methode findet die Forschung statt?
- Was ist der Zweck der Forschungstätigkeit?

Reichwald und Möslein (1999) unterscheiden fünf Gruppen von Organisationstheorien: (1) historische, (2) humanorientierte, (3) systemorientierte, (4) institutionsökonomische, (5) wettbewerbsstrategische Ansätze.

Historische Ansätze. Sie umfassen z.B. den → Taylorismus. Gemeinsam mit dem administrativen Organisationsansatz von Fayol gelten sie als Wegbereiter der heutigen Organisations- und Managementlehre. Leitidee ist die der Rationalisierung und der → Effizienz im Sinne der Maschinenmetapher (vgl. Kap. 2.4). Soziale Bedürfnisse und zwischenmenschliche Beziehungen werden weitgehend ausgespart.

Humanorientierte Ansätze. Sie werden in motivationsorientierte und verhaltenswissenschaftlich orientierte Ansätze unterschieden. Zu den motivationsorientierten Ansätzen gehören der Human-Relations- sowie der Human-Resource-Ansatz (vgl. Kap. 6.1). In diesen humanorientier-

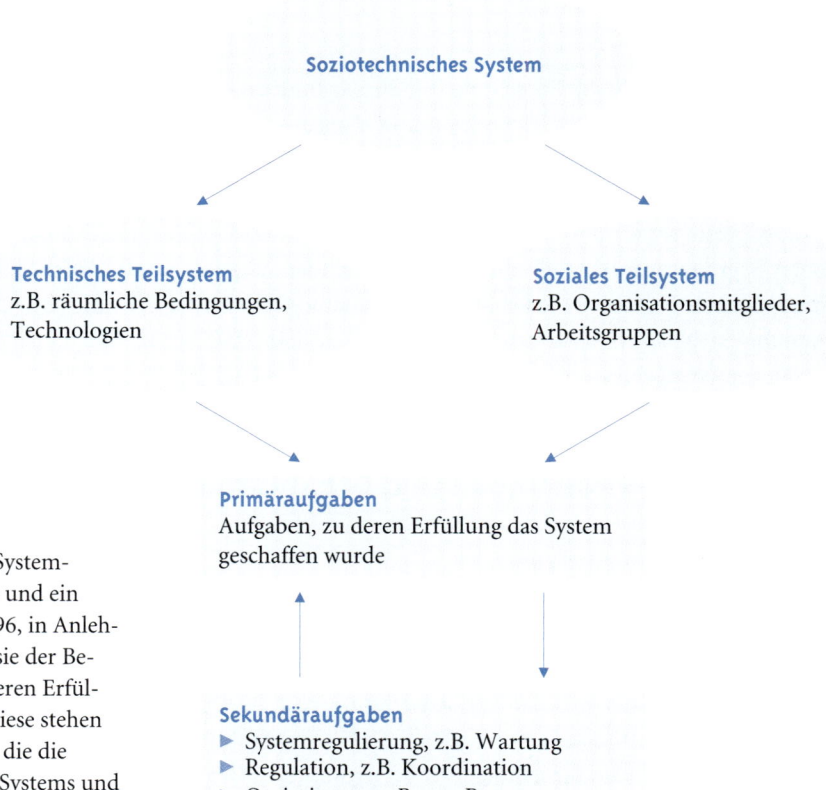

Abbildung 2.2. Die soziotechnische Systemtheorie unterscheidet ein technisches und ein soziales Teilsystem (nach Antoni, 1996, in Anlehnung an Ulich). Gemeinsam dienen sie der Bewältigung von Primäraufgaben, zu deren Erfüllung das System geschaffen wurde. Diese stehen in Interaktion zu Sekundäraufgaben, die die Systemerhaltung, die Regulation des Systems und seine Optimierung umfassen

ten Ansätzen wird die Rolle sozialer Bedürfnisse, zwischenmenschlicher Beziehungen, informeller Strukturen und Prozesse bei den motivationsorientierten Schwerpunkten betont. Bei den verhaltenswissenschaftlichen Ansätzen stehen Entscheidungsprozesse und Verhaltensmuster im Zentrum. Über eine technisch-instrumentelle Rationalität hinaus werden somit auch sozioemotionale Faktoren einbezogen, womit eine Abkehr vom mechanistischen Menschenbild stattfindet. Dabei fließt die Vielfalt neuerer sozialpsychologischer Erkenntnisse ein.

Systemorientierte Ansätze. In diesen Ansätzen werden Organisationen als kybernetische Regelkreise und als offene bzw. sich selbstorganisierende Systeme (z.B. soziotechnische Systeme, → Tavistock-Gruppe) verstanden – in den Ansätzen der Phänomenologischen Systemtheorie hingegen als Sozial- bzw. Sinnsysteme (z.B. organisationale Selbsteinbindung, Rollentheorien). Systemtheoretische Ansätze bauen auf Erkenntnissen von Kybernetik, Systemtheorie und Konstruktivismus auf. Auf der Basis der soziotechnischen Systemtheorie (vgl. Abb. 2.2) werden Probleme in Organisationen nicht isoliert betrachtet, sondern in den jeweiligen Kontext gestellt, der sowohl technische als auch soziale Aspekte umfasst. Die zentrale Frage lautet: Das Zusammenspiel welcher Faktoren bringt unter welchen Bedingungen welches Problem hervor, und wie lässt es sich daher nachhaltig lösen (vgl. auch Spieß, 2005; Ulich, 2001)? In den evolutionstheoretischen Ansätzen werden die Grundannahmen des evolutionären Prozesses als Leitbild für die Erklärung und die Gestaltung organisationaler Systeme herangezogen (z. B. Kontingenztheorie).

Institutions-ökonomische Ansätze. Sie lassen sich unterscheiden in Property-rights-Theorie, Transaktionskostentheorie und Principal-agent-Theorie. Diese Ansätze stellen die Organisation in den Kontext des Marktes. Bei der Property-rights-Theorie stehen die situationsgerechte Spezifizierung und Verteilung von Handlungs- und Verfügungsrechten im Mittelpunkt. Die Transaktionskostentheorie macht Aussagen über eine aufgabenbezogene Minimierung von Koordinationskosten. Die Principal-agent-Theorie dient einem möglichst optimalen Vertragsdesign zwischen Auftraggeber und -nehmer.

Wettbewerbsstrategische Ansätze. Sie dienen vor allem der praktischen Organisationsgestaltung und umfassen konkrete Gestaltungskonzepte für die Ausrichtung von Organisationen und Unternehmen, etwa im internationalen Standortwettbewerb. Dabei werden unterschiedliche Leitbilder fokussiert, z.B. die Konzentration auf Kernkompetenzen. Beispielsweise konzentriert sich ein Hersteller von Sportartikeln auf Design, Logistik, Marketing und Vertrieb. Die gesamte Herstellung erfolgt bei unabhängigen asiatischen Produktionsfirmen.

> !
>
> Innerhalb der Arbeits- und Organisationspsychologie sind vor allem human- und systemorientierte Ansätze von großer Bedeutung, hier vor allem die soziotechnische Systemtheorie. Hingegen spielen institutionsökonomische und wettbewerbsstrategische Ansätze innerhalb dieser Disziplin nur eine nachgeordnete Rolle.

Ausgewählte Einzeltheorien

Es seien zwei Einzeltheorien exemplarisch vorgestellt, die innerhalb der Arbeits- und Organisationspsychologie besonders häufig diskutiert werden und entgegengesetzte Menschenbildannahmen vertreten (vgl. Holling & Müller, 2004): (1) die humanistische Theorie von McGregor, (2) die Rationalitätstheorie.

Die humanistische Theorie von McGregor. Sie gehört zu den humanorientierten Ansätzen und unterscheidet die Theorie X und Y. Bei der Theorie X wird der Mensch als träge, arbeitsscheu und ohne Ehrgeiz beschrieben. Er muss durch positive oder negative Sanktionen zur Arbeit angehalten werden. Er übernimmt ungern Verantwortung und will stattdessen geführt werden. Der Führungsstil, der daraus resultiert, umfasst Lenkung und Kontrolle durch Autorität. In der Theorie Y lässt sich der Mensch hingegen durch selbstgesetzte Ziele motivieren und lenken, und unter bestimmten Bedingungen sucht er nach Verantwortung. Der resultierende Führungsstil zielt auf Integration und Selbstkontrolle ab. Der Vorgesetzte übernimmt die Rolle des Beraters und Experten. Die Überlegenheit der Theorie Y gegenüber der Theorie X begründet McGregor u.a. mit der Motivationstheorie von Maslow (vgl. Kap. 12.1).

Die Rationalitätstheorie. Sie ist ebenfalls humanorientiert, ihr unterliegt jedoch das Menschenbild des Homo oeconomicus (vgl. Kap. 10.5). Die Theorie macht Aussagen in Entscheidungssituationen. Angewandt auf Organisationen sind diese so zu gestalten, dass sie umfassend kontrollierbar und steuerbar sind, produktiv und → effizient arbeiten und überschaubare Tätigkeitsstrukturen besitzen. Dazu ist ein System von Einzelfunktionen und Aufgaben herzustellen, deren Ausführung durch materielle Anreize gesteuert wird. Voraussetzungen hierfür sind:

▶ Organisationsmitglieder können die Vorteile von Handlungen nach ökonomischen Wertmaßstäben beurteilen.
▶ Sie sind in der Lage, die lohnendste Handlungsalternative auszuführen.

Daraus lassen sich Organisationsprinzipien ableiten, z.B. Tätigkeiten zu fraktionieren, funktionsspezifisch zusammenzufassen und leistungsabhängig zu entlohnen, Positionsanforderungen zu standardisieren und individuelle Kompetenz-, Handlungs- und Entscheidungsspielräume abzugrenzen.

> **!** Während der humanistische Ansatz vor allem in der Arbeits- und Organisationspsychologie beheimatet ist, basiert die Rationalitätstheorie auf dem Menschenbild des Homo oeconomicus und wird vorrangig von Wirtschaftswissenschaftlerinnen und -wissenschaftlern vertreten.

2.6 Kritische Reflexionen und Visionen

Organisationen, vor allem Unternehmen, stehen vor neuen Herausforderungen und müssen sich verändern, um konkurrenzfähig zu bleiben. Auf Unternehmensebene werden z.B. → Lean Production oder → Business Reengeneering, → Total Quality Management (TQM), → Prozessketten und virtuelle Organisationsformen eingeführt. Auf der Ebene der Gruppe werden Konzepte wie Gruppenarbeit, Projektteams, → KVP-Teams oder Workshops umgesetzt. Auf der Ebene des Individuums sind Wandel und lebenslanges Lernen notwendig, ebenso Flexibilisierungen im Sinne fachlicher Flexibilisierung, Einsatzflexibilisierung, Arbeitszeitflexibilisierung oder Entgeltflexibilisierung. Der moderne Mitarbeiter wird zum „Arbeitsplatzunternehmer" (nach Voß & Pongratz, zit. in Spieß, 2005).

Idealtypisches Vorgehen. Angesichts dieser Notwendigkeit zu Veränderungen stellt sich die Frage nach theoretischen Leitlinien und systematischem analytischen Vorgehen, das hilft, Fehlentscheidungen zu vermeiden. Idealtypisch würden Entscheidungen auf organisationaler Ebene in drei Schritten geschehen (vgl. Abb. 2.3):

(1) eine theoretische Durchdringung des Gegenstandsfeldes

(2) eine sich anschließende empirische Analyse des Gegenstandsfeldes

(3) darauf aufbauend eine Interventionsentscheidung, die OE-Maßnahmen nicht nur schlüssig durch theoretische Überlegungen und empirische Befunde stützt, sondern die darüber hinaus auch eine systematische Evaluation umfasst.

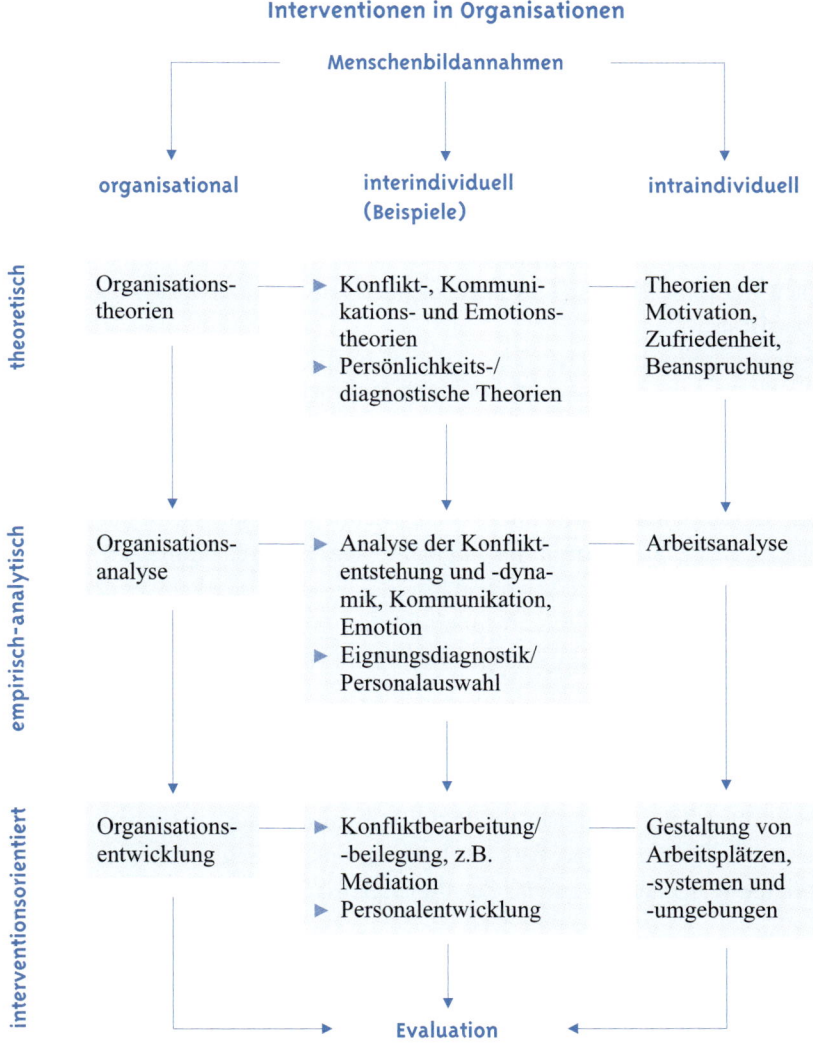

Abbildung 2.3. Idealtypisches Vorgehen von Interventionen in Organisationen, bei dem theoretische, empirisch-analytische und interventionsorientierte Aufgaben systematisch aufeinander aufbauen und die organisationale, interindividuelle und intraindividuelle Ebene miteinander verbunden sind. Gemeinsam ist allen drei Ebenen die Reflexion von Menschenbildannahmen sowie die Evaluation der Interventionsmaßnahme

Mangelnde Stringenz zwischen Theorie, Analyse und Intervention. Für die Unverbundenheit
zwischen theoretischen Überlegungen, empirischen Analysen und interventionsorientierten
Entscheidungen gibt es eine ganze Reihe von Gründen: die Komplexität des Gegenstandsfeldes,
die Unterschiedlichkeit der Theorien und die Unterschiedlichkeit der Zielsetzungen.

▶ Es ist etwas anderes, ob eine Organisationstheorie das Funktionieren von Produktionsab-
läufen abstrakt beschreibt oder ob es um konkrete OE-Entscheidungen geht (z.B. Einführung von Gruppenarbeit).

▶ Es gibt eine Unverbundenheit zwischen der theoretischen Forschung einerseits und dem
praktischen Vorgehen im organisationalen Alltag andererseits. Gegen ein systematisches
Vorgehen werden zahlreiche Einwände erhoben (zu teuer, zu aufwendig, zu wenig Metho-
denexpertise etc.).

▶ Es existieren disziplinäre Traditionen und Unverbundenheiten zwischen der Psychologie
und den Nachbardisziplinen – allen voran der Betriebswirtschaft, in deren Zentrum das Gegenstandsfeld „Wirtschaftsunternehmen" steht.

Mangel an integrativen Theorien. Es findet sich kein Ansatz, der diese drei Schritte stringent
miteinander verbindet. Stattdessen gibt es einen Theoriepluralismus. Oftmals ignorieren sich die
Theorien wechselseitig. Sie erklären nur singuläre Aspekte von Phänomenen in Organisationen.
Ein interdisziplinärer Austausch zwischen psychologischen, marktanalytischen, betriebswirt-
schaftlichen, soziologischen, kulturanthropologischen Ansätzen finden sich nur dort, wo dieser
Mangel an Integrität zum Thema gemacht wird (Spieß, 2005).

Situation der Organisationsanalyse. Organisationsanalyse bzw. -diagnostik zeigen die Folgen
dieser Heterogenität organisationaler Theorien: Hier bleibt nur die an der Praxis orientierte
Analyse von Organisationen, die in vager Anlehnung an Organisationstheorien geschieht. Es
fehlt ein integratives Rahmenmodell, aus dem sich organisationsanalytisches Vorgehen stringent
ableiten ließe. Dies hat zur Folge, dass in Organisationsanalysen eigenständige Modelle entwickelt werden, die ausschließlich auf das Ziel der Organisationsanalyse abgestimmt sind.

Situation der Organisationsentwicklung. Interventionen (vor allem Organisationsentwicklun-
gen) sollten auf theoretischen und empirischen Überlegungen basieren, so wie es beispielsweise
bei therapeutischen Interventionsentscheidungen Standard ist. Stattdessen findet sich hier oftmals ein praxeologisches Vorgehen, bei dem sowohl vorhandene theoretische Überlegungen als
auch empirische Wissensbestände aus organisationsanalytischen Arbeiten unbeachtet bleiben.

Folgerungen für die Psychologie. Es wird keinem integrativen Rahmenmodell gelingen, die
verschiedenen Zielsetzungen miteinander zu verbinden, die unterschiedlichen Gegenstandsfel-
der ausreichend zu integrieren und die Vielfalt relevanter Faktoren zu berücksichtigen. Dennoch

wäre es möglich, die drei o.g. Schritte bezogen auf eine konkrete Praxisfrage direkt aufeinander zu beziehen. Dabei kann die Psychologie wichtige Beiträge leisten. Durch eine gute Planung werden Fehlentscheidungen mit ihren Folgekosten verringert (finanziell, Motivationsverluste der Mitarbeiter etc.). Letztlich wird dadurch Zeit eingespart. Die notwendige Expertise (Theoriewissen, Methoden- und Evaluationskenntnisse etc.) bringen Arbeits- und Organisationspsychologen mit.

2.7 Kernpunkte und Übungsaufgaben

Kernpunkte

▶ Der Begriff der „Organisation" scheint auf den ersten Blick recht klar definiert zu sein: Organisation ist ein soziales Gebilde mit Mitgliedern, die über koordinierte Tätigkeiten festgelegte Ziele verfolgen. Auf den zweiten Blick wird jedoch deutlich, dass aufgrund neuer Organisationsformen oftmals Unklarheit darüber besteht, ob ein bestimmtes soziales Gebilde (wie die virtuelle Organisation) noch eine Organisation darstellt oder nicht.

▶ Organisationen können als Institution, Instrument oder Interaktion betrachtet werden. Bei allen Blickwinkeln auf Organisationen leistet die Psychologie wichtige Beiträge, etwa zu Fragen der → Verteilungs- und → Verfahrensgerechtigkeit sowie der Gestaltung von Organisationen und ihrer psychologischen Wirksamkeit.

▶ Wissenschaftlichem und praktischem Handeln in Organisationen liegen Menschenbildannahmen zu Grunde, die sich voneinander unterscheiden und die praktische Auswirkungen auf Management- und Organisationsstrategien haben. Auch hier kann die Psychologie, zusammen mit Nachbardisziplinen wie der Soziologie, wichtige Beiträge zur Analyse und Klärung der oftmals implizit wirkenden Annahmen leisten.

▶ Auf der Basis der Menschenbildannahmen werden Organisationsmetaphern und theoretische Strömungen formuliert. Sie beschreiben, wie Organisationen und ihre Mitglieder funktionieren (z.B. die humanistische Theorie von McGregor) und wie sich Handeln (z.B. in Entscheidungssituationen) erklären lässt (z.B. die Rationalitätstheorie). Diese und weitere Theorien sollten explizit Grundlage für Handeln in Organisationen sein.

▶ Entsprechend lässt sich ein idealtypisches Vorgehen zur Lösung von Praxisproblemen in Organisationen beschreiben. Dieses wird in den nachfolgenden Kapiteln noch oft auf spezifische Fragestellungen angewendet. Es unterscheidet fünf Schritte: (1) Ausgangspunkt ist die Reflexion des zu Grunde liegenden Menschenbildes. (2) Darauf baut die gewählte Theorie auf. (3) Es folgt eine theoriegeleitete, empirische Analyse der Situation. (4) Das Ergebnis dieser Analyse begründet die Auswahl und Umsetzung von Maßnahmen und Strategien zur Lösung des Problems, (5) deren Wirksamkeit schließlich zu evaluieren ist.

▶ In der Praxis findet sich oftmals eine Kluft zwischen theoretischem, empirisch-analytischem und interventionsorientiertem Vorgehen. Dafür ist eine Reihe von Ursachen verantwortlich (z.B. Komplexität des Gegenstandsfeldes, Unterschiedlichkeit von Theorien und Zielsetzungen). Die Psychologie besitzt aber das Potential, diese Kluft in der Praxis zu überwinden.

Übungsaufgaben

▶ Überlegen Sie sich definitorische Streitfälle von sozialen Gebilden, die je nach Blickwinkel eine Organisation darstellen könnten oder nicht.

▶ Welche inhaltlichen Beiträge kann die Psychologie auf organisationaler Ebene leisten?

▶ Beziehen Sie zu den verschiedenen Menschenbildannahmen, Organisationsmetaphern und theoretischen Strömungen kritisch Stellung. Begründen Sie an einem von Ihnen gewählten Beispiel mit fiktiven Rahmenbedingungen eigene Präferenzen für theoretische Vorannahmen.

▶ Welche Einwände werden in der Praxis gegen ein systematisches Vorgehen von Theorie über Analyse hin zur Interventionsentscheidung vorgebracht? Wie kann man diese entkräften?

Weiterführende Literatur

Schwerpunkt Theorien: Kieser (Hrsg., 2001); Kieser & Kubicek (1983).
Integrative Sicht: Spieß (2005).

3 Empirisch-analytischer Blick: die Organisationsanalyse

Was Sie in diesem Kapitel erwartet

Was sind die Anlässe für Organisationsanalysen? Ein Beispiel: In einer Druckerei wurde eine neue Drucktechnik eingeführt. Obgleich die anfänglichen technischen Probleme mittlerweile überwunden sind, haben die Mitarbeiter Probleme mit der Anwendung des Systems. Zudem erscheinen frühere Gruppierungen von Arbeitsplätzen als nicht mehr sinnvoll. Die Frage steht im Raum, ob und wie die Struktur der Druckerei verändert werden muss. Die Geschäftsführung entscheidet, zur Planung dieser Entscheidungen eine Organisationsanalyse durch externe Psychologen bzw. Arbeitsanalytiker durchführen zu lassen. Im Rahmen dieser Analyse sind folgende Kernfragen zu beantworten: Wie ist die Organisation aufgebaut? Welche Auswirkungen haben formale Schlüsselelemente von Organisationen auf ökonomische und Humankriterien, welche auf das Erleben und Verhalten der Organisationsmitglieder? Wie sollte die Organisation entsprechend welcher Kriterien idealerweise aufgebaut sein? Um Antworten auf diese Fragen zu geben, sind Organisationen als Instrumente mit ihren grundlegenden Struktur- und Designmerkmalen empirisch zu untersuchen. Entsprechende Methoden und Techniken werden nachfolgend vorgestellt, wobei auch übergeordnete Strukturelemente von Kultur und Werten von Organisationen berücksichtigt werden.

3.1 Empirische Erfassung von Organisationen

In diesem Kapitel werden unterschiedliche Fragen beantwortet: Was bedeuten die Begriffe der Organisationsanalyse und -diagnostik (Kap. 3.1.1)? Welche Ziele verfolgen organisationsanalytische Erhebungen, und welche Fallstricke sind bei diesen Untersuchungen zu beachten (Kap. 3.1.2)? Welcher Methoden kann man sich bei der Durchführung der Untersuchungen bedienen (Kap. 3.1.3)?

3.1.1 Die Begriffe Organisationsanalyse und -diagnostik

Organisationsanalyse. Die Organisationsanalyse dient dem Ziel, vorhandene Organisationsprobleme aufzudecken und Änderungen zur Lösung der Probleme in der Organisation vorzubereiten (vgl. Büssing, 2004). Die Organisationsanalyse ist disziplinär durch organisationssoziologische, betriebswirtschaftliche oder auch verhaltenswissenschaftliche Ansätze geprägt.

Organisationsdiagnostik. Die Organisationsdiagnose zielt darauf ab, unter psychologischer Perspektive zu diagnostizieren, was Mitglieder in Organisationen erleben und wie sie sich verhalten. Ziel ist es, Regelhaftigkeiten im intra- und interindividuellen Erleben und Verhalten zu erkennen, zu erklären und zu prognostizieren (vgl. Büssing, 2004). Die Organisationsdiagnostik geht dabei systematisch vor und fußt auf psychologischen Theorien. Empirisch basiert sie auf der methodischen Vielfalt der Organisationsforschung. Die verwendeten Theorien und Verfahrensweisen entsprechen denjenigen, die in der allgemeinen Diagnostik bzw. in der empirischen Sozialforschung insgesamt angewendet werden – jeweils mit spezifischem Bezug auf den Kontext der Organisationen (vgl. zum Überblick Kühlmann & Franke, 1989).

> **!** Je nach disziplinärer Ausrichtung wird von Organisationsdiagnostik oder von Organisationsanalyse gesprochen, ohne die Begriffe klar gegeneinander abzugrenzen. Letztlich ist die Organisationsdiagnostik der psychologische Teilbereich der Organisationsanalyse. In der Praxis ist der Sprachgebrauch durch die betriebswirtschaftliche Perspektive beherrscht. Daher dominiert hier der Begriff der Organisationsanalyse.

3.1.2 Ziele und Fallstricke empirischer Erhebungen

Ziele. Organisationsanalysen bzw. -diagnosen dienen dazu, organisationale Strukturen, Kommunikations- und Interaktionsprozesse analytisch zu beschreiben, organisatorische Schwachstellen zu identifizieren und organisationale Gestaltungsmaßnahmen zu evaluieren. Organisationsdiagnosedaten sind für unterschiedliche Gruppen interessant (vgl. Büssing, 2004):

(1) Organisationsmitglieder (Mitarbeiter, Management etc.) finden u.a. Hilfen bei Arbeitsplatz- und Personalentscheidungen, bei Vorbereitung und Durchführung von OE-Maßnahmen, bei der Organisationsdiagnose als Teil der Programmevaluation, bei der Verteilung von Ressourcen.

(2) Externe Parteien, die an der Organisation interessiert sind (z.B. Eigentümer, Aktionäre, sonstige Gesellschafter), finden in Organisationsdaten die Grundlage für Investitionsentscheidungen oder auch eines Berichtswesens über Arbeitsplatzbedingungen, Unfallgefahr etc.

(3) Wissenschaftlern dienen die Daten dazu, Theorien und Methoden zu validieren und weiterzuentwickeln (Schwerpunkt: Entwicklung multimodaler Erhebungstechniken).

Fallstricke. Auf organisationaler Ebene sind die Variablen komplex (vgl. Abb. 3.1). Dies erschwert empirische Erhebungen, so dass auf dieser obersten Ebene vergleichsweise wenige empirische Studien zu finden sind. Empirische Erhebungen auf organisationaler Ebene kämpfen mit folgenden Schwächen:

▶ Es werden zu wenig Variablen berücksichtigt – sinnvoll ist es, neben organisationalen Variablen weitere Strukturebenen (z.B. Person, Gruppe und Umwelt) einzubeziehen.

▶ Nicht die objektive Situation, sondern ihre subjektive Wahrnehmung ist entscheidend. Die Versuchspläne vereinfachen daher z.T. die komplexe Realität zu stark.

▶ Es mangelt an theoretischen Modellen, aus denen sich psychologische Wirksamkeitshypothesen ableiten ließen.

▶ Die Stichprobe ist oftmals eingeschränkt. In der Mehrzahl der Studien wurden Arbeiter untersucht.

▶ Die empirische Forschung wird von Querschnittsstudien statt prospektiven Längsschnittstudien dominiert.

Organisation

Werte und Normen
- ► Konformität
- ► Rationalität
- ► Vorhersagbarkeit/Planbarkeit
- ► Unpersönlichkeit
- ► Loyalität
- ► Orientierung
- ► ...

Strukturkomponenten
- ► Größe
- ► Zentralisierung von Entscheidungen
- ► Konfiguration
- ► Spezialisierung
- ► ...

Prozesskomponenten
- ► Führung
- ► Kommunikation
- ► Konfliktlösung/Mediation
- ► Selektion
- ► Macht
- ► ...

Kontext- und Umweltkomponenten
- ► Technologien
- ► Methoden
- ► Ressourcen
- ► Organisationsverfassung
- ► Physiologische Merkmale
- ► Arbeits-, Umwelt-, Gesundheitsschutz
- ► ...

Abbildung 3.1. Überblick über die Variablen, die bei empirischen Forschungen auf organisationaler Ebene zu berücksichtigen sind und die z.B. im Sinne von Untersuchungs-, Stör- oder Kontrollvariablen Einfluss auf die Forschung nehmen (nach Weinert, 2004)

► Das eingesetzte Methodenspektrum ist eingeschränkt. Reaktivitätseffekte sind zu kontrollieren, etwa durch Einsatz nicht-reaktiver Messverfahren oder Rollenspiele (vgl. Holling & Müller, 2004). Bei qualitativer Forschung sollten explorative Techniken eingesetzt werden, z.B. Methoden der objektiven Hermeneutik, bei der grundsätzliche „Offenheit" gegenüber dem Untersuchungsobjekt besteht, indem z.B. der Befragte in qualitativen Interviews von sich aus Themen ansprechen kann (Bungard, 2004).

► Forschung und erwünschte Befunde stehen in der Gefahr, für wirtschaftspolitische Interessen instrumentalisiert zu werden. Dazu werden beispielsweise OE-Maßnahmen nicht mit den wirtschaftlichen Interessen verteidigt, die letztendlich hinter den Entscheidungen stehen. Stattdessen werden wissenschaftliche Rechtfertigungen als Scheinargumente herangezogen.

3.1.3 Methoden der Organisationsanalyse und -diagnostik

Organisationsdiagnostik lässt sich unterscheiden in (1) Strukturdiagnostik, (2) Prozessdiagnostik, (3) integrative Diagnoseansätze.

(1) Struktur: Die Strukturdiagnostik ist die dominante Vorgehensweise. Ziel ist es beispielsweise, Zusammenhänge zwischen Strukturmerkmalen und unterschiedlichen → Kriteriumsvariablen (z.B. → Effizienz, Wohlbefinden, Fluktuation) aufzuzeichnen.

(2) Prozess: Bei der Prozessdiagnostik ist die Organisationsdiagnose kein einmaliger Vorgang der Datengewinnung, sondern ein mehrstufiger Prozess, bei dem Veränderungen festgestellt werden. Es werden beispielsweise diagnostiziert: Kommunikation, Interaktionen, soziale Handlungskontexte sowie Wechselwirkungen zwischen strukturellen, situativen und Erlebens- und Verhaltensvariablen (Büssing, 2004).

(3) Integration: Beim integrativen Diagnoseansatz werden alle Variablen umfassend betrachtet (z.B. Individuen, Gruppen, Abteilungen, Bereiche, Gesamtorganisationen). Es werden nicht nur Haupteffekte, sondern auch Wechselwirkungen zwischen den Variablen berücksichtigt. Beispiele sind der soziotechnische Systemansatz (vgl. Kap. 2.5, Abb. 2.2) sowie der Ansatz von Van De Ven und Ferry (s.u.).

Methoden und Daten. Es lassen sich drei Methodenebenen der Organisationsdiagnostik bzw. -analyse unterscheiden (Büssing, 2004): (1) Datenerhebung, (2) Datenverarbeitung und -auswertung, (3) diagnostische Urteilsbildung und Begutachtung (Ergebnisevaluation und -darstellung). Als Datenquellen werden u.a. genutzt (vgl. von Rosenstiel, 2003; Büssing, 2004): Analyse von Dokumenten und Statistiken, Befragung von Experten, Vorgesetzten und Mitarbeitern, Beobachtungen (z.B. von Sitzungen, Gruppengesprächen), Analyse von Interaktionen.

Beispiel: Organisationsdiagnostik nach Van De Ven und Ferry

Van De Ven und Ferry (1980) haben ein Instrument der integrativen Organisationsdiagnostik entwickelt, das heute als Klassiker gilt: das Organization Assessment Instrument (OAI; vgl. Büssing, 2004). Es basiert auf einem komplexen Integrationsmodell. In der überarbeiteten Fassung bietet das Instrument vier Hauptmodule (das gesamte Messinstrumentarium umfasst mit allen Skalen mehr als 100 Seiten):

(1) Arbeitsplatzebene (Job design module): Es umfasst u.a. Merkmale einzelner Arbeitsplätze, Arbeitszufriedenheit, Motivationen und Gehalt, Variablen der Arbeitsbedingungen sowie individuelle Merkmale (z.B. bezogen auf die Berufsbiographie). Beispielfrage zur Messung von Arbeitsplatzspezialisierung: „Beschreiben Sie Ihren Arbeitsplatz, indem Sie alle verschiedenen Aufgaben und Arbeitstätigkeiten nennen, die Sie in einer normalen Arbeitswoche ausüben." (Frage mit offener Antwortmöglichkeit.)

(2) Abteilungs- und Gruppenebene (Organizational unit design module): Dieses Modul berücksichtigt auf Abteilungs- bzw. Gruppenebene u.a. strukturelle Merkmale, zwischenmenschliche und formale Beziehungen der Mitglieder der Einheit sowie die wahrgenommene Leistungsfähigkeit der Einheit. Beispielfragen zur Messung der Leistungsfähigkeit der Einheit (z.B. Abteilung, Arbeitsgruppe): (1) „Welches sind die drei wichtigsten Kriterien zur Bewertung der Leistungsfähigkeit Ihrer Einheit?" (Offenes Antwortformat mit zusätzlich anzugebenem Rang der Wichtigkeit des Kriteriums von 1 bis 3.) (2) „Wie viel Prozent der jeweiligen Zielvorgaben hat Ihre Einheit im letzten Jahr erreicht?" (Prozentzahlangabe von 0 bis 100 %.)

(3) Inter-Gruppen-Ebene (Interunit relations module): Mithilfe dieses Moduls werden u.a. Abhängigkeiten, Koordination und Kontrolle zwischen organisationalen Einheiten und organisationalen Positionen untersucht. Beispielfrage zur Messung der Abhängigkeiten der Einheiten (z.B. Abteilung, Arbeitsgruppe) untereinander: „Inwiefern benötigt Ihre Einheit die Beratung, Ressourcen oder Unterstützung von einer anderen Einheit, um ihre Ziele und Verantwortlichkeiten zu erfüllen?" (Fünfstufige Antwortskala von „überhaupt nicht" bis „sehr stark".)

(4) Organisationale Ebene (Makroorganization design module): Es werden gesamtorganisationale Merkmale erfasst (z.B. Struktur- und Designmerkmale). Es wird u.a. ein Organigramm erstellt, das die Gesamtstruktur der Organisation erfasst. Dazu werden Variablen erfasst wie Größe der Organisation, Hierarchieebenen, Kontrollspannen, Anzahl unterschiedlicher Einheiten.

3.1.4 Befunde

Überblick. Es gibt wenig aktuelle Forschung. Die Forschungsbefunde sind komplex, daher sind nur wenige holzschnittartige Aussagen möglich. In den traditionellen empirischen Studien zu Organisationsstrukturen dienen die Strukturdimensionen von Organisationen als unabhängige Variablen. Als abhängige Variablen werden gewählt: Abstinenz und Krankenstand, Fluktuation, Einstellungen, Arbeitszufriedenheit, Motivation etc. Der wichtigste Faktor der Strukturdimension ist die Größe der Arbeitsgruppe, der Abteilung oder des Bereichs. In der Tendenz besteht in kleineren Abteilungen und Einheiten – unabhängig von der Gesamtgröße der Organisation – eine größere Zufriedenheit der Mitarbeiter. Weitere Befunde sind abhängig von den spezifischen Rahmenbedingungen sowie den berücksichtigten Variablen. Dies zeugt von der Komplexität der Variablen (vgl. zu Detailbefunden Weinert, 2004).

Die Aston-Gruppe: ein Forschungsbeispiel. Eine der historisch bedeutsamsten Forschungsarbeiten stammt von der interdisziplinär arbeitenden Aston-Gruppe (vgl. zum Überblick Büssing, 2004; Kieser & Kubicek, 1983; von Rosenstiel, 2003). Sie verfolgte einen integrativen Diagnoseansatz und begründete damit eine methodisch fundierte Organisationsanalyse. Ihr Ziel war es, Organisationsstrukturen entsprechend üblicher methodischer Standards und gängiger statistischer Verfahren zu messen. Dazu analysierte sie eine Vielzahl von Organisationen. Grundlage war ein integratives Organisationsanalysemodell, das sowohl Strukturmerkmale als auch Erlebnis- und Verhaltensmerkmale der Organisationsmitglieder sowie situative Bedingungen berücksichtigte. Dies führte zu 64 Beobachtungskategorien, aus denen sich faktorenanalytisch vier Faktoren ergaben:
(1) Strukturierung der Tätigkeit (z.B. Standardisierung, Spezialisierung, Formalisierung)
(2) Konzentration der Autorität (Zentralisierung)
(3) Linienkontrolle (Prozentsatz der Vorgesetzten in der Linie)
(4) relative Bedeutung der Hilfsfunktionen (Prozentsatz der Verwaltungsangestellten).

3.2 Ablauf der Organisationsdiagnose: ein Fallbeispiel

Bungard, Holling und Schultz-Gambard (1996) beschreiben folgendes Fallbeispiel: In einem Automobilzulieferungsbetrieb mit etwa 1.000 Mitarbeitern taucht ein akutes Problem auf, weil aufgrund verschärfter Wettbewerbsbedingungen die Preise der Produkte gesenkt und gleichzeitig die Qualität der Produkte gesteigert werden muss. Um notwendige Veränderungsmaßnahmen zu planen, wird eine Organisationsdiagnose durchgeführt. Es werden u.a. erfasst: derzeitige Arbeitsabläufe in der Produktion, Ablauf und Aufbau der Organisation, Kommunikationsstrukturen, Führungsstile, Motivationslagen, Arbeitszufriedenheiten, Organisationskulturen.

Im Sinne eines abgestuften Verfahrens wird mit eher unstrukturierten qualitativen Datenerhebungen begonnen, wobei nur eine kleinere Anzahl von Mitarbeitern eingeschlossen wird. Auf der Basis dieser Vorabinformationen werden stärker strukturierte Messverfahren entwickelt und an einer größeren Zahl von Mitarbeitern eingesetzt. Bungard et al. (1996) nennen folgende Schritte der Organisationsdiagnose (das Praxisbeispiel ist in mehrerer Hinsicht repräsentativ, vgl. Tab. 3.1):

(1) Begehung des Werkes mit Vertretern der Werksleitung

(2) Auswertung vorliegender Daten (z.B. Entwicklung des Produktionsvolumens über die Zeit)

(3) Durchführung explorativer unstrukturierter Interviews mit Vertretern der Werksleitung, Abteilungsleitern, Meistern, Mitarbeitern

(4) Entwicklung eines standardisierten Fragebogens bzw. Interviewleitfadens

(5) Einsatz dieses Instruments in Form einer schriftlichen Befragung oder eines standardisierten Interviews mit Meistern, Schichtführern, Gruppenführern sowie einer repräsentativen Stichprobe der Gesamtbelegschaft

(6) zusätzliche Befragung der Leiter und ausgesuchter Mitarbeiter indirekter Bereiche (z.B. aus Qualitätssicherung, Instandhaltung, Betriebstechnik) anhand bereichsspezifischer Fragebogeninstrumente.

Dieses Beispiel illustriert, wie bei der Organisationsdiagnose ökonomisch und dennoch mit großem Informationsgewinn vorgegangen werden kann: Bereits bestehende Daten werden systematisch genutzt. Aufwendige explorative Verfahren werden mit kleinen Stichproben durchgeführt, bevor standardisierte Instrumente auf der Basis relativ gut abgesicherter Hypothesen entwickelt und breit eingesetzt werden. Zusätzliche Detailfragen werden mit den jeweiligen Experten geklärt. Auf psychologischer Ebene hat dieses Vorgehen den Vorteil, dass alle Beteiligten einbezogen, aber dennoch Hierarchien und Fachkompetenzen berücksichtigt werden.

Tabelle 3.1. Reflexion des Praxisbeispiels

Plus	Minus
Auslöser für die Durchführung von Organisationsdiagnosen sind zumeist akute Probleme, die schnelles Handeln erfordern.	Es fehlt die theoretische Basis (z.B. ein Rahmenkonzept), so dass das Vorgehen oftmals praxeologisch bleibt.
Es wird mithilfe eines methodisch abgestuften Verfahrens versucht, viele Informationsquellen einzubeziehen.	Auf existierende Instrumente wird unzureichend zurückgegriffen.

3.3 Beschreibung von Organisationen: Aufbau und Design

Bei der heutigen Beschreibung von Organisationen greift man auf das Ursprungskonzept von Max Weber zurück. So finden sich Prinzipien wie Spezialisierung, Standardisierung, Formalisierung, Zentralisierung oder Konfiguration bereits in Webers Werk „Wirtschaft und Gesellschaft" (vgl. Kap. 2.2.1). Diese werden heute als Schlüsselelemente bezeichnet und diskutiert (Kap. 3.3.1) und bilden noch immer die Grundlagen traditioneller und mancher moderner Organisationsformen (Kap. 3.3.2).

3.3.1 Schlüsselelemente

Die Organisationslehre befasst sich mit zwei zentralen Problembereichen (vgl. Abb. 3.2): (1) der Differenzierung und (2) der Integration. Ingenieurwissenschaftliche Ansätze beschäftigen sich schwerpunktartig mit Fragen der Arbeitszerlegung (Differenzierung), sozialpsychologische Ansätze hingegen mit Fragen der personalen Integration. In systemischen Ansätzen werden beide Aspekte des Organisationsproblems integrativ betrachtet (vgl. Staehle et al., 1999).

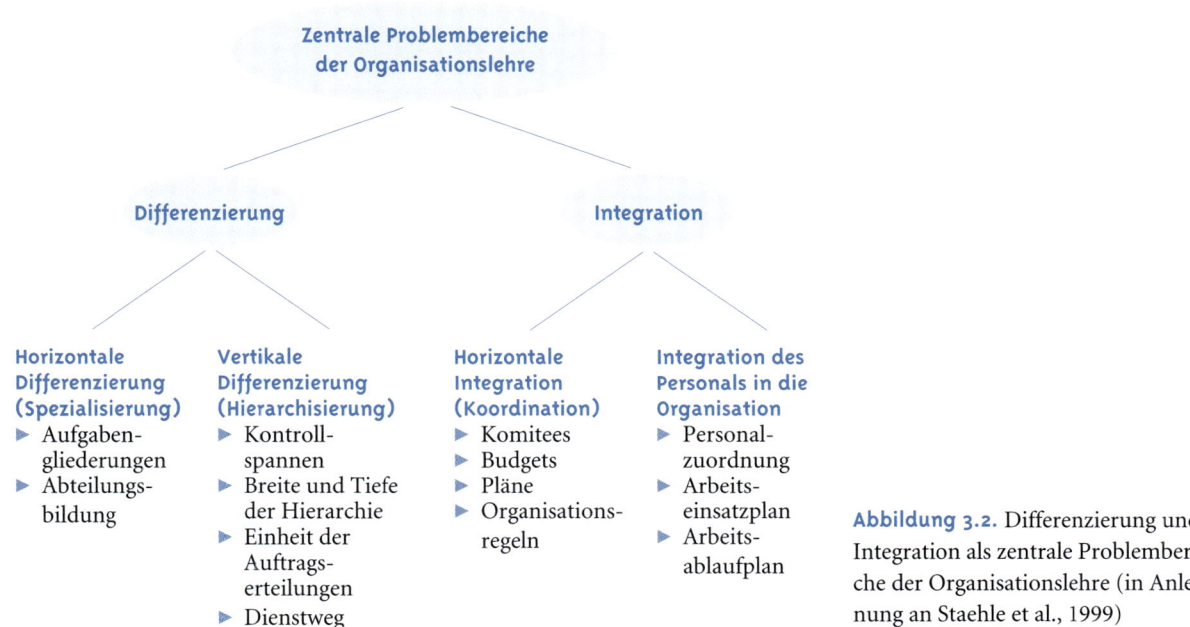

Abbildung 3.2. Differenzierung und Integration als zentrale Problembereiche der Organisationslehre (in Anlehnung an Staehle et al., 1999)

Scholl (2004) fasst folgende Grundkonzepte zusammen, die zur Beschreibung von Organisationen in der Literatur am häufigsten verwendet werden: (1) Organisationsziele, (2) Organisationsverfassung, (3) Organisationsstruktur, (4) Organisationsform, (5) Technologie, (6) Organisationskultur.

Organisationsziele. Organisationen lassen sich anhand ihrer Ziele voneinander abgrenzen, z.B. durch Geselligkeitsziele (Schützenverein), Einwirkungsziele (Schulen) und Leistungsziele (Unternehmen).

Organisationsverfassung. Die Machtverteilung wird anhand von Verfassungen geregelt, Aktiengesellschaft (AG), Gesellschaft mit beschränkter Haftung (GmbH), Genossenschaft, offene Handelsgesellschaft (OHG) usw. Neben gesetzlichen Regelungen gibt es auch freigesetzte oder vereinbarte Besonderheiten von Organisationsverfassungen (z.B. private Kindergärten). Die Organisationsverfassung hat einen starken Einfluss auf die Organisationskultur.

Organisationsstruktur. Die Organisationsstruktur leitet das Verhalten der Organisationsmitglieder. Im Zentrum steht dabei die Arbeitsteilung (vgl. Abb. 3.3). Sie umfasst Spezialisierung und Koordination. Die Spezialisierung als Rollenspezialisierung entspricht dem → Taylorismus. Sie dient häufig als Vorstufe der Automatisierung. Spezialisierung kann auch bedeuten, dass Aufgaben von Spezialisten übernommen werden, indem z.B. Strategieentscheidungen von Planungs-stäben vorbereitet werden. Die Koordination als Gegengewicht zur Spezialisierung unterscheidet vier Grundformen: (1) Die Weisung als Kernelement einer hierarchischen Koordination und (2) die Selbstabstimmung als nicht-hierarchische, dezentrale Koordination; beide basieren auf persön-licher Kommunikation, während (3) Programme und (4) Pläne eher unpersönliche Koordina-tionsmittel sind (vgl. ausführlich zur Spezialisierung und Koordination Kieser & Kubicek, 1983).

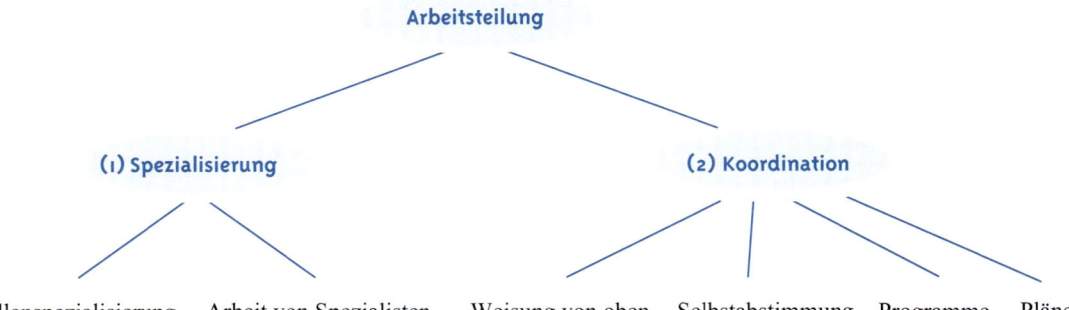

Abbildung 3.3. Elemente der Arbeitsteilung (nach Scholl, 2004). Man kann bei der Arbeitsteilung nach Spezialisierung und Koordination unterscheiden, die weiter aufgeschlüsselt werden können

Organisationsform. Die Organisationsform beschreibt das Stellengefüge einer Organisation. Es wird zwischen vertikaler und horizontaler Gliederung unterschieden: Gliederungstiefe (Anzahl hierarchischer Ebenen), Leitungsspanne (Anzahl der Stellen, die den Führungspersonen direkt unterstellt sind), Stellenrelationen (Zahlenverhältnis der Führenden zu den Ausführenden), Organisationsdesign (Einlinien- und Mehrliniensysteme) (vgl. Kap. 3.3.2).

Technologie. Dieses Schlüsselelement umfasst Art und Kontext des Technikeinsatzes. Kriterien zur Klassifikation: Auflagenhöhe (Einzel-, Serien- und Massenfertigungen), Art der Aufstellung (Werkstatt-, Reihen-, Fließ- sowie Prozessfertigung), Automatisierungsgrad (Handarbeit, Me-chanisierung, Automatisierung).

Organisationskultur. Die von den Mitgliedern in Organisationen geteilten Grundannahmen, Werte und Normen nennt man Organisationskultur. Sie beeinflussen die Gestaltung und die Wahrnehmung von Prozeduren, Strategien und Strukturen (vgl. Scholl, 2004). Aufgrund der Bedeutsamkeit dieses Schlüsselelements wird es noch ausführlicher zu behandeln sein.

3.3.2 Strukturen traditioneller und moderner Organisationen

Die Strukturen von Organisationen lassen sich anhand der genannten Schlüsselelemente be-schreiben (vgl. Kap. 3.3.1). Besonders wichtige Dimensionen einer Organisation sind dabei (vgl. Weinert, 2004):
(1) Anzahl der Mitarbeiter und der Gruppen
(2) Hierarchiesystem
(3) Größe der Teilsysteme, z.B. der Bereiche und Abteilungen
(4) Anzahl der Organisationsebenen
(5) Zentralisierung oder Dezentralisierung.

Der formale Aufbau von Organisationen kann mithilfe von Kästchen- und Linienorganisations-plänen dargestellt werden, wobei die Organisationsdiagramme besonders bekannt sind. Organisationsdiagramme stellen die Verbindung zwischen verschiedenen Abteilungen der Organisationen graphisch dar und spiegeln das Hierarchiesystem wider (vgl. Weinert, 2004). In der Organisationslehre werden zwei traditionelle Strukturen der Weisungsbeziehungen unterschieden (vgl. Abb. 3.4): (1) das Einliniensystem, (2) das Mehrliniensystem.

(1) Idealtyp des Einliniensystems

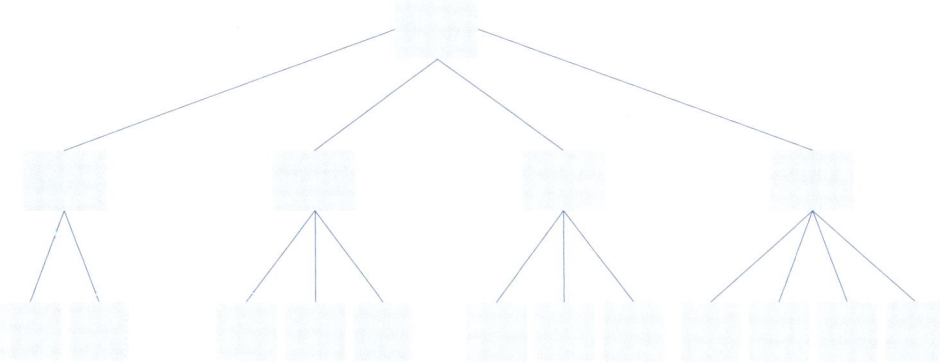

(2) Idealtyp des Mehrliniensystems

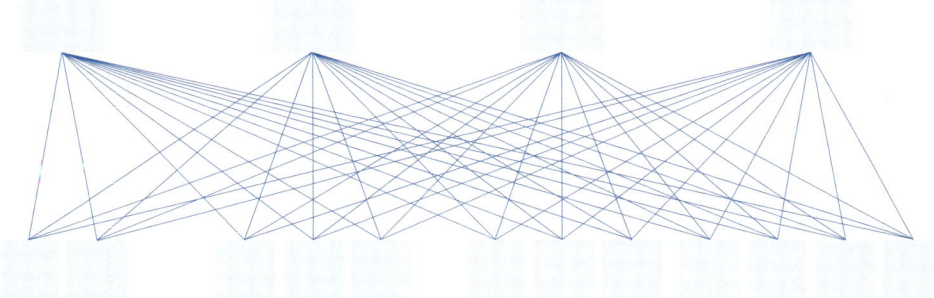

Abbildung 3.4. Einlinien- und Mehrliniensystem: Bei der idealtypischen Struktur des (1) Einliniensystems haben alle Mitarbeiter jeweils einen einzigen Vorgesetzten, während im (2) Mehrliniensystem unterschiedliche Vorgesetzte für unterschiedliche Bereiche weisungsbefugt sind (nach Kieser & Kubicek, 1983)

Weinert (2004) nennt sechs Kriteriumsmerkmale *traditioneller* Organisationen:
(1) langfristiger Planungs- und Entwicklungshorizont
(2) klare Gruppierung der funktionalen Spezialisierungen
(3) stabiles Umfeld
(4) klar definierte Arbeitsbereiche mit wenig Veränderung
(5) langfristig abgesicherte Arbeitsbeziehungen
(6) Beschäftigung einer homogenen Gruppe von Mitarbeitern und Führungskräften.
Im Gegensatz zu traditionellen Organisationen gibt es zunehmend *moderne* (bzw. visionäre) Organisationen. Ihre Merkmalsbereiche sind (vgl. Weinert, 2004):
(1) kontinuierliche Veränderungen
(2) laufend wechselnde Beziehungen

(3) extreme Wettbewerbsorientierung mit resultierendem hohen Konkurrenzdruck

(4) ständige Überprüfung von → Effektivität, um markt- und konkurrenzfähig zu bleiben

(5) Anvisierung kurzfristiger Leistungsziele

(6) Einkauf von Talenten und Spezialisten, statt Personalentwicklung im eigenen Haus

(7) wenige langfristige Commitments mit Mitarbeitern und Führungskräften.

Dies führt neben traditionellen Ein- und Mehrliniensystemen zu anderen Designformen. Zwei Beispiele: (1) die Matrixorganisation, bei der die funktionalen und die Produkt- bzw. Projektabteilungen miteinander kombiniert sind, so dass ein Mitarbeiter mehrere Vorgesetzte haben kann; (2) die teamorientierte Organisation, bei der Teams als Hauptinstrumentarium zur Koordinierung von Arbeit genutzt werden und bei der Entscheidungsmacht demzufolge dezentralisiert ist (vgl. weiterführend Weinert, 2004).

Als Organisationsdesigns der Zukunft werden neben der virtuellen Organisation (vgl. Kap. 2.1.2) eine ganze Reihe unterschiedlicher Organisationsformen vorgestellt, die alle – genau wie die virtuelle Organisation – die Grenzen traditioneller Organisationen auflösen. Als Beispiele für Organisationsdesigns der Zukunft lassen sich nennen (vgl. weiterführend Weinert, 2004): das → Netzwerkdesign, die → Stundenglas-Organisation, die → Cluster-Organisation, → Organisationen ohne Grenzen und die → horizontale Organisation.

> **!** Die modernen und zukünftigen Organisationsdesigns berücksichtigen die sieben Merkmale zukünftiger Organisationen in unterschiedlich starkem Maße. Sie führen zu veränderten Organisationsformen, die dazu dienen, unter veränderten Wettbewerbs- und Rahmenbedingungen konkurrenzfähig zu bleiben.

3.4 Strukturelement: Organisationskultur und -klima

Es finden sich drei verwandte Begriffe: Organisationskultur, Organisationsklima und Unternehmenskultur.

▶ Organisationskultur sind die von den Mitgliedern geteilten Grundannahmen, Werte (vgl. Kap. 1.4) und Normen in einer Organisation (Scholl, 2004). Sie beeinflussen, wie Prozeduren, Strategien und Strukturen gestaltet und wahrgenommen werden.

▶ Organisationsklima meint „die relativ überdauernde Qualität der inneren Umwelt der Organisation" (von Rosenstiel, 2003, S. 371). Diese Qualität wird durch die Organisationsmitglieder erlebt. Sie beeinflusst das Verhalten der Organisationsmitglieder und kann durch bestimmte Merkmale der Organisation beschrieben werden, wie individuelle Autonomie der Mitarbeiter, Aufmerksamkeit der Vorgesetzten gegenüber ihren Mitarbeitern, Klarheit und Transparenz von Zielen und Methoden, Kooperationen und Konfliktlösungen sowie festgelegtes Entgeltsystem (Weinert, 2004). Diese Merkmale sind zugleich der gemeinsame Nenner der „klassischen" Messinstrumente (s.u.).

▶ Der Begriff der Unternehmenskultur stammt aus der Praxis und wird unscharf verwendet, wenn es um selbstverständliche, nicht immer bewusst reflektierte Grundannahmen und Werte, aber auch um sichtbare und schwer zu deutende Artefakte geht (vgl. von Rosenstiel, 2003).

Messinstrumente. *Organisationskultur* wird zumeist über qualitative Verfahren erfasst (z.B. Analyse von Unternehmensmythen und öffentlichen Selbstdarstellungen, Einsatz qualitativer Beobachtungs- und Befragungsmethoden). Als Beispiel kann das von O'Reilly et al. entwickelte Organisationskultur-Profil dienen (OCP, zit. in Weinert, 2004). Es erfasst die in der Organisation geteilten Werte und Grundannahmen, etwa bezogen auf Innovation, Ergebnisorientierung, Belohnungen.

Es gibt zudem standardisierte Fragebogen zur Erfassung des *Organisationsklimas* (vgl. zum Überblick von Rosenstiel, 2003). Dabei werden primär folgende Variablen berücksichtigt: Autonomie, Struktur, Belohnungsorientierung, Rücksichtnahme, Zielausrichtung, Zusammenarbeit, Flexibilität. Das Organisationsklima ist ein eher deskriptives Konzept und umfasst, wie die Organisation von ihren Organisationsmitgliedern wahrgenommen wird. Es ist mit dem eher evaluativen Konzept der Arbeitszufriedenheit eng verwandt (vgl. Kap. 12.2), das Wahrnehmungen und Einstellungen zur Arbeit und Organisation durch das einzelne Organisationsmitglied erfasst. Die Messinstrumente zur Erhebung beider Konstrukte haben also auf Itemebene hohe Ähnlichkeit – Messwerte zur Arbeitszufriedenheit weisen jedoch konzeptbedingt in der Regel höhere interindividuelle Varianz auf als die Messwerte zum Organisationsklima.

Im Gegensatz zur weitgediehenen Forschung zum Organisationsklima ist der Begriff der *Unternehmenskultur* nicht gut operationalisiert. Es fehlen wissenschaftlich fundierte Diagnoseinstrumente.

Bewertungen. Scholl (2004) fasst die Ergebnisse von Denison zusammen, nach denen folgende vier Merkmale der Organisationskultur die → Effektivität von Organisationen positiv beeinflussen:

(1) hohe Übereinstimmung in Normen, Werten und Anschauungen der Mitglieder (Consistency)
(2) Identifikation und Motivation der Mitglieder (Involvement)
(3) Bestimmung verleiht der Arbeit Sinn und Bedeutung (Mission)
(4) Änderungen werden wahrgenommen, und auf sie wird flexibel reagiert (Adaptability).

Obgleich der Begriff der Unternehmenskultur in der Praxis viel populärer ist als der der Organisationskultur bzw. des Organisationsklimas, fehlen hier eine klare Begriffsfassung und methodische Erhebungsinstrumente. Warum ist der Begriff dennoch so populär? Von Rosenstiel diskutiert vier Gründe (von Rosenstiel, 2003): (1) der aktuelle Wertewandel, (2) der verschärfte nationale und internationale Wettbewerb, (3) das Streben, erfolgreiche japanische Unternehmen zu imitieren, (4) die Grenzen rationaler und technokratischer Unternehmens- und Personalführung. Tatsächlich scheinen der Begriff des Wertewandels und der der Organisationskultur bzw. der Unternehmenskultur eng miteinander verknüpft (vgl. Kap. 1.4).

3.5 Integration

Organisationsanalysen haben verschiedene Funktionen: Sie sind zunächst wichtige Basis von OE-Maßnahmen. Sie dienen zudem der Entscheidungsfindung bei spezifischen Problemstellungen, Personal- und Arbeitsplatzentscheidungen, der Verteilung von Ressourcen etc. Sie können die Grundlage für Investitionsentscheidungen schaffen oder Teil von Programmevaluationen sein. Sie dienen darüber hinaus auch wissenschaftlichen Zwecken (z.B. Theorievalidierung).

Organisationsanalysen werden auf der Basis von Schlüsselelementen durchgeführt. Geht es um Fragen der Wirksamkeit, so dienen die Strukturdimensionen meist als unabhängige Variablen. Es wird untersucht, wie sich diese organisationalen Merkmale auf Kriterien des Organisations- bzw. Unternehmenserfolgs auswirken.

Der Erkenntnisstand ist bislang eher gering. Dies liegt auch an mangelnden Theorien und fehlenden standardisierten Messinstrumenten. Oftmals stehen Organisationsanalyse und -diagnose zudem unter einem hohen Zeitdruck. Die finanziellen Ressourcen sind längst nicht immer ausreichend. Auf übergeordneter Ebene findet die Psychologie in das Feld der Organisationsanalyse nur langsam Eingang. Sie dominiert im Teilbereich der Organisationsdiagnostik, der in der Praxis aber noch nicht den gleichen Stellenwert wie die Organisationsanalyse erlangt hat. Dennoch: Es gibt positive Praxisbeispiele, brauchbare Modelle und einige umfassende Instrumente (vgl. weiterführend Kühlmann & Franke, 1989).

Expertise einbringen. Was kann die Arbeits- und Organisationspsychologie daher tun, um ihren Stellenwert weiter zu erhöhen? Sie kann ihre Expertise einbringen. Da sie nicht in einem wertfreien Raum arbeitet, hat sie zudem die Aufgabe, sich mit bestehenden Werten diskursiv auseinander zu setzen (vgl. Kap. 1.4, 1.5) und zur Humanisierung der Arbeit beizutragen (vgl. Neuberger, 1994; von Rosenstiel, 2003): Welche Werte vertreten die Mitarbeiter, welche die Organisation? Wie kann durch passende Personalauswahl oder PE-Maßnahmen (z.B. Diskussion der → Corporate Identity) Einklang hergestellt werden?

In diesem Sinne geht es nicht nur um die Analyse von Organisationen und Arbeitssituationen, sondern auch um deren Gestaltung (vgl. von Rosenstiel, 2003). Dies vor allem, weil zurzeit tiefgreifende Veränderungen in der Arbeitswelt stattfinden (durch Globalisierung, verschärften Wettbewerb etc.). Es existieren kaum umfassende Rahmenmodelle zur Organisationsanalyse. Positiv betrachtet bedeutet dieses Defizit jedoch, dass eine große Freiheit besteht: Freiheit bei der Formulierung von Fragestellungen, der anschließenden Auswahl und Konzeption von Variablen, die in die empirischen Studien eingehen, sowie ihrer Operationalisierung. Auf diese Weise lässt sich der bestehende Freiraum konstruktiv nutzen.

3.6 Kernpunkte und Übungsaufgaben

Kernpunkte

▶ Im vorigen Kapitel wurde vorgestellt, wie bei der Einführung von Maßnahmen in Organisationen idealerweise vorgegangen werden sollte. Nachdem ein Gegenstandsfeld theoretisch durchdrungen ist, sollte es empirisch analysiert werden – auf organisationaler Ebene leistet dies die Organisationsanalyse. Auf der Basis ihrer Ergebnisse können Entscheidungen über Maßnahmen der Organisationsentwicklung getroffen werden.

▶ Neben der Vorbereitung von OE-Maßnahmen verfolgt die Organisationsanalyse weitere Ziele, z.B. die formale Beschreibung organisationaler Strukturen, Identifikation von Schwachstellen und Evaluation organisationaler Maßnahmen.

▶ Der Begriff der Organisationsanalyse ist interdisziplinär geprägt und somit weiter gefasst als der Begriff der Organisationsdiagnostik. Denn die Diagnostik analysiert das Erleben und Verhalten der Organisationsmitglieder mit psychologischer Perspektive.

▶ Auf der Ebene organisationaler Strukturen sind zahlreiche und komplexe Variablen zu berücksichtigen. Dies führt, gemeinsam mit anderen Problemen (z.B. Theoriemangel, Zeitdruck, Gefahr der Instrumentalisierung der Ergebnisse), dazu, dass es relativ wenige empirische Studien zur Organisationsanalyse sowie -diagnose gibt.

▶ Organisationsdiagnostik umfasst Struktur-, Prozess- und integrative Diagnostik. Bei allen Ansätzen werden unterschiedliche Methoden und Datenquellen genutzt. Eine der historisch bedeutsamsten Forschungsarbeiten stammt von der Aston-Gruppe, die einen integrativen Diagnoseansatz verfolgte.

▶ Dieser Ansatz wurde aufgegriffen und weiterentwickelt. Mittlerweile existieren Vorschläge für optimale Schrittfolgen der Organisationsdiagnostik. Bei dieser Diagnostik wird auf Schlüsselelemente von Organisationen zurückgegriffen, um so die Strukturen traditioneller und moderner Organisationen optimal beschreiben zu können.

▶ Organisationskultur und -klima sind besonders informationsreiche Strukturelemente, die in der Literatur umfassend diskutiert werden.

▶ Insgesamt ist der empirische Stand zur Organisationsanalyse und -diagnostik eher gering. Vor allem kausale Zusammenhänge zwischen Strukturmerkmalen und Organisationserfolg sind bislang unzureichend untersucht worden. Daher ist diese Forschung weiter zu fördern. Darüber hinaus wäre es wünschenswert, wenn Arbeits- und Organisationspsychologen auch in der Praxis nicht nur im Bereich der Organisationsdiagnostik tätig wären, sondern auch bei Fragen der Organisationsanalyse vermehrt Zugang bekämen.

Übungsaufgaben

▶ Die Fusion zweier Unternehmen soll durch eine Organisationsanalyse vorbereitet werden. Wie würden Sie die Analyse durchführen? Welche Fragestellungen würden Sie verfolgen und welche Methoden einsetzen?

▶ Warum wird das Thema der Organisationsanalyse von der Betriebswirtschaft dominiert? Was kann die Psychologie tun, um hier ihre Position zu stärken?

▶ Was können Sie in der Praxis präventiv und korrektiv tun, damit Ergebnisse von Organisationsanalysen und -diagnosen nicht missbraucht werden?

Weiterführende Literatur

Organisationsstruktur: Kieser & Kubicek (1983).
Klassisches Nachschlagewerk der Betriebswirtschaft: Staehle et al. (1999).
Englische Originalliteratur, aber ein Standardwerk der Organisationsanalyse: Van de Ven & Ferry (1980).
Zu Organisationskultur und -klima: Weinert (2004).

4 Interventionsorientierter Blick: Organisationsentwicklung

Was Sie in diesem Kapitel erwartet

Organisationen wurden in den vorherigen Kapiteln zunächst aus theoretischer und anschließend aus empirisch-analytischer Sicht betrachtet. Im Sinne eines systematischen Vorgehens basieren Interventionsentscheidungen in Organisationen auf dieser theoretischen und empirischen Erschließung des Gegenstandsfeldes. Beispiele für Organisationsentwicklungsmaßnahmen (OE-Maßnahmen) sind: (1) Der Verkauf eines mittelständischen Unternehmens steht an. Nachdem die Eigentümer das Management für diese Entscheidung gewonnen haben, muss die Transaktion vollzogen werden. Dies führt zu umfangreichen Umstrukturierungen. Doppelfunktionen müssen z.B. abgebaut werden. (2) In einem Unternehmen mit besonders kompetitivem Umfeld verändern sich strategische und operative Entscheidungen des Unternehmens rasch. Die tägliche Arbeit und ihre Organisation werden den stetig wandelnden Rahmenbedingungen angepasst. In kurzen Abständen wird mit neuen Möglichkeiten von Arbeitsplatzbedingungen experimentiert.

In Fall (1) gibt es einen äußeren Anlass für die Durchführung punktueller, aber langfristig angelegter OE-Maßnahmen. In Fall (2) ist OE hingegen ein alltäglicher Prozess in einer sich wandelnden Welt, bei der Lernprozesse der Mitglieder und der Organisation im Vordergrund stehen. Grundlagen, Methoden, Wirksamkeiten und Fallstricke der Organisationsentwicklung sind Thema dieses Kapitels.

4.1 Definitionen

Organisationsentwicklung (OE) umfasst einen geplanten und systematischen Veränderungsprozess von Organisationen. Ziel ist es, die Anpassungs- und Lernfähigkeit der Organisation in einer sich verändernden Umwelt zu verbessern. Der Veränderungsprozess wird durch einen internen oder externen Berater gesteuert (Change agent, vgl. Kap. 4.3.5). Dabei werden sozialwissenschaftliche Methoden (z.B. bei der Konzeption von OE-Maßnahmen) angewendet und betroffene Organisationsmitglieder aktiv einbezogen (vgl. Bungard et al., 1996).

> **!** Die Abgrenzung zwischen Organisations- und Personalentwicklung ist strittig (vgl. Kap. 6.1). Der Begriff der Organisationsentwicklung sollte nur verwendet werden, wenn es sich um strukturelle Veränderungen des gesamten Systems handelt.

Bereits in den 1980er Jahren trug Trebesch 50 Definitionen der Organisationsentwicklung zusammen (vgl. Neuberger, 1994; von Rosenstiel, 2003). Er nennt 11 Komponenten, die sich in den Definitionen besonders häufig finden (vgl. Neuberger, 1994; von Rosenstiel, 2003):

(1) sozialer und kultureller Wandlungsprozess (Veränderungsstrategie)
(2) Steigerung der Leistungsfähigkeit des Systems

(3) Gesamtsystem-Bezug, betriebsumfassend

(4) Integration von individueller Entwicklung und Bedürfnissen mit Zielen und Strukturen der Organisation

(5) aktive Mitwirkung der Betroffenen

(6) bewusst gestaltet; methodisches, planmäßiges, gesteuertes Vorgehen

(7) angewandte Sozialwissenschaft

(8) → Effektivitätssteigerung

(9) (gemeinsame) Lernprozesse

(10) Anpassungen der Organisationen an die Umwelt

(11) Steigerung der Problemlösungsfähigkeit des Systems.

Diese Liste definitorischer Merkmale zeigt, wie schillernd der Begriff der Organisationsentwicklung ist – bezogen auf seine Zielsetzung, seinen Gegenstandsbezug, seine Methodologie, seine disziplinäre Einordnung. Als Minimalkonsens bilden sich folgende Definitionskomponenten heraus:

▶ grundlegende Veränderungen

▶ mit klarer Zielausrichtung und bewusst gestaltetem Vorgehen

▶ unter aktiver Mitwirkung der Betroffenen.

Doch auch bei diesem Minimalkonsens gibt es im Einzelfall unterschiedliche Ansichten darüber, ob eine Maßnahme bereits eine oder noch eine OE-Maßnahme ist. Beispiel: die Strategie des → Bombenwurfs, bei der ein organisationaler Wandel vom Management angeordnet wird. Diese reine Top-down-Maßnahme (vgl. Kap. 4.3.4) bezieht die Betroffenen nur bei der angeordneten Umsetzung der Maßnahme ein. Dennoch wird sie oft als Spezialfall einer OE-Maßnahme betrachtet.

Darüber hinaus ist der Begriff der Organisationsentwicklung durch die Arbeits- und Organisationspsychologie geprägt. Obgleich es ganze Studiengänge zur Organisationsentwicklung gibt, ist dieser Begriff in der Praxis nicht immer bekannt. Stattdessen dominieren hier nach wie vor ökonomisch-technische Konzepte, wie → Business Reengeneering oder → Change Management. Das Besondere und Psychologische der Organisationsentwicklung ist jedoch, dass diese einen geplanten, gelenkten und systematischen Prozess meint, der nicht nur ökonomische Kriterien, sondern auch Humankriterien berücksichtigt (vgl. Kap. 2.2.2). Dabei werden das technische und soziale System gleichermaßen geplant verändert (vgl. Kap. 2.5, Abb. 2.2).

Insgesamt ist der Begriff der Organisationsentwicklung eklektizistisch (vgl. Neuberger, 1994). Viele unterschiedliche Themen und heterogene Ansätze segeln unter der Flagge der OE. Sie wird bereits als eigenständige wissenschaftliche Disziplin angesehen.

4.2 Ziele und Ansätze

Ziele. Man unterscheidet institutionelle und individuelle Ziele der Organisationsentwicklung. Primäres institutionelles Ziel ist die Verbesserung der Leistungsfähigkeit der Organisationen; zentrales individuelles Ziel ist die Humanisierung der Arbeit (vgl. Becker, 2002). Es wird versucht, beide Zielfelder miteinander zu vereinbaren (vgl. Neuberger, 1994).

Vorgehensweisen. Um die Ziele der OE zu erreichen, wird eine bipolare Vorgehensweise unterschieden (vgl. Becker, 1993):

(1) Der personale Ansatz: Dieser umfasst die Gesamtheit aller Maßnahmen. Sie zielen darauf ab, Einstellungsänderungen zu bewirken, indem Lernprozesse bzw. erzieherische Maßnahmen angeregt werden. Dabei werden die gegenwärtigen Organisationsstrukturen oder Technologien weitgehend konstant gehalten.

(2) Der strukturale Ansatz: Organisationsmitglieder werden in die Lage versetzt, vorhandene Organisationsstrukturen zu analysieren, alternative Organisationsstrukturen zu entwickeln und eine gemeinsame Entscheidung für eine der Alternativen zu fällen. Diese Alternative wird dann umgesetzt.

Neben weiteren Einteilungen der OE findet sich bei Antoni (1996) und bei Becker (2002) eine vierteilige Unterscheidung der OE-Ansätze: (1) personenbezogene bzw. personale, (2) gruppenbezogene, (3) strukturorientierte bzw. strukturale, (4) ganzheitliche bzw. integrative Ansätze.

Integrative Ansätze. Integrative, ganzheitliche Ansätze, so zeigt die Erfahrung, sind am erfolgversprechendsten. Dabei kann auf allen Ebenen auf die Vielfalt psychologischer Theorien und Wissensbestände zurückgegriffen werden – in der Praxis wird häufig zugleich bei der Person und der Organisation angesetzt (vgl. Abb. 4.1).

In der Tendenz findet sich in der Arbeits- und Organisationspsychologie verstärkt eine Betonung des personalen Ansatzes. Struktur, Aufgabe und Technologie stehen oftmals im Hintergrund (vgl. von Rosenstiel, 2003). Dies kann jedoch dazu führen, dass personale Veränderungen nicht ins Gesamtgefüge passen, organisatorischen Rahmenbedingungen widersprechen oder aber sich im Arbeitsalltag nicht ausreichend umsetzen lassen.

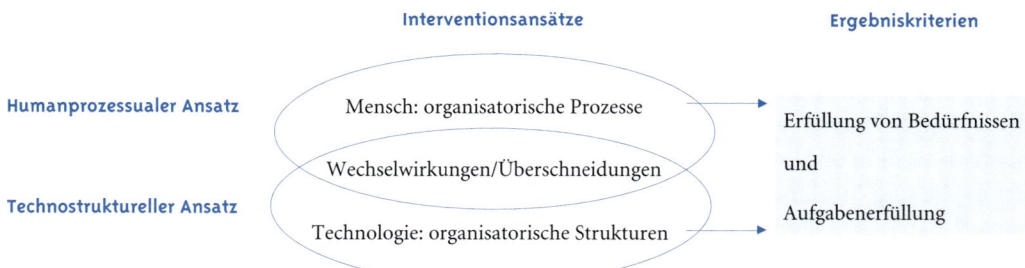

Abbildung 4.1. Integration verschiedener Organisationsentwicklungsansätze (nach Friedlander & Brown, zit. in von Rosenstiel, 2003). Auf personaler Ebene finden sich die human-prozessualen Ansätze, auf organisationaler Ebene die techno-strukturellen Ansätze. Durch Integration beider Ansätze sollten die Ergebnisse der Intervention im Idealfall sowohl zu menschlicher Befriedigung als auch zu effizienter Aufgabenerfüllung führen

> ! Organisationsentwicklung bedeutet einen umfassenden Veränderungsprozess, der auf den verschiedenen Ebenen von Organisationen ansetzt und intraindividuelle, interindividuelle und organisationale Bedingungen berücksichtigt. Man spricht jedoch nur dann von OE (im Gegensatz zur Personalentwicklung/PE), wenn immer auch auf der organisationalen Ebene Veränderungen stattfinden. Im Sinne eines integrativen Ansatzes sollten individuelle, interindividuelle (soziale Beziehungen) wie auch strukturell-technologische Ansätze gleichermaßen berücksichtigt werden.

4.3 Grundannahmen, Strategien und Methoden

Maßnahmen der Organisationsentwicklung liegen verschiedene Annahmen über Menschenbilder und Theorien zu Grunde (Kap. 4.3.1). Es gibt zwar einen idealtypischen Phasenverlauf – von ihm wird in der Praxis aber oftmals abgewichen (Kap. 4.3.2). Gleichwohl zeigen Fallbeispiele, wie sich ein idealtypisches Vorgehen in der Praxis umsetzen lässt (Kap. 4.3.3). Zur Durchführung der OE stehen unterschiedliche Maßnahmen und Techniken bereit (Kap. 4.3.4). Ein Berater kann bei der Auswahl, Durchführung und Evaluation der Maßnahmen in unterschiedlich starker Weise involviert sein. Seine Rolle ist – bezogen auf den Einzelfall – kritisch zu reflektieren (Kap. 4.3.5).

4.3.1 Annahmen der Organisationsentwicklung

Menschenbildannahmen und Grundannahmen. Organisationsentwicklung liegen verschiedene Menschenbildannahmen zu Grunde: (1) Es werden humanistische, emanzipatorische, demokratische oder auch partizipative Haltungen betont. Diese Haltungen sind die Basis einer erfolgreichen und zugleich ethisch vertretbaren OE (Neuberger, 1994). (2) Mitglieder und Organisationen sind lernfähig. Organisationsentwicklung wird als (unabgeschlossener) Prozess angesehen. Kriterium einer erfolgreichen OE ist nicht nur der erfolgreiche Abschluss, sondern auch die Fähigkeit, auf zukünftige Herausforderungen in neuer und kompetenterer Weise zu reagieren. Dazu ist es für Mitarbeiter und Organisation gleichermaßen notwendig, Lernen zu lernen und Selbstentwicklung zu fördern ("die lernende Organisation", vgl. Geiselhart, 2001; von Rosenstiel, 2003). Die häufigsten theoretischen Grundannahmen der Organisationsentwicklung lauten:

▶ Organisationen bzw. Unternehmen sind offene, zumeist soziotechnische Systeme (vgl. Kap. 2.5).

▶ Der Status quo wird durch die Organisationsentwickler ermittelt. Zu diesem Zeitpunkt, so die Annahme, wird das Problemlösepotential der Organisation und ihrer Mitglieder nicht vollständig ausgeschöpft.

▶ Wenn eine verantwortungsvolle Mitwirkung aller Beteiligten (Mitarbeiter, Vorgesetzte etc.) im Rahmen der OE stattfindet, werden Organisationsziele verfolgt und Probleme gelöst.

▶ Bei der Organisationsentwicklung findet eine zielorientierte Zusammenarbeit statt. Dadurch ändern sich die objektiven Bedingungen. Diese veränderten Bedingungen fördern ihrerseits Lern- und Veränderungsprozesse. Dabei sind die persönliche Entfaltung der Organisationsmitglieder und die Entwicklung der Organisation intendiert (vgl. Becker & Langosch, 2002).

4.3.2 Phasenmodelle

Der idealtypische Phasenv
idealtypischen Phasenverla
Organisation erkannt. Da
definiert gemeinsam die
findet durch den Organ
Ergebnisse an die Orgar

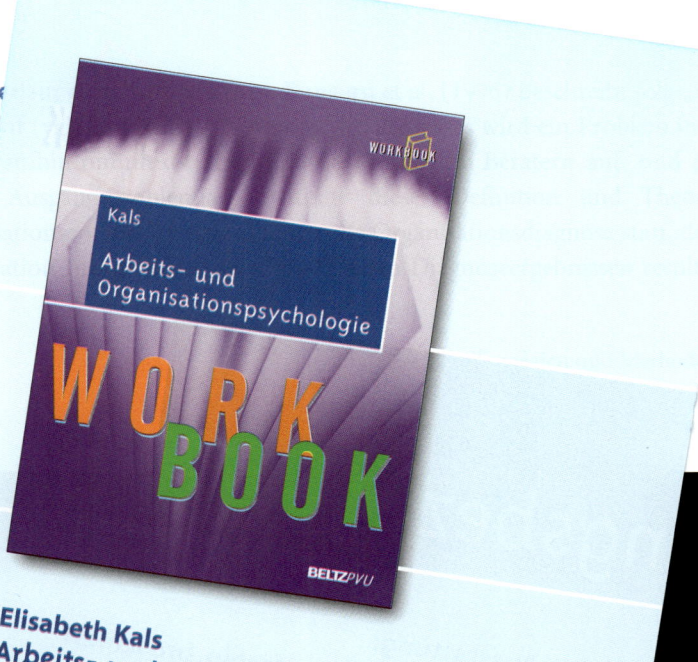

Elisabeth Kals
Arbeits- und Organisationspsychologie
Workbook. 2006. XIV, 210 Seiten. Broschiert.
ISBN 3-621-27584-3

Wolfgang Schnotz
Pädagogische Psychologie
Workbook. 2006. X, 204 Seiten. Broschiert.
ISBN 3-621-27534-7

die Planung von Interventionsmaßnahmen, die dann durchgeführt und evaluiert werden. Im Sinne einer Rückschleife erfolgt eine erneute Organisationsdiagnose und ggf. weitere interventionsorientierte Maßnahmen. Sie werden abermals evaluiert.

Gängige Praxis. Um den Eindruck eines theorie- oder konzeptlosen Vorgehens in der Praxis zu vermeiden, wird häufig auf ein einfaches Phasenmodell von Lewin verwiesen (vgl. Becker, 1993; Neuberger, 1994; von Rosenstiel, 2003). Doch sogar dieses wird oftmals nicht vollständig berücksichtigt. Stattdessen wird bei der Anwendung des Phasenmodells oftmals die dritte Phase ausgespart, so dass eine systematische, verhaltenswissenschaftliche Kontrolle und Auswertung fehlen. Die einzelnen Phasen des Modells lauten:

(1) Auftauen (Unfreezing): Motivation zur Veränderung wird hervorgerufen, Widerstände werden beseitigt und dadurch Wachstum ermöglicht.

(2) Verändern (Changing): Neue Konzepte werden etabliert und Interventionsmaßnahmen eingesetzt (z.B. → Prozessberatung, Teamentwicklung oder Intergruppenarbeit).

(3) Stabilisieren (Freezing): Veränderungen werden in die Organisation integriert, stabilisiert, generalisiert. Es findet eine Kontrolle und Auswertung statt. Die OE-Maßnahmen verselbstständigen sich.

> **!** Die Praxis ist oftmals von dem idealtypischen Verlauf weit entfernt. Es überwiegt das Experimentieren mit neuen Möglichkeiten. Systematisieren und Theoriebildung sind wenig stark ausgeprägt.

Die Gründe für die Diskrepanz zwischen idealtypischem und in der Praxis realisiertem Verlauf eines OE-Prozesses überschneiden sich mit den Fallstricken der empirischen Organisationsanalyse (vgl. Kap. 3.1.2) – zu diesen Gründen gehören Mangel an tragfähigen Theorien und brauchbaren Diagnoseinstrumenten, Widrigkeiten der Praxis (z.B. hoher Zeitdruck und knappe finanzielle Ressourcen) sowie machtpolitische Widerstände.

4.3.3 Ein Fallbeispiel

Es sei abermals auf das Fallbeispiel von Bungard et al. (1996) zurückgegriffen (vgl. Kap. 3.2). Vorliegende Daten des Automobilzulieferers haben ergeben, dass OE-Maßnahmen durchzuführen sind. Diese umfassen u.a. die Entscheidung, Gruppenarbeit einzuführen. Dazu wird eine Projektgruppe gegründet. Mitglieder der Projektgruppe sind: Geschäftsführer, Personalvertreter (Betriebsrat), Leiter der Weiterbildung, Leiter der Instandhaltung, Leiter der Qualitätskontrolle und Produktionsleiter.

Ausgangspunkt:
Problem in einer Organisation

Gespräche zwischen
Organisation und Beratern

gemeinsame Definition
des Problems

Organisationsdiagnose/
Analyse der Problemursachen

Rückmeldung der
Diagnoseergebnisse

Evaluation

Entscheidung
über Maßnahmen

Durchführung
der Maßnahmen

Abbildung 4.2. Idealtypischer Verlauf eines OE-Prozesses nach Bungard et al. (1996)

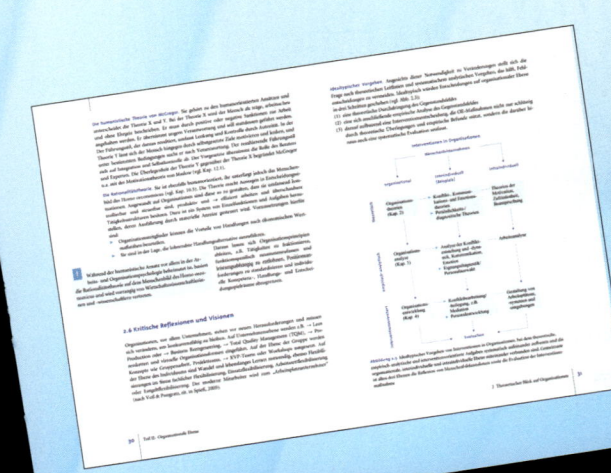

Ein Projektgruppenleiter wird für die Koordination der Aktivitäten für ein Jahr freigestellt. Die Projektgruppe trifft sich zu ihrer ersten konstituierenden Sitzung und plant den weiteren gemeinsamen Projektverlauf. Statt Aktivismus wird gemeinsam mit Arbeits- und Organisationspsychologen ein maßgeschneidertes Gruppenarbeitsmodell entwickelt. In einer ersten gemeinsamen Teamsitzung werden zehn übergeordnete Ziele festgelegt (in diesem Beispiel werden die Schritte von der Analyse über die Intervention bis zur Evaluation gegangen, was einem idealtypischen OE-Prozess entspricht):

(1) Analyse der Literatur
(2) Formulierung einer vorläufigen Forschungskonzeption
(3) Analyse der Ausgangsbedingungen im Betrieb
(4) Vorstellung der Ergebnisse an die Geschäftsleitung
(5) Rückspiegelung der Befunde an die Belegschaft
(6) Konzeption des Gruppenarbeit-Modells
(7) Durchführung entsprechender Trainingsmaßnahmen
(8) Effizienzprüfungen der Trainingsmaßnahmen
(9) fortlaufende Bewertungen des Einführungsprozesses
(10) umfassende Diagnose der → Effizienz.

4.3.4 OE-Maßnahmen und -Techniken

Grundlegende Strategien

Es werden – neben weiteren Detailvarianten (wie „Flecken-Strategie") – drei grundlegende Strategien der Organisationsentwicklung unterschieden: (1) Top-down-, (2) Bottom-up-, (3) bipolare Strategie (Sandwichmethode).

Top-down-Strategie. Veränderungsprozesse beginnen an der Spitze der Organisation. Dadurch sind Prozesse gut steuerbar (Beispiel: → Business Reengeneering). Allerdings kann der mangelnde Einbezug unterer Hierarchieebenen als Verletzung von → Verfahrensgerechtigkeit dazu führen, dass Maßnahmen blockiert werden. Die Strategie widerspricht somit der Grundannahme, dass bei OE-Maßnahmen alle Beteiligten aktiv einbezogen werden – in der Praxis werden entsprechende Maßnahmen oft aber dennoch als OE-Maßnahmen klassifiziert.

Bottom-up-Strategie. Hier werden die Maßnahmen an der Basis erarbeitet. Durch dieses Vorgehen werden auch Bedürfnisse, Erwartungen, Ziele etc. der unteren Hierarchieebene berücksichtigt. Folglich muss die anschließende Überzeugungsarbeit vor allem an der Spitze der Organisation geleistet werden.

Bipolare Strategie. Bei dieser Strategie, die auch Sandwichmethode genannt wird, setzt die Erarbeitung der Maßnahmen sowohl an der Basis als auch an der Spitze von Organisationen an. Vorteil: Die OE-Konzepte verbreiten sich relativ schnell. Allerdings ist es notwendig, die Kommunikation zwischen den verschiedenen Hierarchieebenen genau zu überwachen und möglicherweise professionell zu begleiten, um Missverständnisse und Konflikte zu vermeiden – möglichst im Vorfeld.

Methoden und Einzeltechniken

Unter den Begriff der Organisationsentwicklung werden viele Methoden gefasst (vgl. Becker, 1993), z.B. Survey-feedback-Methoden, Grid organization development (von Blake & Mouton),

$\rightarrow$ Prozessberatungen, $\rightarrow$ Change-Management-Strategien des $\rightarrow$ Business Reengineering, $\rightarrow$ Lean Management, $\rightarrow$ Total Quality Management. Zu den Einzeltechniken zählen z.B. Teamentwicklungstrainings, gruppendynamische Trainings, Konfrontationstreffen, Rollenverhandeln (vgl. Kap. 8.1). Exemplarisch seien zwei Methoden herausgegriffen: (1) das Data-survey-Feedback (eine Datenerhebungs- und -rückkoppelungs-Methode), es wird breit angewendet, und (2) das Grid organization development (von Blake & Mouton), es hat eine hohe kommerzielle Verbreitung.

Data-survey-Feedback. Dies ist ein Sammelbegriff für unterschiedliche Einzeltechniken. Es wird z.B. bei der 3D-Analyse, dem Konfrontationstreffen der Intergruppenarbeit oder der Teamentwicklung angewandt (vgl. zusammenfassend Neuberger, 1994). Im allgemeinen Ablaufschema des Data-survey-Feedbacks werden sechs Phasen unterschieden (vgl. Neuberger, 1994):

(1) Vorphase mit Kontaktaufnahme, Vorgesprächen und Vereinbarung des Vorgehens
(2) Phase der Datenerhebung mit Sammlung diagnostischer Informationen
(3) Aufbereitung der Daten
(4) Rückkoppelung der Daten
(5) Analyse, Maßnahmenplanung und -vereinbarung
(6) Realisierung der Maßnahmen
(7) Evaluation und „Nachfassen".

Somit gibt es enge Parallelen zwischen dem idealtypischen OE-Prozess und der Methode des Data-survey-Feedbacks. Entsprechend hat die Methode vielfältige Vorteile (vgl. Neuberger, 1994):

▶ Es wird eine breite Informationsbasis erhoben.
▶ Die Informationsbasis kann beliebig differenziert werden (z.B. nach Bereichen, Funktionen, Geschlecht, Erfahrung).
▶ In der Erhebungs-, Analyse- und Planungsphase wird jeweils eine große Zahl von Personen aktiv beteiligt. Dies führt zu einer validen Datenbasis wie auch zu einer erhöhten Akzeptanz von Lösungsvorschlägen.
▶ Die abgeleiteten Maßnahmen sind sehr konkret. Ihre Wirksamkeit wird empirisch überprüft.

Diese Vorteile sind gegen die Nachteile des vergleichsweise hohen Aufwandes bei der Durchführung abzuwägen. Darüber hinaus hängt die Bewertung des Data-survey-Feedbacks immer von der Wahl der spezifischen Einzeltechnik und ihrer Umsetzung ab.

Grid organization development. Es wurde von Blake und Mouton entwickelt und gehört zu den integrativen Modellen der Organisationsentwicklung (zit. in Neuberger, 1994). Als interaktionsorientierter Ansatz greift es auf standardisierte Instrumentarien der Grid-Methode zurück. Es werden sechs Phasen unterschieden (vgl. Neuberger, 1994):

(1) Einführungsseminar (Grid laboratory seminar): Hier wird in die Grid-Methode eingeführt. Anhand standardisierter Problemfälle kann bereits eigenes Verhalten reflektiert werden.
(2) Teamentwicklung: Eigenes Verhalten (z.B. bei Kommunikation, Planung, Organisation, Zielsetzung) wird analysiert. Dies geschieht in einzelnen Gruppen, beginnend an der Spitze der Organisation. Idealvorstellungen werden entwickelt und erprobt.
(3) Intergruppenarbeit: Beziehungen zwischen einzelnen Gruppen der Organisation werden analysiert. Dazu treffen jeweils drei Gruppen in „Confrontation meetings" aufeinander. Abermals geht es um einen Ist-Soll-Abgleich und eine Annäherung an den Sollzustand.

(4) Entwicklung eines idealen Organisationsmodells: Die Organisationsleitung entwirft ein Idealmodell der Organisation. Schriftliche Unterlagen und standardisierte Messinstrumente werden durch die Organisationsentwickler als Instrumentarien der Grid-Methode zur Verfügung gestellt.

(5) Realisierung des Idealmodells: Es werden Projektteams (Task forces) für einzelne Organisationsbereiche gebildet. Diese entwickeln Vorschläge zur Umsetzung des Idealmodells. Die Aktivitäten der Projektteams werden von einem Koordinator abgestimmt.

(6) Systematische Evaluation: Abermals wird ein standardisiertes und umfassendes Diagnose- und Bewertungsinstrument als Teil der Grid-Methode durch die Organisationsentwickler vorgelegt. Mithilfe dieses Instruments können die bisherigen Maßnahmen evaluiert, Defizite erkannt und weitere Maßnahmen eingeleitet werden.

Der spezifische Vorteil dieses Verfahrens ist seine vergleichsweise hohe Standardisierung. Darüber hinaus wird – genau wie beim Data-survey-Feedback – ein sehr systematisches Vorgehen gewählt.

> Um die Vorteile der einen oder der anderen OE-Methode zu nutzen, ist es wichtig, dass die Beteiligten nicht nur Daten liefern, sondern Selbstwirksamkeit erleben. Sie müssen die Erfahrung machen, dass ihr Einsatz tatsächlich Veränderungen bewirkt (vgl. auch Kap. 8.2).

4.3.5 Rolle des Beraters

Ein Berater („Change agent", „Facilitator") kann bei organisationalen Veränderungsprozessen unterschiedliche Funktionen übernehmen (vgl. Becker, 1993, 2002):

▶ Ziel der → Prozessberatung sollte die Hinführung von Arbeitsgruppen oder Organisationsmitgliedern zur Selbstdiagnose sein.

▶ Im Vordergrund steht dabei, dass das Lernen prozessorientierter Fertigkeiten angestoßen wird.

▶ Die Beziehung zwischen Berater und Organisation kann dabei direktiv sein (indem der Berater eine führende und aktive Rolle einnimmt) oder aber nicht-direktiv (indem er den Klienten z.B. nur mit Daten versorgt).

In Anlehnung an Lippitt und Lippitt (zit. in Becker, 1993) lassen sich verschiedene Rollen des Beraters unterscheiden, die zunehmend nicht-direktiv werden (vgl. Tab. 4.1).

Probleme im Kontext der Berater. Fast alle OE-Maßnahmen werden in der Praxis von Beratern begleitet. Dabei werden folgende Entscheidungen kontrovers diskutiert:

▶ Soll ein externer oder interner Berater gewählt werden?

▶ Welche Rolle soll er einnehmen (vgl. Tab. 4.1), und inwieweit darf er aktivisch in Prozesse eingreifen?

▶ Welcher Methoden darf er sich bedienen?

▶ Wie soll er mit einseitigen Festlegungen von Zielkriterien umgehen?

▶ Welche Auswirkungen hat seine finanzielle Abhängigkeit?

▶ Inwiefern trägt er Verantwortung für die Konsequenzen seiner beraterischen Tätigkeiten (z.B. Empfehlung einer Neuausrichtung des Unternehmens, die Entlassungen notwendig macht)?

Tabelle 4.1. Unterschiedliche Rollen des Beraters (nach Lippitt & Lippitt, zit. in Becker, 1993)

Rolle	Funktion des Beraters
Advokaten-Rolle	beeinflusst den Klienten, z.B. bezüglich der Anwendung von Methoden
technischer Spezialist	stellt sein spezielles Wissen zur Verfügung
Trainer/Erzieher	initiiert Lernprozesse und fungiert als Lehrer
Mitarbeiter an Problemlösungen	nimmt die Kollegenrolle ein und ist an Entscheidungen beteiligt
„Erkenner" von Alternativen	illustriert verschiedene Alternativen mit spezifischen Risiken, ohne jedoch an der Entscheidung beteiligt zu sein
„Auffinder" von Fakten	sammelt und analysiert Informationen
Verfahrensspezialist	erteilt dem Klienten Feedback über das Verfahren (z.B. über Arbeitsprozesse)
Reflektor	hat die Funktion eines „Philosophen", der durch Reflexionsprozesse zu Klärung oder Veränderungen beiträgt

4.4 Bedingungen erfolgreicher Organisationsentwicklung

Prozessförderliche Bedingungen. Es gibt zahlreiche Aussagen darüber, unter welchen Bedingungen OE-Maßnahmen erfolgreich sind. Folgende prozessförderliche Voraussetzungen werden diskutiert (Gebert, zit. in von Rosenstiel, 2003):

▶ keine Existenzkrise der Organisation
▶ keine tiefgreifenden Beziehungsstörungen zwischen Management und Betriebsrat
▶ stattdessen weitgehend autonome Organisationseinheiten, aber Kooperationen
▶ Problembewusstsein, gruppendynamische Erfahrungen
▶ Bereitschaft zu experimentieren und sich auf langfristige Prozesse einzulassen
▶ Akzeptanz der OE-Maßnahmen-Entwickler sowie externer und interner Berater („Kontinuität der Köpfe").

Darüber hinaus sind erfahrungsgemäß folgende Ansätze prozessförderlich: Planung, die die spezifischen Bedingungen „vor Ort" soweit wie möglich berücksichtigt, Integration der Betroffenen, Unterstützung des Vorgehens durch das Spitzenmanagement, Durchführung von Teamentwicklungen (vgl. von Rosenstiel, 2003).

Evaluationsdaten. Es finden sich nur wenig validierte Aussagen über die relative Wirksamkeit von OE-Maßnahmen. Zwei Grundaussagen von Untersuchungen zu Evaluationsdaten (vgl. Tab. 4.2): (1) Unabhängig von der Maßnahmenklasse (z.B. personaler vs. struktureller Ansatz) finden sich weitgehend positive Zusammenhänge zwischen weichen Erfolgskriterien (z.B. Variablen des Organisationsklimas; vgl. Kap. 3.4) und harten Kriterien (z.B. Produktivitätszahlen). (2) Die Streuung in den einzelnen Studien ist – bezogen auf unterschiedliche Variablen – durchweg hoch (vgl. Gebert, 2004). Vorhandene Evaluationsdaten werden z.T. kritisch diskutiert (vgl. von Rosenstiel, 2003):

▶ Die Kriterien, nach denen über den Erfolg von OE-Maßnahmen entschieden wird, sind sehr unterschiedlich und oftmals nicht ausreichend operationalisiert.

▶ Aufgrund der Komplexität der Variablen lassen sich die Bedingungen, unter denen OE stattfindet, nicht ausreichend präzisieren.

▶ In der Literatur werden primär „erfolgreiche" Daten dokumentiert. Nicht-signifikante Befunde werden oftmals nicht publiziert – entweder, weil sie nicht zur Veröffentlichung eingereicht werden oder aber weil ihre Veröffentlichung abgelehnt wird. Noch seltener finden sich Veröffentlichungen von Daten, die hypothesenkonträr sind, indem beispielsweise mit OE-Maßnahmen eine Verschlechterung der Situation einherging.

Tabelle 4.2. Sekundärstatistische Evaluationsdaten zu OE-Maßnahmen (nach Gebert, 2004)*

Organisationsentwicklungs-maßnahmen	Korrelationen mit „weichen" Kriterien (Klima, Zufriedenheit)	Korrelationen mit „harten" Kriterien (Leistung)	Streuung bzgl. der Enge des Zusammenhangs
personaler Ansatz (gruppen-dynamisches Training)	eher positiv (Neumann et al.)	eher positiv (Nicholas)	groß
strukturaler Ansatz (Job Enrichment, teilautonome Arbeitsgruppen)	eher positiv (Neumann et al.)	positiv (Beekun; Guzzo et al.; Nicholas; Pearce & Ravlin)	groß
Prozess-Intervention (Survey-Feedback, Teament-wicklung, Prozessberatung)	positiv (Bowers & Hausser; Gebert; Neumann et al.; Porras)	eher positiv (Nicholas)	groß

* Alle Quellen stammen aus den 1970er/1980er Jahren

> Die allgemeinen Aussagen über prozessförderliche Bedingungen dürfen nur als Tendenzen verstanden werden. Die Forderung nach weiterer Forschung muss auch in diesem Bereich gestellt werden.

4.5 Kritik

Theoretische Kritik. Die Kritik an der Organisationsentwicklung umfasst theoretische und anwendungspraktische Aspekte. Zur theoretischen Kritik gehören (vgl. Becker, 1993, 2002; Gebert, 2004; Neuberger, 1994):

▶ das fragliche Menschenbild der OE, denn das vorwiegend humanistische Menschenbild setzt eine hoch entwickelte Organisationskultur voraus

▶ die unterschiedlichen Definitionen der OE, insbesondere die unklare Abgrenzung zur Personalentwicklung

▶ polarisierte Sichtweisen (Person vs. Struktur) und ein Mangel an tragfähigen Theorien

▶ das fragliche Postulat der Zielharmonie zwischen institutionellen und individuellen Zielen

▶ die fragwürdige Annahme von Diskursfähigkeit als Bedingung statt als Resultat von OE.

Anwendungspraktische Kritik. An der Praxis der Organisationsentwicklung wird folgende Kritik geäußert (vgl. Becker, 1993, 2002; Gebert, 2004; Neuberger, 1994):

- OE als Leerformel oder Etikettenschwindel (als „alter Wein in neuen Schläuchen"), da diese zu allen Zeiten stattgefunden hat. Denn ohne Anpassung von Organisationen an veränderte Bedingungen konnten diese nicht erfolgreich sein. Der Einwand, dass diese Anpassungen bei OE-Maßnahmen systematischer verlaufen als vor Einführung dieses Konzepts, ist im Einzelfall zu überprüfen. Denn zwischen praktischem und idealtypischem Vorgehen besteht eine Kluft (vgl. Kap. 4.3.2).
- mangelnde Einlösung des Grundanspruches der „Entwicklung von Organisationen"
- Ausblendung der Fragen von Macht und Gerechtigkeit (oftmals letztlich geringer Einfluss der Mitarbeiter, unverständliche Fachsprache etc.)
- Mangel an systematischem wissenschaftlichen Vorgehen, viel Aktionismus („weit mehr Action als Research", Neuberger, 1994, S. 241), zu wenig Rückgriff auf standardisierte OE-Techniken (z.B. das Grid-Modell)

mangelnde Bedingungen für organisationales Lernen. Es wird keine Kultur des Vertrauens gepflegt; es existiert weiterhin Herrschaftswissen – und dies nicht nur zwischen unterschiedlichen Hierarchiestufen, sondern auch innerhalb der gleichen Hierarchiestufe wird Wissen als Machtvorsprung und Karrierevorteil genutzt.

- unklare Rolle der OE-Berater
- Infragestellung der aktiven Beteiligung der Betroffenen (z.B. Scheinbeteiligung, wenn grundlegende Interessenkonflikte zwischen Arbeitnehmern und den OE-Maßnahmen vorliegen, wie es etwa bei Rationalisierungsvorhaben der Fall ist).

4.6 Anforderungen an eine erfolgreiche Organisationsentwicklung

Theoretische Forderungen. Aus der theoretischen und anwendungspraktischen Kritik ergeben sich theoretische und praktische Forderungen. Die förderlichen Bedingungen erfolgreicher Organisationsentwicklung zeigen die Vielfalt an Variablen, die auch theoretisch zu berücksichtigen sind. Darüber hinaus bleibt die Forderung nach einer tragfähigen Theorie (vgl. Abb. 4.3).

Praktische Forderungen. Die konkreten Forderungen an die praktische Umsetzung der Organisationsentwicklung sind vielfältig; als Beispiel seien hier die gewerkschaftlichen Forderungen in Anlehnung an Briefs (zit. in Becker, 1993) genannt. Als Forderungen werden formuliert:
- keine ausschließlichen Top-down-Ansätze
- substantielle Mitbestimmung der Mitarbeiter und ihrer Interessenvertreter (auch bei Projekten)
- Offenlegung der Strategien
- offene Diskussion über Ziele und Nebenziele der Projekte
- Entwicklung verständlicher Unterlagen zur OE
- mehrseitige Orientierung der Berater, nicht einseitige Orientierung an Managementinteressen
- loyale Praxis gegenüber betrieblichen Interessenvertretungen
- Sicherung des Schicksals von OE-Maßnahmen und -projekten
- Aushandeln langfristiger Entwicklungsperspektiven und -konzeptionen
- interdisziplinäre Ausrichtung der OE-Methodik
- Initiierung einer selbstkritischen Diskussion über OE-Ansätze und -projekte.

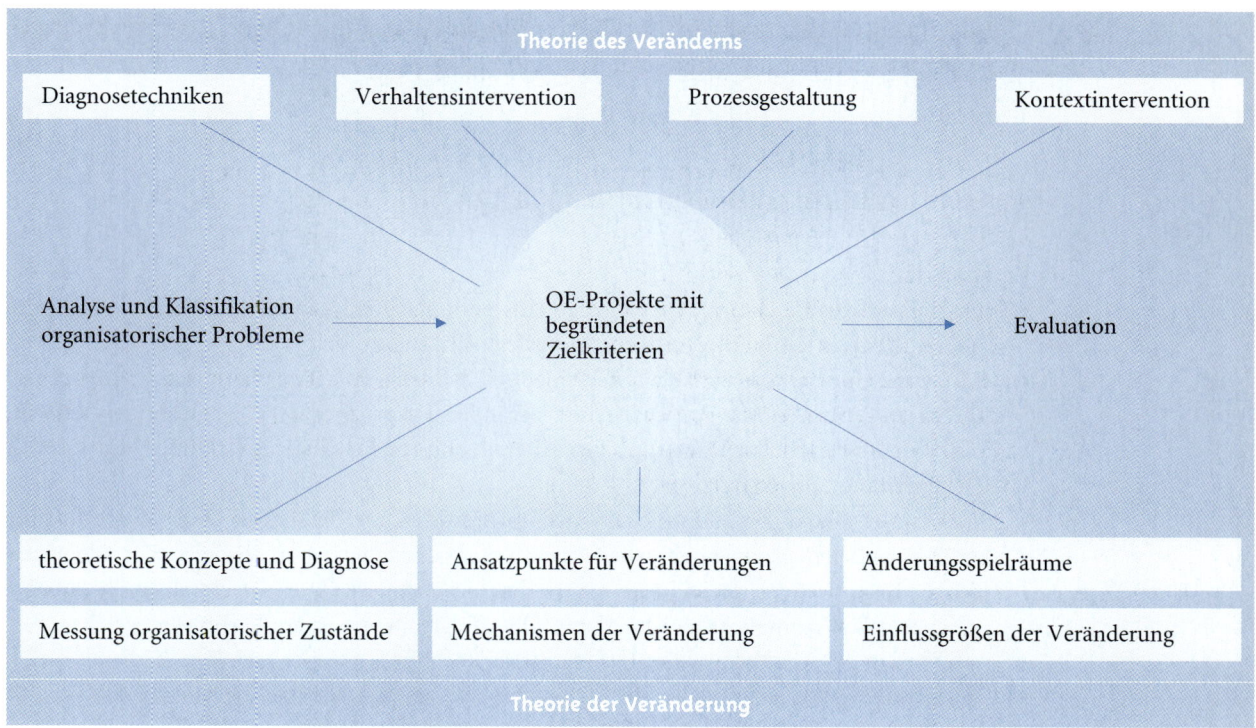

Abbildung 4.3. Theorieanforderungen an eine OE-Konzeption (nach Kubicek und Kollegen et al., zit. in Becker, 1993). Hier wird eine Theorie des Veränderns von einer Theorie der Veränderung unterschieden. Berücksichtigt werden: organisatorische Probleme, Erfahrungen mit OE-Projekten, Festlegung von Zielkriterien und Normen sowie eine Vielfalt von Variablen, die entweder näher an der Theorie des Veränderns oder an der Theorie der Veränderung stehen. Zudem wird nach Begründungen der theoretischen Annahmen gefragt, die aus dem ethisch-philosophischen bzw. dem erfahrungswissenschaftlichen Bereich stammen können. Dabei werden auch Parallelen zum politischen Bereich und zur politischen Begründung von Zielkriterien und Normen formuliert

Das Postulat des Lernens. Über all diesen Forderungen steht das Postulat des Lernens von Individuen und von Organisationen. Es werden Vergleiche zum biologischen System Erde angestellt – sie hat über vier Milliarden Jahre gelernt zu überleben. Im Sinne dieser biologischen Metapher ist zu fordern, dass mit OE-Maßnahmen nicht singuläre Probleme gelöst werden, sondern Lernfähigkeit und somit Hilfe zur Selbsthilfe gefördert wird (vgl. Elke, 1999).

Daher können nach außen hin OE-Maßnahmen oftmals weniger spektakulär erscheinen, als man es möglicherweise zunächst bei einer solchen Maßnahme annimmt. Organisationsentwicklung findet nicht nur bei Verkauf und Fusionen statt, sondern wie bei dem zweiten Eingangsbeispiel (vgl. Preorganizer dieses Kapitels) als alltäglicher Bestand – Ziel: eine Organisation soll, vor allem im Wirtschaftskontext, in der konkurrenten Arbeits- und Wirtschaftswelt überlebensfähig bleiben. Ein wichtiges Lernfeld für alle, die OE-Maßnahmen planen oder über sie entscheiden (Arbeits- und Organisationspsychologen, das Management etc.), kann hierbei sein, Organisationsentwicklung systematisch anzusetzen, z.B. indem in der Praxis dem idealtypischen Verlauf des OE-Prozesses so weit wie möglich gefolgt wird. Auch die Entwicklung tragfähiger Theorien und ihr Praxistransfer ist als spezifisches Lernfeld für Arbeits- und Organisationspsychologen, aber auch für die beteiligten Entscheidungsträger zu begreifen.

4.7 Kernpunkte und Übungsaufgaben

Kernpunkte

▶ Organisationsentwicklung (OE) wird als Anwendungspraxis, als wissenschaftliche Disziplin oder auch als interdisziplinäres Forschungsfeld verstanden.

▶ Als Anwendungspraxis wird sie unterschiedlich definiert. Es herrscht Einigkeit darüber, dass OE einen geplanten und systematischen Veränderungsprozess von Organisationen anstößt. Unklarheit herrscht hingegen über ihre Abgrenzung zur Personalentwicklung. Insgesamt ist der Begriff der OE eklektizistisch.

▶ OE verfolgt sowohl institutionelle als auch individuelle Ziele. Sie legt bei dieser Zielverfolgung einen personalen, gruppenbezogenen, strukturalen oder integrativen Ansatz zu Grunde. Letztlich ist es notwendig, individuelle, interindividuelle und strukturell-technologische Ansätze gleichermaßen zu berücksichtigen, damit OE erfolgreich sein kann. Diesem integrativen Ansatz wird in der soziotechnischen Systemtheorie Rechnung getragen (vgl. Kap. 2.5).

▶ Verschiedene Phasenmodelle der OE schlagen einen idealtypischen Verlauf des OE-Prozesses vor. In der Praxis wird ein solch idealtypisches Vorgehen jedoch nur sehr selten realisiert. Ursachen für diese Diskrepanz zwischen Theorie und Praxis sind abermals vielfältig und überschneiden sich mit den Ursachen unzureichender empirischer Organisationsanalyse (z.B. Theoriemangel, unzureichende Messinstrumente, hoher Zeitdruck, machtpolitische Schwierigkeiten).

▶ Die grundlegenden Strategien der OE sind die Top-down-, Bottom-up- sowie bipolare Strategie. Darauf aufbauend gibt es viele unterschiedliche OE-Maßnahmen und -Techniken, wie das Data-survey-Feedback oder das Grid organization development.

▶ In der Praxis werden OE-Maßnahmen oftmals durch Berater begleitet. Diese können unterschiedliche Funktionen übernehmen (von der Advokaten-Rolle bis zum Reflektor). Ihre Rolle wird kritisch diskutiert.

▶ Die Frage, ob OE-Maßnahmen in der Praxis erfolgreich sind oder nicht, hängt von vielen Bedingungen ab. Obgleich es in der Literatur zahlreiche Aussagen zu prozessförderlichen Bedingungen gibt, dürfen diese nur als Tendenzen verstanden werden, da – wie gesagt – ein Mangel an empirischer Forschung herrscht. Entsprechend existieren nur wenige Validitätshinweise zur Wirksamkeit von OE-Maßnahmen.

▶ An der OE als Anwendungsfeld wird theoretische und praktische Kritik geübt. Daraus wurden theoretische und praktische Erfordernisse abgeleitet, über denen das übergeordnete Postulat des individuellen und organisationalen Lernens steht.

Übungsaufgaben

▶ Anhand welcher Kriterien können Sie in der Praxis entscheiden, ob eine Interventionsmaßnahme tatsächlich eine OE-Maßnahme ist?

▶ Bei welchen Phasen des idealtypischen Verlaufs von Organisationsentwicklung (OE) sind unter welchen Bedingungen in der Praxis Abstriche möglich?

- Wählen Sie eine exemplarische Methode der OE, und verdeutlichen Sie an diesem Beispiel die Rolle interner oder externer Berater.
- Welche Aspekte sind bei einer kritischen Reflexion der OE als Forschungs- und Praxisfeld zu bedenken?

Weiterführende Literatur

Betriebswirtschaftlicher Schwerpunkt: Becker & Langosch (2002).
Überblicksbeitrag: Gebert (2004).

Teil III
Interindividuelle Ebene

Herausforderungen der Arbeits- und Organisationspsychologie (Kap.1)

niedrig   Schwerpunkt

(I) Organisationale Ebene
Organisationsanalyse und -steuerung

Theoretischer Blick
(Kap. 2)

Empirisch-analytischer
Blick: Organisations-
analyse (Kap. 3)

Interventionsorientierter
Blick: Organisations-
entwicklung (Kap. 4)

mittel

(II) Interindividuelle Ebene
Das Individuum im Kontext mit anderen/der Gruppe

Personalauswahl
(Kap. 5)

Personalentwicklung
(Kap. 6)

Führung, Macht und
Motivierung (Kap. 7)

Gruppen und Gruppen-
arbeit (Kap. 8)

Kommunikation und
Information (Kap. 9)

Konflikte und
Mediation (Kap. 10)

hoch

(III) Individuelle Ebene
Arbeit, Verhalten, Erleben von Individuen in Organisationen/am Arbeitsplatz

Individuen und ihre
Entwicklung in Orga-
nisationen (Kap. 11)

Bedingungen und
Wirkungen von Arbeit
(Kap. 12)

Analyse und
Gestaltung von
Arbeit (Kap. 13)

Forschungsaktivitäten (Kap. 14)

Organisationspsychologie

Arbeitspsychologie

5 Personalauswahl: Eignung und Beurteilung

Was Sie in diesem Kapitel erwartet

Eine klassische Situation der Personalselektion: Ein Softwarehersteller expandiert und schreibt 30 Stellen für Programmierer aus. Dennoch übersteigt die Zahl der Bewerber die ausgeschriebenen Stellen um ein Mehrfaches. Auf der Basis verschiedener Auswahlverfahren (Analyse der Bewerbungsunterlagen, Einstellungsinterviews, psychologische Tests) werden unter Mithilfe von Personalpsychologen Entscheidungen über die Besetzung der Stellen getroffen. Neben Freude und Stolz derjenigen, die angenommen wurden, steht die Enttäuschung all jener, die abgelehnt worden sind.

Viele der Abgelehnten diskreditieren das Auswahlverfahren, das wie jedes Verfahren Raum für erlebte Ungerechtigkeiten lässt.

In diesem Kapitel geht es um Auswahlverfahren und ihre → Validität sowie um Entscheidungsunsicherheiten und Verantwortlichkeiten. Damit findet ein Perspektivenwechsel vom Arbeits- und Organisationspsychologen hin zum Bewerber statt. Dies führt zu kritischen Reflexionen der Personalauswahl (z.B. wie mangelnde Validität, Chancenungleichheit, unbeantwortete Wertfragen).

5.1 Personalauswahl: klassisches Feld der Organisationspsychologie

Personalauswahl ist die Entscheidung über die Selektion von Mitarbeitern anhand gewichteter Kriterien. Die Mitarbeiter können neu gewonnen (externe Personalauswahl) oder aus dem bereits vorhandenen Mitarbeiterstamm gewählt werden (interne Personalauswahl). Die Personalauswahl basiert auf einer wissenschaftlichen Eignungsdiagnostik.

Themen der Personalauswahl. Angesichts wirtschaftlicher Veränderungen und steigenden Konkurrenzkampfes zwischen Organisationen und Bewerbern wird eine treffsichere Personalauswahl immer wichtiger. Arbeits- und Organisationspsychologen sind Experten für Eignungsdiagnostik. Sie nutzen ihr diagnostisches und statistisches Methodenrepertoire für die Passung zukünftiger Mitarbeiter. Personalauswahl umfasst nach Weinert (2004) folgende Fragestellungen:

▶ Welche Kriterien sollen Bewerber idealerweise erfüllen? (Entwicklung von Erfolgs- und Auswahlkriterien für die Personalauswahl)

▶ Welche fachlichen Kenntnisse, beruflichen Erfahrungen, Persönlichkeitsmerkmale etc. machen ein erfolgreiches Arbeiten auf der zu besetzenden Stelle wahrscheinlich? (Bestimmung der → Prädiktorvariablen für die Arbeit und damit zur Vorhersage der Erfolgs- und Auswahlkriterien)

▶ Wie bedeutsam sind welche personalen Merkmale (z.B. Fähigkeiten, Fertigkeiten) für erfolgreiches Arbeiten (vgl. Kap. 11.3)? Auf die Erfüllung welcher Merkmale kann verzichtet werden? Welche sind unabdingbar für erfolgreiches Arbeiten auf den zu besetzenden Stellen? (Festlegung der Gewichtung der → Prädiktoren)

- Wie sind die Merkmale bei den einzelnen Bewerbern ausgeprägt? (Messung und Einstufung der Arbeitsfähigkeit der Personen)
- Wie groß sind die empirischen Zusammenhänge zwischen den personalen Merkmalen (z.B. Fähigkeiten, Fertigkeiten) und der messbaren Arbeitsleistung? (Einschätzungen der Zusammenhänge zwischen → Prädiktorvariablen und → Kriterienwerten der tatsächlichen Arbeitsleistung)
- Welche externen Bewerber sollten ein Einstellungsangebot erhalten? Welche internen Bewerber sollten die Stelle übernehmen? (Entscheidungen über die Personalauswahl)

Bei der Eignungsdiagnostik bestehen drei verschiedene Ausgangssituationen (von Rosenstiel, 2003): (1) Stellen- und Bewerberzahl entsprechen einander (z.B. bei interner Personalauswahl, bei der es um Besetzungen aus dem bereits vorhandenen Mitarbeiterstamm geht; es sollen ohne Entlassungen optimale Zuordnungen getroffen werden); (2) die Stellenzahl übersteigt die Bewerberzahl (z.B. wenn bei Expansion eines Unternehmens eine Führungskraft im mittleren Management Verantwortung für neue Abteilungen erhalten soll); (3) die Bewerberzahl übersteigt die Stellenzahl (z.B. bei externer Personalauswahl, bei der neue Mitarbeiter eingestellt werden; aufgrund der hohen Arbeitslosenquote dominiert diese Situation).

Passung von Person und Arbeitsplatz. In allen Entscheidungsfällen sollten die Anforderungen des Arbeitsplatzes und die Eignung des Arbeitnehmers einander entsprechen (Person-Environment-Fit). Über- aber auch Unterforderungen sind zu vermeiden oder zu verringern. Dabei können Veränderungsstrategien ansetzen: (1) bei der Person mit Personalselektion und Verhaltensmodifikation (z.B. Erlernen von Fähigkeiten, die zur Erfüllung der Arbeitsplatzbedingungen notwendig sind) oder (2) bei personalen Bedingungen ebenfalls mit Selektion (z.B. Berufsberatung) und Modifikation (z.B. Rückgriff auf ergonomische Kenntnisse) (vgl. Tab. 5.1).

Tabelle 5.1. Klassifizierung der Veränderungsstrategien – Ziel: eine hohe Entsprechung zwischen Anforderungen des Arbeitsplatzes und Eignung des Arbeitnehmers erreichen (nach von Rosenstiel, 2003)

| | Interventionsstrategie | |
	Selektion	Modifikation
Person	Personalselektion: externe oder interne Auswahl von Personen anhand gewichteter Kriterien	Verhaltensmodifikation: Ausbildungs- und Trainingsprogramme (z.B. zur Kompetenz-, Performanz-, Motivationssteigerung)
situative Bedingungen	Bedingungsselektion: Auswahl optimaler Bedingungen für vorgegebene Personen (z.B. Berufsberatung)	Bedingungsmodifikation: Gestaltung von Arbeitsplätzen, -prozessen und -systemen (z.B. nach Humankriterien)

(Interventionsansatz)

Das Konzept des Person-Environment-Fit (P-E-Fit). Das P-E-Fit-Konzept fordert eine Übereinstimmung zwischen der Person und der jeweiligen Arbeitsumgebung. Diese Forderung erstreckt sich auf zwei Übereinstimmungsmaße (vgl. von Rosenstiel, 2003): (1) Übereinstimmung zwischen Fähigkeiten bzw. Fertigkeiten der Person und den beruflichen Anforderungen der Position, (2) Übereinstimmung zwischen den Bedürfnissen der Person und den Befriedigungsmöglichkeiten durch und bei der Arbeit.

Perspektive des Bewerbers. Oftmals erscheinen Bewerber als passive Opfer von Selektionsentscheidungen, die durch andere gefällt werden. Dieser Eindruck wird durch die Dominanz der dritten o.g. Ausgangsbedingung gefördert, bei der die Bewerberzahl die zur Verfügung stehende Stellenzahl übersteigt. Dennoch: Potentielle Bewerber treffen eigene Entscheidungen, indem sie sich z.B. aktiv auf eine Stelle bewerben. Sie haben zudem Möglichkeiten, etwaigen eigenen Gefühlen von Kontrollverlust entgegenzusteuern. Ein zentrales Thema ist dabei, sich einen Eindruck über die Organisation zu verschaffen, bei der sie sich bewerben.

Eindrucksbildung und Organisationswahl. Nach dem kognitiven Verarbeitungsmodell von Weinert (2004) hängt die Eindrucksbildung über eine Organisation entscheidend davon ab, wie kohärent die Organisation wahrgenommen wird. Sie wird dann als kohärente Einheit gesehen, wenn ihre Mitglieder

▶ einander ähnlich sind,
▶ gemeinsame Ergebnisse erzielen,
▶ stark voneinander abhängig sind bzw.
▶ auch räumlich nah zusammen arbeiten.

Dies bezeichnet Weinert als hohe Entitativität. Wird die Organisation vom Bewerber als kohärent wahrgenommen, so bildet sich der potentielle Bewerber sein Urteil sequentiell, d.h., er verarbeitet Informationen weitgehend in der Reihenfolge, in der er sie aufnimmt. Bewertet er die Organisation hingegen als eher heterogen (niedrige Entitativität), so setzt ein gedächtnisbasierter Prozess ein, in dem der Bewerber in seinem Gedächtnis nach relevanten Informationen für seine Urteilsbildung sucht. Darüber hinaus wirken Effekte der allgemeinen Eindrucksbildung, wie Recency-Effekt (Bedeutsamkeit des letzten Eindruckes) oder Primacy-Effekt (Dominanz des Ersteindrucks). Am Ende des Prozesses stehen Entscheidungen darüber, ob Arbeitsbeziehungen mit der Organisation gesucht oder vermieden werden (Weinert, 2004).

Personalwerbung. Personalpsychologisch gesehen gehört es zu den wesentlichen Aufgaben einer Organisation, qualifizierte und spezialisierte Mitarbeiter zu gewinnen (z.B. hoch qualifizierte Kräfte des höheren Managements).

Personalwerbung im höheren Management. Führungskräfte des mittleren Managements werden zu mehr als einem Drittel über Zeitungsanzeigen des Unternehmens gesucht. Auf oberster Führungsebene sind dies jedoch weniger als 10 % (Schuler & Funke, 2004). Die meiste Werbung geschieht durch persönliche Ansprache durch das Unternehmen oder beauftragte Headhunter.

Personalwerbung ist Aufgabe des Personalmarketings und betrifft den organisationsexternen und -internen Arbeitsmarkt. Personalmarketing wird durch das Verhältnis von Angebot und Nachfrage geregelt. Ein großer Personalersatzbedarf liegt vor allem vor, wenn Organisationen in ausgeprägten Konkurrenzsituationen stehen, weil in diesem Fall Mitarbeiter oft von Konkurrenten abgeworben werden.

Die Methode der Personalauswahl und ihre interne und externe Kommunikation hat wesentlichen Einfluss auf Image und Kultur von Organisationen (vgl. Kap. 3.4). Fehlentscheidungen verursachen hohe finanzielle Kosten – sie „kosten" aber auch im psychologischen Sinne. Beispielsweise werden Mitarbeiter, die sich bei interner Stellenvergabe auf eine für sie geeignete höher dotierte Position bewerben, aber zugunsten eines externen Kandidaten abgelehnt werden, in Zukunft in ihrer Arbeit ein vermindertes Commitment zeigen.

Arbeitsanalyse
z.B. Arbeits-
proben

**Eignungs-
analyse**
z.B. psycho-
logische Tests

Analyse

5.2 Personalauswahl: idealtypischer Verlauf und Fallstricke der Praxis

Rahmenmodell zur Personalauswahl. Eignungsdiagnostik und Personalauswahl sollten auf systematisch gewonnenen Informationen basieren. Die Personalauswahl folgt einem idealtypischen Verlauf (vgl. Abb. 5.1). Wendet man diesen Verlauf exemplarisch auf die Wahl einer Chefsekretärin für ein mittelständisches Unternehmen an, so ergeben sich folgende Fragestellungen:

**Auswahl von
Prädiktoren
und Kriterien**

▶ Planung: Welche Aufgaben sind durch das Chefbüro zu erledigen (Arbeitsanalyse, vgl. Kap. 13.2)? Welche Eigenschaften und Fähigkeiten sollte die Chefsekretärin besitzen? Welche sind notwendige, welche hinreichende Bedingungen?

**Erhebung der
Prädiktoren**

▶ Umsetzung: Wie lassen sich die Eigenschaften und Fähigkeiten erheben und zu einem Gesamtscore zusammenfassen? Welche Personalentscheidung folgt aus den Daten? Ist die Stelle intern aus dem bereits existierenden Mitarbeiterstamm des Unternehmens oder extern durch Rekrutierung einer neuen Mitarbeiterin zu besetzen?

**Entscheidung
und ihre
Umsetzung**

**Personal-
entscheidung**
z.B. Selektion/
Platzierung

▶ Evaluation: Inwieweit bewährt sich die Personalentscheidung in der Praxis und nach welchen Kriterien (Aufgabenerfüllung auch aus Sicht des Chefs, Arbeitszufriedenheit, Image des Unternehmens etc.)?

**Erhebung der
Kriterien**

Fallstricke der Praxis. Die Praxis folgt nur selten einem idealtypischen Verlauf. Typische Fehler, die bei der Personalauswahl in der Praxis gemacht werden, sind: unzulängliche Arbeitsanalyse, keine explizite Festlegung von Erfolgsprädiktoren und Entscheidungskriterien, Einsatz unrealiabler Messverfahren (z.B. unstandardisierte Interviews, vgl. Kap. 5.3), keine Anwendung rationaler Entscheidungsregeln beim

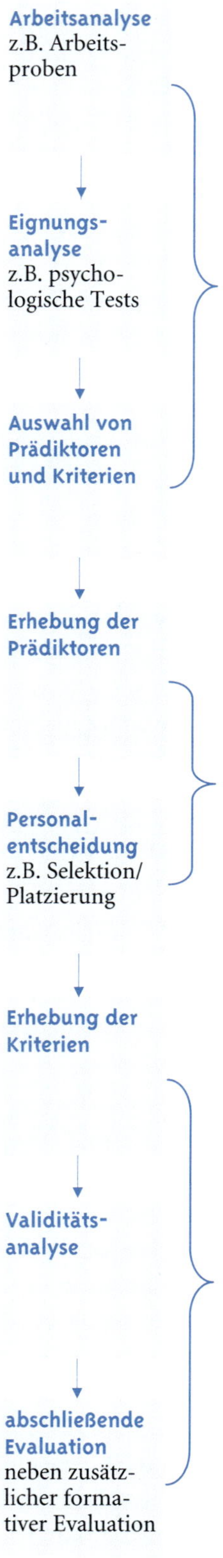

**Validitäts-
analyse**

Evaluation

**abschließende
Evaluation**
neben zusätz-
licher forma-
tiver Evaluation

Abbildung 5.1. Idealtypischer Verlauf der Personalauswahl (nach Staufenbiel & Rösler, 1999): Nach der Analyse erfolgt die Entscheidung sowie ihre Umsetzung. Anschließend wird durch reine Evaluation die Personalauswahl überprüft

Schritt von der Eignungsdiagnostik zur Personalentscheidung, stattdessen letztlich intuitive Entscheidung und mangelnde Evaluation der Entscheidung.

Ignoranz von Entscheidungsregeln. In der Praxis wird bei Personalentscheidungen oftmals ignoriert, dass die Erfolgsquote von verschiedenen situativen Bedingungen abhängt (vgl. zum Überblick Schuler & Funke, 2004). Es sollten zwei Zuordnungsfehler gegeneinander abgewogen werden: die Auswahl Ungeeigneter sowie die Ablehnung Geeigneter. Die Erfolgsquote im Sinne selektiver Eignungsquotienten gibt an, wie hoch der Prozentsatz der Erfolgreichen unter den insgesamt ausgewählten Bewerbern ist. Sie hängt von drei Größen ab:

(1) der Validitätskoeffizient der eingesetzten Testverfahren
(2) die Selektionsquote (Anteil Ausgewählter unter den Bewerbern)
(3) die Grundquote (Anteil Geeigneter unter den Bewerbern).

> Je höher die → Validität des eingesetzten Tests, desto größer die Gruppen der „Treffer" im Sinne geeignet Eingestellter und ungeeignet Abgelehnter. Somit steigt die Erfolgsquote bei höherer Validität, weil sämtliche Zuordnungsfehler reduziert werden. Die Erfolgsquote steigt ebenfalls, je kleiner die Selektionsquote im Vergleich zur Grundquote ist, d.h. es wird eine strengere Auswahl getroffen. Durch strenge Cut-offs wird zudem ein Zuordnungsfehler auf Kosten des jeweils anderen Zuordnungsfehlers verringert (Auswahl Ungeeigneter vs. Ablehnung Geeigneter).

Insgesamt hängt die Güte der eignungsdiagnostischen Urteile von der Validität des eingesetzten Tests, der Selektionsrate sowie dem Prozentsatz der Geeigneten in der noch unausgelesenen Gesamtpopulation ab. Festgehalten wurde dies bereits in den 1930er Jahren in den Taylor-Russell-Tafeln.

In der Praxis werden die zwei Zuordnungsfehler der „Auswahl Ungeeigneter" und der „Ablehnung Geeigneter" nicht gegeneinander abgewogen. Vor allem der Fehler, geeignete Kandidaten abzulehnen, wird üblicherweise nicht über Follow-up-Erhebungen erfasst – diese Kandidaten verliert das jeweilige Unternehmen aus dem Auge. Demzufolge spielt dieser Fehler bei der Diskussion konkreter PA-Entscheidungen (Personalauswahl-Entscheidungen) in der Praxis keine Rolle.

5.3 Klassische Auswahlstrategien

Es gibt vielfältige Verfahren der Personalauswahl, die sowohl in praktischen Ratgebern als auch in Lehrbüchern großen Raum einnehmen. Alle dienen dem Zweck, sich ein möglichst valides eignungsdiagnostisches Urteil zu bilden. Im Einzelfall sind ihre jeweiligen Vor- und Nachteile gegeneinander abzuwägen, hier vor allem der mit ihnen verbundene Aufwand in Relation zur zu besetzenden Stelle sowie ihre spezifische → Validität.

Validitäten im Überblick. Personalentscheidungen müssen sich an der Frage messen lassen, wie gut die dahinter stehenden eignungsdiagnostischen Urteile sind. Die Güte wird anhand dreier traditioneller und zweier ergänzender Kriterien bestimmt: → Objektivität, → Reliabilität, → Validität, → Akzeptanz und → Praktikabilität (bzw. Ökonomie). Davon wird in der Literatur die prognostische Validität zur Vorhersage von Berufserfolg am ausführlichsten diskutiert (vgl. zusammenfassend Tab. 5.2).

Tabelle 5.2. Zusammenfassung der ökologischen Validitäten verschiedener Auswahlverfahren (nach Staufenbiel & Rösler, 1999); es ist jeweils angegeben, ob Korrekturen für Varianzeinschränkungen, für Unreliabilitäten des Kriteriums und/oder des Prädiktors in der Metaanalyse vorgenommen wurden

Prädiktor	Quelle*	Validität	Korrektur für Varianzeinschränkung	Korrektur für Unreliabilität des	
				Kriteriums	Prädiktors
Interviews	Wiesner & Cronshaw	r = 0,47	ja	ja	nein
	McDaniel et al.	r = 0,37	ja	ja	nein
biographische Fragebögen	Hunter & Hunter	r = 0,37	ja	ja	nein
	Hunter & Hirsh	r = 0,41	nein	ja	nein
	Bliesener	r = 0,30	nein	nein	nein
kognitive Tests	Hunter & Hunter	r = 0,53	ja	ja	nein
	Hunter & Hirsh	r = 0,41	ja	ja	nein
Persönlichkeitstests	Hunter & Hirsh	r = 0,27	nein	ja	nein
	Tett et al.	r = 0,17	ja	ja	ja
Arbeitsproben	Hunter & Hunter	r = 0,54	ja	ja	nein
	Hunter & Hirsh	r = 0,41	nein	ja	nein
Assessment Center	Hunter & Hunter	r = 0,43	ja	ja	nein
	Hunter & Hirsh	r = 0,55	nein	ja	nein
	Gaugler et al.	r = 0,37	ja	ja	nein

* Alle Quellen stammen aus den 1980er/1990er Jahren

Dominanz unstrukturierter Bewerbungsgespräche in der Praxis. In der Praxis gehen Unternehmen bei der Personalauswahl häufig laienhaft vor. Sie nutzen nicht die Chancen, die wissenschaftlich fundierte Methoden des Messens und Bewertens bieten. Über 90 % der eingesetzten Methoden in deutschen Unternehmen umfassen unstrukturierte Gespräche, die relativ schlecht hinsichtlich ihrer → ökologischen Validität abschneiden (vgl. Weinert, 2004). Es werden folgende klassische und in Deutschland verbreitete Strategien unterschieden, die nachfolgend vorgestellt werden (Hinweis: Verfahren (z.B. graphologische Gutachten in Frankreich oder Israel), die in Deutschland wenig anerkannt sind, werden hier nicht besprochen):

► Analyse der Bewerbungsunterlagen
► Arbeitsproben und Aufgabeninventare
► biographische Fragebogen
► psychologische Testverfahren
► computergestützte Eignungsdiagnostik
► Einstellungsinterviews
► multimodales Interview
► Assessment-Center.

Analyse der Bewerbungsunterlagen

Inhalte. Bewerbungsunterlagen (z.B. Anschreiben, Lebenslauf, Zeugnisse) werden traditionell per Post geschickt. In mittleren und großen Organisationen gehören Online-Bewerbungen jedoch auch zum Standard. Bei Siemens in Deutschland gehen z.B. von jährlich 180.000–200.000 Bewerbungen 40 % per Post, 30 % per E-Mail und 30 % über die Website ein (VDI Nachrichten, 3. 9. 2004). Bewerbungsunterlagen werden nach unterschiedlichen Kriterien bewertet (vgl. Schuler & Funke, 2004):

▶ Korrektheit und Übersichtlichkeit der Unterlagen
▶ Vollständigkeit der Unterlagen
▶ Lückenlosigkeit des Lebenslaufs
▶ Erfüllung formaler Voraussetzungen (z.B. Alter)
▶ Erfüllung stellenspezifischer Anforderungen (Informationsquellen: schulische und Studienleistungen, grundlegende Kenntnisse, Aus-, Fort- und Weiterbildungen, bisherige Tätigkeiten, erreichte Positionen, Arbeitszeugnisse und Arbeitsreferenzen)
▶ Stil der Selbstdarstellung (in Anschreiben, Lebenslauf, Lichtbild)
▶ Bewerbungsmotive
▶ frühere Stellenwechsel und ihre Plausibilität.

Zeugnissprache. Entgegen mancher Ratgeberliteratur gibt es keine verbindliche Sprache, über die zwischen den verschiedenen Beteiligten (Mitarbeiter, Vorgesetzte etc.) Einigkeit herrschte – auch nicht innerhalb einer Branche. Daher ist ihre eindeutige (En)Kodierung nicht gewährleistet.

Validität. Die prognostische Validität von Bewerbungsunterlagen ist unterschiedlich. Am höchsten ist sie für Schul- und Examensnoten – z.B. beträgt die prognostische Validität für den Schluss von Realschulzeugnissen auf die Leistungen bei Abschluss der beruflichen Ausbildung r = .40, für den Schluss von Abiturnoten auf zukünftige Studienleistungen sogar r = .46. Prognosen des beruflichen Erfolgs (z.B. Vorgesetztenbeurteilung) durch Bewerbungsunterlagen liegen unter r = .20. Referenzüberprüfungen (Reference check), die zumeist das aktive Einholen zusätzlicher Beurteilungsinformationen von früheren Vorgesetzten umfassen, erhöhen die prognostische Validität auf r = .26 (Schuler & Funke, 2004).

Die Analyse von Bewerbungsunterlagen gehört zu fast jedem Auswahlverfahren. Sie dient einer ersten Vorselektion. Ihr sollten weitere diagnostische Auswahlschritte folgen.

Arbeitsproben und Aufgabeninventare

Inhalte. Arbeitsproben stellen dem Bewerber standardisierte Aufgaben aus dem zukünftigen Arbeitsfeld. Auf diese Weise schließt man auf sein erfolgsrelevantes berufliches Verhalten zurück. Somit dienen die Arbeitsproben als Prädiktoren für das Kriterium des späteren erfolgsrelevanten Verhaltens. Die Standardisierung erfolgt – genau wie bei den Task-Inventories (vgl. Kap. 13.2.3) – für die spezifischen Arbeitsplätze bzw. für Gruppen von Arbeitsplätzen. Obgleich diese Standardisierung auch organisationsübergreifend durchgeführt werden kann, werden Arbeitsproben in der Praxis eher selten durchgeführt – der Aufwand ist sehr hoch. Sie sind aber relevant z.B. bei der Besetzung in Sekretariaten oder Schreibdiensten (z.B. wenn die Fähigkeit des Maschinenschreibens standardmäßig überprüft werden soll, indem ein Text von Band möglichst schnell und fehlerfrei zu transkribieren ist) oder beim Assessment-Center (z.B. „In-basket"-Test, s.u.).

Validität. Wenn die Arbeitsproben nicht nur standardisiert, sondern auch in ihren Gütekriterien überprüft und somit psychometrisch fundiert sind (z.B. hinsichtlich ihrer → Reliabilitäten), wird von hohen Validitätskoeffizienten berichtet. Dann liegen die Korrelationen zwischen $r = .38$ und $r = .54$ (Schuler & Funke, 2004). Sie werden seitens der Bewerber relativ gut akzeptiert, weil sie eine hohe → Augenscheinvalidität haben und zusammen mit dieser Augenscheinvalidität Informationen über zukünftige Arbeitsanforderungen enthalten. Diese Vorteile sind gegen den zentralen Nachteil abzuwägen, dass die Konstruktion von Arbeitsproben relativ viel Aufwand bedeutet.

> **!** Arbeitsproben und Aufgabeninventare sind für die Besetzung bestimmter Arbeitsplätze sehr sinnvoll. Allerdings ist ihre Konstruktion aufwendig und methodisch anspruchsvoll. Daher werden diese Testverfahren in der Praxis vor allem durchgeführt, wenn in der jeweiligen Branche auf bestehende, bereits standardisierte Verfahren zurückgegriffen werden kann (vgl. weiterführend Schuler, 2000; Schuler & Funke, 2004).

Biographische Fragebogen

Inhalte. Biographische Interviews oder Fragebogen gehen von der Annahme aus, dass bestimmte biographische Daten für bestimmte Karrieren prototypisch sind (z.B. weisen Führungskräfte in internationalen Unternehmen oftmals längere Auslandsaufenthalte und Auslandserfahrungen nach). Die Analyse vergangenen Verhaltens wird zur Vorhersage zukünftigen Verhaltens genutzt. Es werden jene Ausschnitte der Lebensgeschichte fokussiert, die für den Berufserfolg bisheriger Mitarbeiter relevant sind (z.B. berufliche Wechsel; Vorgehen in früheren Konfliktsituationen).

In der Praxis werden biographische Fragebogen vor allem für Außendienstmitarbeiter eingesetzt, bei denen der Umsatz ein klar quantifizierbares Erfolgskriterium darstellt. Eine Beispielfrage für den Versicherungsaußendienst lautet nach Barthel und Stehle (zit. in Schuler & Funke, 2004): „Wie wichtig war Unabhängigkeit als Grundlage für Ihre Berufswahl?" Die Antwort wird auf einer fünfstufigen Skala von „sehr großen Einfluss" bis „gar keinen Einfluss" angegeben. Die Validität der Frage (Rangkorrelation zwischen Wichtigkeit der Unabhängigkeit und Berufserfolg) liegt bei $r = .21$. Biographische Fragebogen umfassen somit zumeist standardisierte Selbstbeschreibungen. Diese haben vor allem in den Vereinigten Staaten eine lange Tradition.

Validität. Die prognostische Validität biographischer Fragebogen liegt je nach Kriterium zwischen .23 und .52 (Schuler & Funke, 2004). Dies bestätigt, dass vergangenes Verhalten ein guter → Prädiktor für zukünftiges ist, vor allem, wenn es berufsfeldspezifisch gemessen wird. Allerdings bedeutet dies in der Praxis meist, dass die Fragebogen mit hohem Aufwand spezifisch für bestimmte Positionen und Unternehmen zu entwickeln sind. Dies geschieht zumeist, indem zufällig gewählte biographische Merkmale als Prädiktoren für Erfolgskriterien eingesetzt werden (im Außendienst ist dies der Umsatz der Mitarbeiter). Die statistisch bedeutsamen Prädiktoren werden dann der Auswahl neuer Mitarbeiter zugrunde gelegt. Dadurch sind biographische Fragebogen nicht → valide. Zudem schreiben sie den Status quo fort. Neue Umstände werden nicht berücksichtigt.

Biographische Fragebogen sind vor allem dann prognostisch valide, wenn vergangenes Verhalten berufsfeldspezifisch gemessen wird. Aufgrund des großen Konstruktionsaufwands biographischer Fragebogen werden in der Praxis häufig nur einzelne biographische Fragen gestellt (z.B. als Teil des multimodalen Interviews, s.u.).

Psychologische Testverfahren

Inhalte. Psychologische Testverfahren werden in der Praxis sehr oft eingesetzt. Dies hat unterschiedliche Gründe: Sie liegen als standardisierte Papier-und-Bleistifttests vor, die jedoch auch auf Computer übertragen werden können (s.u.). Wie man diese Tests einsetzt und auswertet, ist genau vorgegeben. Große Leistungsunterschiede von Bewerbern kann man mit dem jeweils gleichen entsprechenden Test abbilden (z.B. Intelligenzunterschiede mittels allgemeiner Intelligenztests). Dadurch sind diese Verfahren sehr ökonomisch, vor allem dann, wenn keine objektiven Datenquellen zur Verfügung stehen, aber eine große Bewerberzahl hinsichtlich ihrer Fähigkeiten getestet werden soll.

Einige Tests basieren auf der Annahme, dass Leistungsunterschiede zwischen Stelleninhabern vorrangig auf zeitlich stabile Persönlichkeitsmerkmale zurückgehen (z.B. Intelligenz- und spezielle Begabungstests). Bei anderen Tests werden hingegen Merkmale erfasst, bei denen Leistungsunterschiede stärker auf variable und damit trainierbare Fähigkeiten zurückgeführt werden (z.B. Geschicklichkeitstests), die man ebenfalls durch den Einsatz standardisierter Testverfahren messbar machen kann. Klassifikation psychologischer Testverfahren (nach Lienert & Raatz, zit. in von Rosenstiel, 2003):

▶ Intelligenztests (allgemeine Intelligenztests; spezielle Intelligenz- und Begabungstests)
▶ Leistungs- und Funktionstests (motorische Leistungstests, z.B. Geschicklichkeit; sensorische Leistungstests, z.B. Hörfähigkeit; psychische Leistungstests, z.B. Konzentrationsfähigkeit)
▶ Tests zur Erfassung weiterer Persönlichkeitsmerkmale (Eigenschaftstests; Charakter- und Typentests; Interessenstests; Einstellungstests; Integritätstests).

Validität. Über die prognostische Validität psychologischer Testverfahren lässt sich keine allgemeine Aussage treffen. Sie hängt von den Kriterien ab, die durch den Test gemessen werden, und von der jeweiligen Berufsgruppe, bei der der Test eingesetzt wird (Schuler & Funke, 2004). Der Einsatz psychologischer Testverfahren ist → effizient und zumeist kostengünstig. Dies führt oftmals zu leichtfertigem Einsatz. Wohldosiert eingesetzt können psychologische Testverfahren aber eine wichtige ergänzende Datenquelle sein.

Die Durchführung standardisierter psychologischer Tests gilt als klassische psychologische Strategie der Eignungsdiagnostik. Ihr breiter Einsatz geht auch auf ihre hohe Ökonomie zurück. Gleichwohl sollte genau ausgewählt werden, welche Tests aufgrund welcher Argumente bei welcher Bewerbergruppe eingesetzt werden. Denn nur dann können sie valide Prädiktoren für spätere Arbeitsleistungen sein.

Computergestützte Eignungsdiagnostik

Inhalte. Bei der computergestützten Eignungsdiagnostik (CED) werden Personalcomputer (PC) als diagnostisches Instrument eingesetzt. In der Praxis gibt es vor allem drei Anwendungsfelder:

(1) Übertragung psychologischer Tests auf den Computer (s.o.)

(2) adaptives Testen: Primär wird die Itemauswahl optimiert, so dass die Probanden nur die für sie angemessenen Items erhalten, die also weder zu einfach noch zu schwierig sind

(3) computergestützte Versionen von Simulationsaufgaben oder Arbeitsproben: In der Praxis ist hier z.B. der computergestützte „Inbasket-Test" des Assessment-Centers verbreitet (s.u.).

Die Ergebnisse der CED werden durch Unterschiede in individuellen Computererfahrungen verzerrt: Wer viel Erfahrungen mit dem PC hat, wird sich leichter zurechtfinden (z.B. mit den Menütechniken) und seine Antworten schneller eingeben können. Daher sind Computererfahrungen als Störvariable zu kontrollieren. Geschieht dies, so können folgende wesentlichen Vorteile der CED genutzt werden (vgl. Schuler & Funke, 2004):

- Rationalisierungsgewinne bei Durchführung und Auswertung
- vollständige Standardisierung des Testverfahrens
- Erhebung von Zusatzdaten, etwa Latenzzeiten
- verringertes → Impression Management, da die Interaktion mit dem Computer stattfindet
- eine z.T. höhere → Akzeptanz als bei der Papierversion der Tests.

Validität. Die Validität variiert je nach Anwendungsfeld: Werden psychologische Tests auf den Computer übertragen, so entspricht die Validität weitgehend der Papier- und Bleistiftvariante (s.o. „psychologische Testverfahren"). Die Validität dieser Tests steigt an, wenn die Itemauswahl beim adaptiven Testen optimiert wird. Computergestützte Simulationsaufgaben und Arbeitsproben sind ähnlich valide wie ihre Ursprungsvarianten ohne Computereinsatz (s.u. „Assessment-Center").

> **!** Bei größeren Unternehmen ist die CED bereits weit verbreitet, da sie ökonomischer ist als traditionelle Papier-und-Bleistifttests, adaptives Testen erleichtert und sich zusätzliche Daten erfassen lassen. Allerdings sind individuelle PC-Erfahrungen der Bewerber eine einflussreiche Störvariable, die zu kontrollieren ist, indem die Bewerber nach ihren PC-Erfahrungen im Beruf, aber auch nach der Nutzung von PCs in ihrer Freizeit befragt werden.

Einstellungsinterviews

Inhalte. Neben Bewerbungsunterlagen sind Einstellungsinterviews die häufigste Auswahlstrategie. Einstellungsinterviews umfassen unterschiedliche Formen – von der freien Gesprächsführung über teilstrukturierte bis hin zu vollstrukturierten Interviews. Sie dienen unterschiedlichen Zwecken:

- der Erfolgsprognose
- dem Informationsaustausch zwischen Arbeitgeber und -nehmer
- dem Abgleich von Interessen und Vorstellungen über die zukünftige Arbeitsstelle des möglichen Stelleninhabers mit den tatsächlichen Tätigkeiten und Erwartungen des Arbeitgebers
- einem persönlichen Kennenlernen von Bewerber und Arbeitgeber bei externer Bewerbung.

Validität. Für konventionell geführte Einstellungsinterviews zeigen sich geringe Validitätsleistungen. Spätere Leistungen eines Mitarbeiters lassen sich dadurch kaum vorhersagen. Bei strukturierten Interviews schnellt die prognostische Validität auf Werte um r = .30 bis r = .40 an (Schuler & Funke, 2004).

Geringe prognostische Validität konventionell geführter Einstellungsinterviews. Frei geführte Interviews haben trotz ihrer hohen Verbreitung eine geringe prognostische Validität. Die Ursachen sind vielfältig (Schäfer, 1997). Zunächst ist an Schwächen in der Strukturierung des Interviews durch den Interviewer zu denken: Die Interviewfragen haben wenig Bezug zur Arbeitstätigkeit. In der Praxis beanspruchen die Interviewer selbst den größten Teil der Gesprächszeit (bis zu 80 %). Sie bereiten sich zudem oftmals nur unzureichend auf die Interviews vor und stellen Fragen, die formal durch andere Quellen geklärt werden könnten (z.B. durch eine gründliche Studie der Bewerbungsunterlagen). Schließlich sind die Interviews zu kurz, so dass sich der Interviewer keinen profunden Eindruck bilden kann.

Darüber hinaus wirken Wahrnehmungsverzerrungen (Primacy-, Recency-Effekte etc.), Urteilsheuristiken und -fehler durch den Interviewer. Beispiele: Negative Informationen werden durch den Interviewer überbewertet. Oder frühere Gesprächseindrücke des Interviewers haben einen dominanten Einfluss (Primacy-Effekt). Die aufgenommenen Informationen werden vom Interviewer unzulänglich verarbeitet. Zudem wirken emotionale Einflüsse auf die Urteilsbildung (z.B. Ähnlichkeiten zwischen Interviewer und Bewerber, die unabhängig von objektiven Faktoren zu Sympathie führen können).

Verbesserungsmöglichkeiten. Aus den Schwächen leiten sich Verbesserungsmöglichkeiten des Einstellungsinterviews ab (Schäfer, 1997). Zunächst lässt sich die Struktur des Interviews durch den Interviewer verbessern: In der Tendenz ist es hilfreich, Interviews zu standardisieren. Dazu können in der Praxis z.B. standardisierte Fragen aus psychologischen Tests oder biographischen Fragebogen übernommen werden. Trotz Standardisierung sollte dem Bewerber freie Rede ermöglicht werden. Die Interviewerfähigkeiten können durch spezifische Trainings geschult werden. Dabei wird z.B. trainiert, dass der Interviewer anforderungsbezogene Fragen stellt. Die Fragen sollten ausschließlich jene Aspekte umfassen, die nicht durch andere Quellen gleichermaßen oder sogar zuverlässiger gesammelt werden können (z.B. Informationen über den beruflichen Werdegang, die sich aus dem Lebenslauf ablesen lassen). Dies setzt eine gute Vorbereitung voraus. In weiteren unabhängigen Gesprächen können zusätzliche Beurteiler mittels eines Gesprächsleitfadens die wichtigsten Informationen gegenchecken. Dadurch lassen sich → Interraterreliabilitäten bestimmen.

Eindrucksbildung überprüfen. Es ist wichtig, dass der Interviewer die Ebenen von Informationssammlung, Bewertung und Entscheidung trennt. Seine subjektive Eindrucksbildung sollte er anhand objektiver Daten oder spezifischer Nachfragen empirisch überprüfen. Er sollte sozialpsychologische Phänomene der Eindrucksbildung kennen (s.o.) und sensibel für eigene ungewollte Einflüsse auf seine Eindrucksbildung sein.

Traditionelle Einstellungsinterviews haben neben der diagnostischen Urteilsbildung verschiedene Funktionen. Diese können u.a. ihre breite Anwendung in der Praxis erklären. Sie sind jedoch wenig prognostisch valide. Dafür ist eine Reihe von Ursachen verantwortlich, die sich durch bessere Strukturierung der Interviews und gezielte Interviewertrainings zumindest teilweise beheben lassen.

Multimodales Interview

Inhalte. Das multimodale Interview nach Schuler (zit. in Schuler & Funke, 2004) ist aus den Schwächen konventionell geführter Einstellungsinterviews erwachsen. Es folgt einer festen Struktur mit folgenden sieben Schritten, die jedoch Gestaltungsspielraum für die jeweilige Situation lassen:

(1) Gesprächsbeginn: kurzer Gesprächseinstieg, Schaffung einer angenehmen und offenen Gesprächsatmosphäre (z.B. kurze Nachfrage über die Anreise), Information über den Verfahrensablauf, keine Beurteilungen durch den Interviewer

(2) kurze Selbstvorstellung des Bewerbers: persönlicher beruflicher Hintergrund des Bewerbers (z.B. „Können Sie kurz ein wenig über Ihren bisherigen beruflichen Werdegang erzählen?"); hier geht es um eine persönliche Eindrucksbildung, denn die Sachinformationen können den schriftlichen Unterlagen entnommen werden

(3) freies Gespräch: offene Fragen aufgrund der Bewerbungsunterlagen oder der Selbstvorstellung (z.B. „Was sind die Gründe, weshalb Sie von Firma X zu Firma Y gewechselt haben?"), anschließende summarische Eindrucksbildung durch den Interviewer

(4) biographiebezogene Fragen: anforderungsbezogen formuliert (z.B. „Bei der neuen Tätigkeit wird es längere Auslandsaufenthalte geben. Sie haben bisher noch nicht im Ausland gearbeitet. Was waren die Gründe dafür, dass Sie noch nicht länger im Ausland waren oder auch kein Auslandssemester oder Auslandspraktikum gemacht haben?")

(5) realistische Tätigkeitsinformationen: ausgewogene Informationsgabe über Arbeitsplatz und -geber

(6) situative Fragen: bezogen auf kritische arbeitsplatzspezifische Ereignisse (→ Critical incidence) (z.B. „Die Leistung einer Ihrer Mitarbeiter hat nachgelassen. Daher müssen Sie dem Mitarbeiter erklären, dass er eine geringere Gehaltserhöhung erhält als die meisten seiner Kollegen. Wie gehen Sie vor?")

(7) Gesprächsabschluss: Möglichkeit für offene Fragen, Gesprächszusammenfassung, weitere Vereinbarungen (z.B. über Zeitpunkt der Rückmeldung sowie etwaige weitere Gesprächstermine).

Validität. Das multimodale Interview hat weitaus höhere Validitätswerte als konventionell geführte Einstellungsinterviews. Der wesentliche Grund dafür ist, dass Informationsverarbeitungs- und Urteilsfehler des Interviewers reduziert werden.

! Das multimodale Interview nach Schuler berücksichtigt die meisten der Kritikpunkte an Einstellungsinterviews und hat entsprechend eine weitaus höhere prognostische Validität. Seine Durchführbarkeit hat sich in der Praxis bewährt.

Assessment-Center

Inhalte. Das Assessment-Center (AC) ist ein gruppenbasiertes und multimethodales Verfahren mit mehreren Bewerbern (etwa 8–12), mehreren Bewertern (Assessoren, etwa 4–6), mehreren Methoden und vielfältigen Bewertungskriterien. Es dauert in der Regel ein bis drei Tage. Einzelelemente eines typischen Assessment-Centers:

- Interviews
- Postkorbtests (ein „Inbasket"-Test mit führungsrelevanter Post)
- individuell auszuführende Arbeitsproben und Aufgabensimulationen (z.B. Organisations-, Planungs-, Entscheidungs-, Controlling- und Analyseaufgaben)
- führerlose Gruppendiskussionen mit und ohne Rollenvorgabe
- Gruppenaufgaben mit Wettbewerbs- oder Kooperationscharakter
- Kurzvorträge und Präsentationen
- Rollenspiele, z.B. Verkaufsgespräche
- verschiedene Tests und Fragebogen, z.B. Fähigkeits- und Leistungstests, Persönlichkeits- und Interessentests, biographische Fragebogen, projektive Verfahren (z.B. Satzergänzungstests)
- Selbstvorstellung.

Online-Assessment-Center. Online-Assessment-Center dienen in großen Unternehmen der Vorauswahl von Bewerbern. Diese können sich hier über das Internet bewerben und ein kurzes Assessment-Center durchlaufen, bei dem z.B. computergestützte Inbasket-Tests eingesetzt werden. In der Praxis schließen sich der Durchführung von Online-Assessment-Center mit den vorausgewählten Bewerbern klassische Auswahlverfahren an. Durch dieses stufenweise Vorgehen werden Kosten der Personalauswahl (Recruiting-Kosten) verringert.

Assessment-Center dienen neben der internen und externen Personalauswahl (vgl. Kap. 5.1) folgenden Zwecken: → Potentialbeurteilung (lange Zeit dominierte der Zweck der Führungskräfteselektion), Laufbahnentwicklung, Teamentwicklung (z.B. durch die Gruppenaufgaben), Ausbildungs- und Berufsberatung, berufliche Rehabilitation.

Validität. Die prognostische Validität von Assessment-Center ist mit etwa r = .40 relativ hoch. In einer Metastudie von Thornton, Gaugler, Rosenthal & Bentson (zit. in von Rosenstiel, 2003) gingen 50 Einzelstudien mit über 100 Validitätskoeffizienten ein. Die mittlere prognostische Validität liegt bei r = .37. Die Streuung reicht von r = −.25 bis r = +.78. Dies ist eine sehr breite Streuung. Ungewöhnlich ist zudem, dass die empirischen Korrelationen sogar bei manchen der Studien negativ sind.

Vorteile. Das Assessment-Center hat zweifelsfrei viele Vorteile (von Rosenstiel, 2003): Viele Elemente des Assessment-Centers haben eine hohe → Augenscheinvalididät. Aufgrund dieser, aber wohl auch aufgrund der großen Bekanntheit und Verbreitung von Assessment-Center, werden sie von Bewerbern meist gut akzeptiert. Dies steht in Einklang mit ihrer hohen → ökologischen Validität. Assessment-Center können breit eingesetzt werden. So dienen sie nicht nur der Personalauswahl, sondern z.B. auch der Personalentwicklung von Führungskräften (wozu es ursprünglich auch konzipiert war). Damit ist der Vorteil verbunden, dass Führungsfragen und zukünftige Strategien des Unternehmens reflektiert und Leitbilder künftiger Führung entwickelt werden. Als wichtiger Nebeneffekt werden höhere Linienvorgesetzte (vgl. das Einlinien- und Mehrliniensystem, Kap. 3.3.2) geschult, da diese meist als Assessoren eingesetzt werden.

Nachteile. Diesen Vorteilen stehen folgende Nachteile und Probleme entgegen (von Rosenstiel, 2003): Die Entwicklung und Durchführung von Assessment-Center ist sehr zeit- und arbeitsintensiv. Aufgrund der Vielfalt an Einzelelementen werden Informationen redundant erhoben (z.B. das Verhalten in Gruppen). Diese Einzelelemente relativieren zugleich die hohe prognostische Validität von Assessment-Center. Letztlich wird hier die Vorhersagekraft einer ganzen Testbatterie mit vielen Einzeltests mit der Validität der jeweiligen Einzeltests verglichen (z.B. mit einem einzigen Fragebogen, der beim Assessment-Center nur ein Fragebogen von vielen Testverfahren ist).

Problematische psychologische Effekte. Darüber hinaus gibt es einige problematische psychologische Effekte von Assessment-Center: Es wird ein → Impression Management gefördert (z.B. bei den Gruppenübungen). Da dies oftmals in einem männerdominierten Kontext stattfindet, bei der viele Assessoren ebenfalls männlich sind, können Frauen bei diesen Beurteilungen leicht benachteiligt werden – auch aufgrund der Wirksamkeit von Geschlechtsstereotypen (vgl. Neubauer, 1990, sowie Kap. 7.4). Es gibt zudem „überspezifische" Filtereffekte (z.B. bei geringer verbaler Kompetenz eines Bewerbers), die aber für die zukünftige Stelle z.B. eine untergeordnete Rolle spielen können. Schließlich reproduzieren sich das System und die bestehende Organisationskultur durch die Struktur und die internen Assessoren durch das Assessment-Center beständig selbst.

> ! Zeitaufwand und Kosten eines Assessment-Centers sind hoch. Eine ähnlich hohe prognostische Validität kann auch mit multimodalen Interviews erreicht werden. Daher sind sorgfältige Kosten-Nutzen-Abwägungen beim Einsatz der Verfahren anzustellen.

5.4 Reflexionen zur Personalauswahl

Personalauswahl gehört zum Kerngeschäft von Arbeits- und Organisationspsychologen und basiert theoretisch auf einer wissenschaftlichen Eignungsdiagnostik. Die mit einem wissenschaftlichen Vorgehen verbundenen Vorteile werden in der Praxis jedoch oftmals nicht genutzt. Stattdessen werden Personalentscheidungen häufig von Vertretern von Berufsgruppen getroffen, die keine einschlägige Diagnostikausbildung mitbringen und keine ausreichend validen Daten erheben. Im Einzelnen wird das eignungsdiagnostische Vorgehen in der Praxis bezüglich folgender Aspekte kritisch diskutiert (vgl. z.B. Schuler & Funke, 2004):

▶ unzulängliche Validität vieler Verfahren (s.o.)
▶ statische Diagnostik (mangelnde Berücksichtigung von Veränderungspotentialen, von sich ändernden Arbeitsbedingungen)
▶ Chancenungleichheit der Bewerber (z.B. unterschiedliche Förderungen oder berufliche Sozialisationen), keine kompensatorischen Entscheidungen
▶ Ausklammerung von Wertfragen (z.B. bezüglich Auswahlkriterien oder -fehlern)
▶ Abweichung vom idealtypischen Prozessverlauf, stattdessen oftmals intuitives Vorgehen in der Praxis (vgl. Kap. 5.2).

Gerechtigkeitskonflikte. Ein faires Verfahren der Personalauswahl kann einen Beitrag leisten, um → Verfahrensgerechtigkeit in Organisationen zu gewährleisten. Ein Verfahren, das deutlich von dem idealtypischen, systematischen Vorgehen abweicht, verursacht aufgrund von Fehlentscheidungen nicht nur hohe finanzielle Kosten. Es löst zudem auch Ungerechtigkeitserleben bei den Betroffenen aus (vor allem bei den fehlbeurteilten Bewerbern der „falsch Abgelehnten") und gefährdet das Image des Unternehmens.

Andere kritische Aspekte des eignungsdiagnostischen Vorgehens berühren Gerechtigkeitsfragen, wie Chancenungleichheit oder Ausklammerung von Wertfragen. Diese Fragen betreffen nicht nur das einzelne Unternehmen, das Entscheidungen über Bewerbungen fällt, sondern grundlegende gesellschaftspolitische Fragen des Umgangs mit dem Gut „Arbeit".

> Gerechtigkeit ist ein menschliches und gesellschaftliches Grundbedürfnis. Sein Übergehen führt letztlich auch in einem Unternehmen zu sozialem Unfrieden und Imageverlust. Daher sollten Gerechtigkeitsfragen überdacht und ein möglichst gerechtes Auswahlverfahren durchgeführt werden.

Personalauswahl-Verfahren sind in der Praxis zu optimieren: (1) Sie sollten einem systematischen Vorgehen folgen, bei dem intuitive Entscheidungen systematische Datenauswertung immer nur ergänzen, nicht aber ersetzen. (2) Der Schritt von der Eignungsdiagnose zur Personalentscheidung sollte bewusst gegangen werden. (3) Auswahlverfahren mit geringen Validitäten (z.B. unstrukturierte Bewerbungsinterviews) sind durch validere Alternativen zu ersetzen (z.B. das multimodale Interview). (4) Fehlentscheidungen haben hohe Opportunitätskosten. Primäres Ziel sollte sein, Fehlentscheidungen zu vermeiden (z.B. durch Einsatz valider Verfahren). Durch Follow-up-Erhebungen sollten Entscheidungen auch langfristig evaluiert werden. Mittels solcher langfristigen Beurteilungen lässt sich überprüfen, ob angenommene Bewerber das Stellenprofil in der Berufspraxis erwartungsgemäß erfüllen bzw. ob abgelehnte Bewerber sich als ebenfalls geeignet erwiesen hätten (z.B. aufgrund von Berufserfolg in einem Konkurrenzunternehmen). (5) Ein valides Auswahlverfahren trägt zur → Verfahrensgerechtigkeit bei. Darüber sollten Arbeits- und Organisationspsychologen Entscheidungsträger aufklären.

Neue psychologische Inhalte von Bewerbertrainings. Bewerbertrainings sollten nicht nur darauf ausgerichtet werden, eigene Leistungen optimal zu präsentieren, sondern auch Gerechtigkeitsfragen ansprechen und Copingstrategien vermitteln – die Personen sollten lernen, mit Misserfolg umzugehen, die Rolle des passiven Opfers abzulegen und die Rolle des aktiv Gestaltenden der eigenen beruflichen Situation zu übernehmen. Vieles ist trainierbar, z.B. sicheres Auftreten oder eine überzeugende Präsentation bisheriger Leistungen. Doch da die Entscheidungen niemals vollständig valide, sondern immer fehlerbehaftet sein werden, bleibt eine Wahrscheinlichkeit, trotz hoher Leistungen und Leistungsfähigkeit abgelehnt zu werden. Dann helfen neben einer kühlen Analyse der Situation selbstwertdienliche Attributionsstile und die Fähigkeit, eigene Emotionen zu steuern, um mit Enttäuschungen und Gefühlen der ungerechten Behandlung umzugehen.

5.5 Kernpunkte und Übungsaufgaben

Kernpunkte

▶ Personalauswahl (PA) als Entscheidung über die Selektion von Mitarbeitern basiert auf einer wissenschaftlichen Eignungsdiagnostik. Eine treffsichere PA mit dem Ziel eines optimalen Person-Environmental-Fits gewinnt für Organisationen angesichts wirtschaftlicher Veränderungen und steigendem Konkurrenzkampf zunehmend an Bedeutung.

- PA wird daher in der Literatur zumeist aus Sicht der Organisation betrachtet: Wie ist es ihr möglich, aufgrund einer möglichst validen Eignungsdiagnostik optimale PA-Entscheidungen zu fällen? Doch sollte dabei die Perspektive des Bewerbers nicht übersehen werden. Denn einerseits ist das Feld der Personalwerbung bei der Gewinnung hoch qualifizierter oder besonders spezialisierter Mitarbeiter von großer Bedeutung. Andererseits trägt die Eindrucksbildung von Mitarbeitern, die diese aufgrund von PA-Verfahren über die Organisation gewonnen haben, auch zum Image der Organisation bei.
- Bei der PA gibt es ein idealtypisches Vorgehen, von dem die Praxis oftmals abweicht (z.B. liegt der PA keine ausreichende Arbeitsanalyse zu Grunde, es wird eine unreliable Eignungsdiagnostik eingesetzt, die Entscheidung über die PA wird nicht ausreichend evaluiert). Dabei könnten diese Fallstricke vermieden werden, da die PA ein empirisch besonders gut untersuchtes Anwendungsfeld der Organisationspsychologie ist.
- Es gibt eine Vielzahl von Auswahlstrategien. Allerdings sind von diesen nur wenige valide. Zu den besonders validen Verfahren gehören das multimodale Interview nach Schuler sowie das Assessment-Center. Die Entscheidung für die Anwendung einer Auswahlstrategie ist im Einzelfall auf der Basis von Kosten-Nutzen-Analysen zu fällen (z.B. ist die Durchführung eines Assessment-Centers zeit- und kostenintensiv).
- Aufgaben von Arbeits- und Organisationspsychologen resultieren daraus, dass sie PA-Verfahren mehr und mehr dem idealtypischen Vorgehen annähern und vor allem eine valide Eignungsdiagnostik durchführen sollten. Dadurch wird auch ein Beitrag geleistet, Verfahrensgerechtigkeit in Organisationen zu realisieren. Fragen der Gerechtigkeit könnten auch innerhalb von Organisationen sowie mit Bewerbern (z.B. im Rahmen von Bewerbertrainings) diskutiert werden.

Übungsaufgaben

- Sie tragen Verantwortung für die Besetzung einer Mitarbeiterstelle in einem Forschungsprojekt. Wie gehen Sie bei Ihrer Entscheidung idealtypisch vor? An welchen Stellen wären Sie aufgrund welcher Argumente bereit, vom idealtypischen Vorgehen abzurücken?
- Wie würden Sie ein Seminar gestalten, das auf die Situation vorbereitet, fälschlicherweise in PA-Situationen abgelehnt zu werden?
- Entwerfen Sie weitere Aufgaben für Organisationspsychologinnen und -psychologen im Kontext der PA.

Weiterführende Literatur

Schwerpunkt Praxis: Schäfer (1997).
Schwerpunkt Forschung: Schuler (2000); Schuler & Funke (2004).

6 Personalentwicklung

Was Sie in diesem Kapitel erwartet

Personalentwicklung (PE) ist ein wesentliches Praxis- und Forschungsfeld der Organisationspsychologie: Leistungsunterschiede zwischen Unternehmen werden zunehmend von Personalfragen und nicht auf Soft- oder Hardwareebene entschieden. Erfolg ist abhängig von der richtigen Auswahl, dem Einsatz, der Entwicklung und Entlohnung der Mitarbeiter („von der Personalverwaltung zum Human Resource Management", Staehle et al., 1999). Daher gewinnt die Personalentwicklung an Bedeutung (vgl. zum Überblick Schuler,

2001). Gleichwohl herrscht Unklarheit darüber, was Personalentwicklung bedeutet und welche Interventionsformen sie umfasst. Das folgende Kapitel wird darüber Klarheit geben. Es wird die Bedeutung von Personalentwicklung in der Praxis und in der Forschung aufzeigen. Darüber hinaus werden die Mitarbeiterbeurteilung und das Mitarbeitergespräch sowie Maßnahmen der Aus-, Fort- und Weiterbildung als wichtige Beispiele für PE-Maßnahmen besprochen.

6.1 Definition und Abgrenzung zu OE-Maßnahmen

Es gibt verschiedene Begriffsumfänge von Personalentwicklung (vgl. Abb. 6.1). In engster Definition ist Personalentwicklung auf Bildung beschränkt: Berufsausbildung, Weiterbildung, Führungsbildung, Anlernung, Umschulung etc. Im erweiterten Sinne umfasst Personalentwicklung zudem Förderung: Auswahl und Einarbeitung, Arbeitsplatzwechsel, Nachfolge- und Karriereplanung, Auslandseinsatz, Coaching, Leistungsbeurteilung, Führen durch Zielvereinbarung ($\rightarrow$ Management by Objective), strukturierte Mitarbeitergespräche etc. Im weitesten Sinne schließt Personalentwicklung auch Organisationsentwicklung (OE) ein – mit Elementen wie Teamentwicklung, Gruppenarbeit, Projektarbeit (vgl. Kap. 4). Dies ist aber aufgrund des weiten Begriffsumfangs von OE nicht sinnvoll.

Abbildung 6.1. Definitorische Fassungen von Personalentwicklung (nach Becker & Schwarz, 2002)

> Konsens aller Definitionen ist, dass Personalentwicklung darauf abzielt, die Leistung der Mitarbeiterinnen und Mitarbeiter und deren Zusammenarbeit zu verbessern.

Hier wird Personalentwicklung im erweiterten Sinne verstanden und umfasst somit den klassischen Bereich der Aus-, Fort- und Weiterbildung sowie die Mitarbeiterförderung (vgl. zum Überblick Schuler, 2001). Personalentwicklung ist wichtigster Teil des Human Resource Managements (HRM) – ein Begriff aus den Wirtschaftswissenschaften, der meist sehr breit verwendet wird und alle Entscheidungen im Umgang mit der „Humanressource" Mitarbeiter meint: z.B. Anwerbung, Auswahl, Bindung an die Organisation, aber auch die Nutzung menschlicher Ressourcen, um sowohl individuelle als auch organisationale Ziele zu erreichen (vgl. Nork, 1989; Abb. 6.2). Hierzu gehört auch der internationale Einsatz von Personal (vgl. Kühlmann & Stahl, 2001). Die Bedeutung eines guten HRM zeigen Jonas und Kollegen exemplarisch am Beispiel der Automobilindustrie (Jonas, Keilhofer & Schaller, 2005).

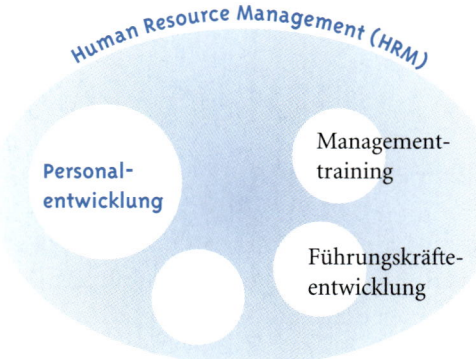

Abbildung 6.2. Personalentwicklung als wichtigster Bereich des Human Resource Managements – es gibt zu ihm mittlerweile wirtschaftswissenschaftliche Studiengänge, z.B. „HRM und Consulting". Während sich das HRM an die gesamte Mitgliedschaft des Unternehmens richtet, sind Managementtrainings oder Führungskräfteentwicklungen (Management Development) speziell auf die Förderung von oder zu Führungskräften ausgerichtet (der untere leere Kreis bedeutet, dass es noch mehr Themen als die genannten gibt)

Verschränkung von PE- und OE-Maßnahmen. Die Verschränkungen von PE- und OE-Maßnahmen zeigen sich bei jeder substantiellen Veränderung, die auf grundlegende Entwicklung angelegt ist. *Beispiel 1:* In einem Unternehmen werden Elemente des → Lean Managements eingeführt. Dies beinhaltet u.a. Abflachung von Hierarchien. Dadurch werden Entscheidungsprozesse beschleunigt und unnötige Abstimmungswege vermieden. Durch die flacheren Hierarchien, veränderten Leitungsspannen und damit einhergehenden größeren Entscheidungs- und Interaktionsspielräume sind bestimmte Prozesse in Teamarbeit zu organisieren. Mit der neuen Struktur verändern sich daher die Anforderungen der Mitarbeiter ebenfalls. Sie müssen im Rahmen von PE-Maßnahmen vermutlich neue Kompetenzen erwerben, z.B. neue Handlungs- und Entscheidungskompetenzen, verbesserte Konfliktlösestrategien, erhöhte Ambiguitätstoleranz als Fähigkeit, um mit mehrdeutigen Situationen und damit einhergehender Unsicherheit umgehen zu können, die mit geringerer personaler Kontrolle einhergeht. *Beispiel 2:* Als Teil einer PE-Maßnahme werden neue Kommunikationskompetenzen vermittelt. Damit diese Maßnahme Früchte tragen kann, ist ebenso die Organisationskultur zu verändern. Wurden z.B. offenere Kommunikationsmuster vermittelt, so müssen diese auch auf Führungsebene akzeptiert werden – erst dann kann z.B. ein wechselseitiges Feedback langsam zur Organisationskultur werden.

Abgrenzung von PE und OE. Die Abgrenzung von Personal- und Organisationsentwicklung ist strittig (vgl. Abb. 6.1), und dennoch lassen sich Unterschiede ausmachen. OE-Maßnahmen setzen auf einer höheren Ebene (Systemebene) als PE-Maßnahmen an. Als Detailunterschiede lassen sich ausmachen (vgl. Weinert, 2004):

▶ Initiative und Verantwortung liegen bei OE-Maßnahmen primär bei Führungskräften der Organisationseinheiten. Gleichwohl können die Maßnahmen bei der Bottom-up-Strategie auch an der Basis erarbeitet werden (vgl. Kap. 4.3.4). PE-Maßnahmen (z.B. eine externe Schulung) können hingegen auch durch Mitarbeiter initiiert und extern verantwortet sein (z.B. durch einen eingekauften Trainer).

▶ OE-Maßnahmen sind Teil eines fortlaufenden, regelmäßigen und kontinuierlichen Prozesses. Im Gegensatz dazu können PE-Maßnahmen auch punktuelle Einzelveranstaltungen oder kurze, befristete Lernprozesse umfassen.

▶ OE-Maßnahmen finden primär in der Organisation selbst statt und betreffen nur organisatorische Einheiten. PE-Maßnahmen können an verschiedenen Orten stattfinden (Training on, near, off the Job), und an ihnen können beispielsweise nur wenige ausgewählte Mitarbeiter teilnehmen.

6.2 Ziele und Ursachen der Personalentwicklung

Ziele. Eine anwendungsorientierte Personalentwicklung gibt Antworten auf folgende Fragen (vgl. Becker & Schwarz, 2002) – die Fragen zielen auf die Beschreibung, Erklärung, Gestaltung, Prognose und Evaluation von Personalentwicklung und PE-Maßnahmen ab: Wie lässt sich die Personalentwicklung in der Praxis beschreiben? Warum existiert in der Praxis ein bestimmter PE-Zustand? Welche verursachenden, aufrechterhaltenden und stabilisierenden Bedingungen lassen sich ausmachen? Wie lässt sich ein angestrebter PE-Zustand erreichen? Welcher PE-Zustand lässt sich bei Eintritt bestimmter Bedingungen prognostizieren? Wie lassen sich PE-Maßnahmen in der Praxis evaluieren?

Gründe für PE-Maßnahmen aus Mitarbeitersicht (Becker & Schwarz, 2002)

▶ Verbesserung der Laufbahn- und Karrierevoraussetzungen

▶ Erweiterung vorhandenen Wissens und Fähigkeiten

▶ Nutzung der Möglichkeit zur systematischen beruflichen und persönlichen Weiterentwicklung

▶ Qualifizierung für neue, herausfordernde Aufgaben

▶ Möglichkeit, den Arbeitsprozess mitzugestalten

▶ Erhöhung der Flexibilität hinsichtlich der Übernahme neuer Funktionen

▶ Stabilisierung und Erhalt des individuellen Arbeitsplatzes

▶ Verbesserung der Sinngebung der eigenen Tätigkeit durch Einsicht in die organisationalen Strukturen

▶ Erhöhung der Arbeitszufriedenheit etc.

6.3 Strategien und Methoden

Welche Inhalte umfasst die Personalentwicklung (Kap. 6.3.1)? Wie verläuft ihre Umsetzung im idealtypischen Fall, und wie wird sie oftmals in der Praxis realisiert (Kap. 6.3.2)? Was ist das Carry-over-Problem, und wie kann man mit ihm umgehen (Kap. 6.3.3)? Diese und weitere Fragen werden im vorliegenden Unterkapitel beantwortet.

6.3.1 Inhalte der Personalentwicklung

Personalentwicklung umfasst folgende wesentliche Inhaltsbereiche: Sensumotorik, Kognitionen, Motivation, Werthaltung, Einstellung, soziale Interaktion und allgemeine Arbeitstechniken (Holling & Liepmann, 2004). Der Personalentwicklung steht dabei das gesamte pädagogische Methodenrepertoire zur Verfügung: traditionelle Unterrichtsformen, Gruppendiskussionen und -übungen, Einzel- oder Gruppenarbeit, computergestütztes Training, Rollenspiele, Fallstudien, Planspiele etc. (Holling & Liepmann, 2004; Sonntag, 1999).

6.3.2 Phasenmodelle und Praxisbeispiel

Idealtypischer Phasenverlauf von PE-Maßnahmen. In der Literatur werden unterschiedliche Phasen bei der Durchführung von PE-Maßnahmen unterschieden. Gleichwohl folgen diese jeweils dem systematischen Schema: von der Analyse über die Intervention zur Evaluation (vgl. z.B. Becker & Schwarz, 2002; Holling & Liepmann, 2004). Es lassen sich folgende Phasen unterscheiden:

(1) theoretisch begründete Ermittlung des PE-Bedarfs und Formulierung der Ziele
(2) Entscheidung über geeignete PE-Maßnahmen und Realisierung
(3) Evaluation der umgesetzten PE-Maßnahmen und Transfersicherung.

Diese drei Punkte sollen an einem Beispiel verdeutlicht werden: In einem Unternehmen existieren in einer Abteilung ernsthafte Kommunikationsstörungen auf horizontaler wie auf vertikaler Ebene (gleiche und unterschiedliche Hierarchieebene).

Bedarfsermittlung. Hier geht es um den Abgleich des Ist-Soll-Zustandes. Im besagten Unternehmen ließe sich fragen: Wie ist das Problem entstanden? Wer ist beteiligt? Wer hat welche Beeinträchtigungen, möglicherweise auch: Wer hat welche Gewinne? Von wem wird die Kommunikation als gestört erlebt? Wer erlebt Veränderungsbedarf? Inwiefern werden durch die Kommunikationsprobleme Leistungen und Arbeitsergebnisse beeinträchtigt? Wie sollte der Soll-Zustand konkret aussehen? Durch wen werden diese Fragen unter Berücksichtigung welcher Verfahrenskriterien geklärt (Einsatz der → Critical Incident Technique, Führung von Mitarbeitergesprächen, Interviews etc.)?

Wahl von PE-Maßnahmen. In einem nächsten Schritt wird gefragt, mittels welcher Maßnahmen sich der Soll-Zustand erreichen lässt. Zur Verfügung stehen alle Interventionsmöglichkeiten zur Verbesserung der Kommunikation: Teamentwicklungsmaßnahmen, Einzel- und Gruppencoaching, Mentoring, Gruppendiskussion, Kommunikations- und Konfliktlösetrainings. Dabei wird auf bestehende Programmpakete (z.B. Trainingseinheiten) zurückgegriffen, oder aber Maßnahmen werden neu entwickelt, die auf die spezifische Zielsetzung zugeschnitten sind.

Evaluation. Abschließend gilt es herauszufinden, inwieweit die Kommunikationsprobleme durch die gewählte Interventionsstrategie gemindert oder gelöst wurden. Werden die neu erlernten Kommunikationsstrategien auch umgesetzt und auf andere Kontexte übertragen? Wie ist die Gesamtbilanz zu der PE-Maßnahme (Kosten-Nutzen-Abwägungen)? Darüber hinaus lassen sich allgemeine Heuristiken der Problemlösung anwenden, wie die von Montada (1991). Diese folgt ebenfalls dem Schema von der Analyse bis zur Evaluation:

(1) Analyse des Problems mit dem Ziel seiner konzeptuellen Problemfassung
(2) Bedingungsanalyse des Problems: Der Ist-Zustand wird erklärt, und die aktuellen, aufrechterhaltenden, stabilisierenden sowie zurückliegenden Bedingungen werden analysiert
(3) Einschätzung der weiteren Entwicklung des Problems und der negativen Auswirkung: Man erstellt Prognosen und nutzt dabei Wissen über die Stabilität und Veränderung von Merkmalen
(4) Begründung von Interventionszielen: Mehrere Alternativen werden ermöglicht
(5) Interventionsentscheidungen: Man entscheidet sich auf der Basis systemischer Betrachtung für mögliche Ansätze, geeignete Zeitpunkte oder für Prävention vs. Korrektur
(6) Umsetzung und Evaluation der Interventionsformen: Diese geschieht i.S. der allgemeinen Indikationsfrage (bei welcher Person, mit welcher Problematik ist welche Interventionsmaßnahme mit welchen Beratern zu welcher Zielsetzung angemessen?).

Ein Beispiel. Der Vorgesetzte wendet sich mit dem Problem der mangelnden Motivation seiner Mitarbeiter an die Personalentwicklungsabteilung und bittet um Hilfe (vgl. Kap. 12.1 und 12.4). In Tabelle 6.1 sind Fragen aufgeführt, die auf den verschiedenen Ebenen der o.g. Analyse weiterführen.

> Der spezifische PE-Bedarf ist bezogen auf den jeweiligen Einzelfall zu ermitteln, die Situation ist genau zu analysieren. Erst dann kann eine Entscheidung über eine Maßnahme gefällt werden. Zudem sollte jede systematische PE-Maßnahme evaluiert werden. Der Transfer in die Alltagspraxis ist zu gewährleisten und ebenfalls empirisch zu überprüfen.

Gängige Praxis der Durchführung von PE-Maßnahmen. Im Alltag finden PE-Maßnahmen oftmals ungesteuert statt. Es werden weder eine systematische Bedarfsermittlung noch eine gründ-

Tabelle 6.1. Anwendung der Problemlöseheuristik von Montada (1991) – Beispiel: ein Vorgesetzter nimmt bei Mitarbeitern mangelnde Motivation wahr. Alle genannten Fragen sind als Hilfestellungen für den Vorgesetzten zu verstehen. Es ist hilfreich, wenn dieser zur Beantwortung der Fragen möglichst unterschiedliche Informationsquellen und Informanten heranzieht

Schritt	Leitfragen	Detailfragen
1. Problemanalyse	Wie ist der *Ist*-Zustand?	In welchen Situationen sind welche Personen nicht motiviert? An welchen Verhaltensweisen wird dies festgemacht? Für wen ist der Ist-Zustand warum veränderungswürdig? Gibt es Personengruppen, die die Mitarbeiter als ausreichend motiviert bewerten würden?
	Wie ist der *Soll*-Zustand?	Wer soll in welchem Maße motiviert sein? Wie ist dies messbar? Für wen wäre dieser neue Soll-Zustand ein Gewinn? Wer hätte dadurch evtl. auch Nachteile zu tragen?
	Welche *Barrieren* verhindern die Überführung des Ist-Zustandes in den Soll-Zustand?	Welche Diskrepanzen liegen vor? Liegen z.B. Diskrepanzen zwischen Zielen und Potentialen bzw. Ressourcen vor (z.B. der Wunsch nach hoher Motivation einerseits und Mangel an Zeit oder Fähigkeiten zu entsprechenden Gesprächen andererseits)?
2. Bedingungs-analyse	Was sind die aktuellen Bedingungen, die dazu führen, dass eine Diskrepanz zwischen geringer Motivation der Mitarbeiter und Anspruch der Führungskraft besteht?	Welche strukturellen Bedingungen sind relevant (z.B. schlechte Bezahlung oder schlechte Arbeitsbedingungen)? Welche personalen Bedingungen sind einzubeziehen (z.B. fehlendes Wissen der Führungskraft über psychologische Motivationsmöglichkeiten)? Was sind die aktuellen Bedingungen, die für die Aufrechterhaltung der Diskrepanz verantwortlich sind (liegen z.B. Teufelskreise vor, i.S. einer geringen Motivation, wenig Anerkennung, noch geringere Motivation, noch geringere Anerkennung)?
3. Entwicklungs-prognose	Wie wird sich das Problem ohne Eingreifen weiterentwickeln?	Wird sich das Problem vermutlich über die Zeit allein lösen (z.B. weil die Ursache der schlechten Bezahlung wegfallen wird)?
4. Begründung von Interventionszielen	Wie sind die Interventionsziele zu begründen?	Lässt sich der Königsweg der Zielbegründung durch die Problem- und Bedingungsanalyse beschreiten? Sind z.B. die verursachenden strukturellen oder personalen Bedingungen veränderbar? Mit welchen unerwünschten Nebeneffekten ist bei einer sehr hohen Motivationslage zu rechnen (z.B. Forderung nach mehr Einflussmöglichkeit)? Welche Machbarkeitsgründe stellen sich der Zielbegründung entgegen? Ist es realistisch, alle Mitarbeiter zu motivieren, oder wird dies wohl nur für eine (meinungsführende) Minderheit gehen?
5. Interventions-entscheidungen	Wann sollte interveniert werden?	Sollten z.B. an einem Führungskräftetraining nur diejenigen Führungskräfte, die bereits über Probleme mit mangelnder Motivation ihrer Mitarbeiter berichten, oder alle Führungskräfte teilnehmen?
	Wie sollte interveniert werden?	Reicht es aus, mit den Führungskräften zu arbeiten, oder sollte man auch die Mitarbeiter in Fortbildungen integrieren?
	Welche Methoden sind einzusetzen?	Wie lassen sich die Zwischenziele erreichen (z.B. Vermittlung von Wissen und Anwendungsmöglichkeiten von Feedback)? Reichen hier punktuelle Trainings oder Seminare aus, oder sind fortlaufende Supervisionen notwendig?
6. Interventions-formen und Evaluation	Wie soll interveniert werden?	Welche Inhalte sollte ein Führungskräftetraining oder ein Mitarbeitertraining umfassen? Welche theoretischen Elemente sind zu vermitteln? Welche praktischen Übungen sind einzusetzen (z.B. Rollenspiele, Planspiele, Fallbeispiele)?
	Wie ist die Wirksamkeit der Intervention nachzuweisen?	Ist z.B. neben einer summativen Evaluation auch eine Prozessevaluation durchzuführen?

liche Evaluation durchgeführt. Die Bewertung dieses Vorgehens hängt von den jeweiligen Rahmenbedingungen ab: Umfasst die PE-Maßnahme nur die Förderung von Hilfestellungen bei der Umstellung auf neue Computer-Programme, so mag ein situationsbezogenes spontanes Vorgehen im Alltag ausreichen. Betrifft die PE-Maßnahme jedoch weitreichende Entscheidungen (z.B. Einkauf externer Trainer), so sollten diese Entscheidungen Teil eines größeren Entwicklungsplans sein (z.B. OE-Prozess), bei dem optimalerweise einem idealtypischen Phasenverlauf gefolgt wird.

Rollenwandel der Personalentwickler. Ursprünglich übernahmen Personalentwickler selbst operative Aufgaben in der Umsetzung der PE-Maßnahmen. Mittlerweile übernehmen dies zunehmend die Vorgesetzten. Der Personalentwickler übernimmt daher primär Supervisions- und Unterstützungsaufgaben sowie die Planung von Rahmenbedingungen und die Festlegung von Zielsetzungen.

6.3.3 Das Carry-over-Problem

Distanzen. Ein Hindernis der Wirksamkeit von PE-Maßnahmen besteht darin, dass Erlerntes nur mangelhaft in die Praxis übertragen wird. Man unterscheidet (1) räumliche Distanz (die PE-Maßnahme, z.B. das Training, findet nicht direkt am Arbeitsplatz statt, sondern near oder off the Job), (2) zeitliche Distanz (zwischen Lernen und Umsetzung besteht eine Zeitlücke, in der Vergessenseffekte und Motivationsverluste stattfinden können), (3) inhaltliche Distanz (es besteht i.S. einer geringen → externen Validität keine ausreichende Entsprechung zwischen Übungssituation und realer Situation, z.B. unrealistische Rollenspiele, mangelnde Berücksichtigung der Rahmenbedingungen).

Transferbedingungen. Baldwin und Ford (zit. in Kokavecz & Holling, 1999) nennen drei Faktoren, die für den Transfer in die Praxis entscheidend sind:
(1) Teilnehmerbedingungen: Förderlich sind z.B. eine hohe Leistungsmotivation, interne Kontrollüberzeugung, Intelligenz, Jobinvolvement, Selbstwirksamkeitserwartung sowie Offenheit für Erfahrungen und Extraversion
(2) Elemente des Trainingsdesigns: Je ähnlicher Stimulus- und Responseelemente in Trainings- und Transferbedingungen sind, umso leichter verläuft der Transfer. Weitere hilfreiche Elemente: statt Vermittlung spezifischer Fertigkeiten allgemeine Prinzipien und Strategien, Stimulusvariabilität, Vielfalt der Übungsbedingungen (z.B. verschiedene Beispiele, verteiltes statt massiertes Lernen, Lernen an Beispielen unter verschiedenen Übungsbedingungen, Variation von Lehr- und Lernmethoden, Einsatz von Rollenspielen)
(3) Arbeitsumgebung und organisationale Bedingungen: Förderung der OE-Maßnahmen durch das höhere Management und ein unterstützendes Organisationsklima (Verstärkung durch Vorgesetzte, Gehaltserhöhungen, Beförderungen).

Maßnahmen zur Erleichterung des Transfers
▶ Realitätsnahe und anforderungsbezogene Konzeption der PE-Maßnahme unter Berücksichtigung der personalen und situationalen Rahmenbedingungen
▶ Verringerung der zeitlichen Distanz zwischen Lernen und Anwendung
▶ Begleitung der Übertragung des Erlernten on the Job
▶ Unterstützung der PE-Maßnahme und ihrer Anwendung durch Vorgesetzte und das höhere Management (u.U. Nutzung von Anreizsystemen).

6.4 Fort- und Weiterbildung als Kern von PE-Maßnahmen

Fort- und Weiterbildung stehen im Zentrum von PE-Maßnahmen (vgl. Abb. 6.1). Daher werden diese anhand von Leitfragen im Folgenden genauer betrachtet: Was bedeutet Fort- und Weiterbildung (Kap. 6.4.1)? Welcher Inhalte, Methoden und Verfahren bedient sie sich (Kap. 6.4.2)? Was sind die Chancen von Weiterbildungsmaßnahmen, und an welche Grenzen stoßen sie (Kap. 6.4.3)?

6.4.1 Definitionen

Fort- und Weiterbildung ist die Wiederaufnahme organisierten Lernens, nachdem die erste Bildungsphase abgeschlossen ist und zwischenzeitlich eine Berufstätigkeit aufgenommen wurde (vgl. Kokavecz & Holling, 1999).

Anbietervielfalt. Der Weiterbildungsmarkt ist durch eine Anbietervielfalt geprägt und unterliegt marktwirtschaftlichen Gesetzen. Etwa 44 % der Anbieter sind Privatwirtschaft und öffentlichem Dienst zuzuordnen. Die anderen Anbieter repräsentieren private, staatliche, kommunale und öffentlich-rechtliche Träger, wie z.B. Hochschulen oder Kammern (Kokavecz & Holling, 1999). PE-Maßnahmen sind Teil jener beruflichen Weiterbildungsmaßnahmen, die betrieblich veranlasst und finanziert sind: (1) Zunächst führt Ausbildung zu einem Basisberuf. (2) Weiterbildung baut auf diesem auf und führt zu einer Spezialisierung. (3) Fortbildung aktualisiert hingegen Kenntnisse im Basisberuf (von Rosenstiel, 2003). In der organisationalen Praxis lassen sich die drei Formen jedoch kaum voneinander unterscheiden, weshalb im Folgenden nur von „Weiterbildungsmaßnahmen" gesprochen wird.

6.4.2 Inhalte, Methoden und Verfahren

Inhalte und Methoden betrieblicher Weiterbildungsmaßnahmen sind sehr unterschiedlich. Es gibt formelle und informelle PE-Maßnahmen. Die *formellen* Maßnahmen sind intendiert und von Entscheidungsträgern in Organisationen bewusst eingeführte Maßnahmen. Ein Beispiel ist die → Potentialanalyse von Mitarbeitern durch Vorgesetzte (vgl. zum Überblick Schuler, 2004c). Die *informellen* Maßnahmen umfassen Lernen durch zufällige Gegebenheiten in der Arbeitsplatzsituation, beispielsweise wenn unerwartete Störungen auftreten und diese gemeinschaftlich oder durch eine Einzelperson konstruktiv bewältigt werden. Diese Form informellen Lernens ist so effizient, dass sie zum Teil systematisch geplant wird, beispielsweise durch Job-Rotation (vgl. von Rosenstiel, 2003).

→ **Potentialanalyse als Beispiel einer formellen PE-Maßnahme.** In einem mittelständischen Unternehmen wird das Potential eines leitenden Angestellten analysiert, Empfehlungen werden abgeleitet. Dazu liegen verschiedene → Kriteriumsvariablen fest, die in ihrer Bedeutung für die Gesamtpotentialanalyse gewichtet sind (z.B. Kooperationsfähigkeit als wichtiges Merkmal sozialer Kompetenz). Jedes Kriterium ist anhand konkreter Handlungsbeispiele und unter Angabe von Beobachtungssituationen und konkreten Messkriterien definiert. Der Ausprägungsgrad des jeweiligen Kriteriums für den Mitarbeiter wird intervallskaliert angegeben (1 = extrem unterdurchschnittlich ausgeprägt bis 6 = extrem überdurchschnittlich ausgeprägt). Aus

▶

dieser Einschätzung leiten sich Vorschläge für Qualifizierungsmaßnahmen zur Verbesserung mangelnder Kooperationsfähigkeit ab, etwa Trainingsangebote zu Kooperationstechniken, Konfliktlösung, Rhetorik und Körpersprache. In diesem Sinne ist Potentialanalyse angewandte Eignungsdiagnostik im Rahmen der Personalentwicklung.

Tabelle 6.2. Entwicklungsschritte eines PE-Programms (modifiziert nach von Rosenstiel, 2003) – Beispiel: Training zu Präsentations- und Moderationstechniken für die Mitarbeiter einer Vertriebsabteilung. Das analytische Vorgehen entspricht in der Grundstruktur der Problemlöseheuristik von Montada (vgl. Tab. 6.1)

Schritte	Leitfragen
Schritt 1: Analyse der Ausgangsbedingungen	Für welche Zielgruppe ist warum ein solches Training notwendig? Warum besteht ein Fortbildungsbedarf bei Präsentations- und Moderationstechniken? Inwiefern liegt dies an personalen Ursachen (z.B. mangelnde Sicherheit bei Kundenkontakt und Produktpräsentation) oder an strukturellen Bedingungen (z.B. mangelnde Vorbereitungszeit für externe Präsentationen)? Welche dieser Ursachen werden durch ein Training behoben?
Schritt 2: Festlegung der Lernziele	Welches Oberziel mit welchen Zwischenzielen umfasst das Training? Wo bestehen Mängel an theoretischen Kenntnissen (z.B. über neue Moderationstechniken, wie Power-Point-Präsentationen), wo Probleme bei der Anwendung?
Schritt 3: Überprüfung des Lernerfolgs	Mittels welcher Methoden (z.B. Wissenstests, Befragung) lässt sich überprüfen, ob sich das theoretische Wissen durch das Training verbessert hat? Wie lässt sich die praktische Umsetzung des Wissens evaluieren (z.B. höhere Umsatzzahlen, aber auch größere Sicherheit im Umgang mit den Techniken als Selbsteinschätzung)?
Schritt 4: Entwicklung eines Lernprogramms	Mittels welcher Trainingsbausteine lassen sich die verschiedenen Zwischenziele erreichen? Welche theoretischen Abschnitte der Wissensvermittlung und welche aktiven Elemente (z.B. Übungen) sollte das Training in welcher Reihenfolge umfassen?
Schritt 5: Durchführung des Lernprogramms	Wer soll das Training im welchem Kontext durchführen (in, near oder off the Job)? Welcher Zeitrahmen ist anzusetzen?
Schritt 6: Transfersicherung	Wie werden die Umsetzung und Beibehaltung des Gelernten in der Praxis gewährleistet? Stehen die Trainer auch nach Abschluss des Trainings für Hilfestellungen zur Verfügung?
Schritt 7: Evaluation des Lernerfolgs	Entspricht die Evaluation des Lernerfolgs methodischen Standards (z.B. Einschluss von Experimental- und Kontrollgruppe, multimodale Erhebung der Variablen, Follow-up-Erhebung)?

Die vielfältigen PE-Maßnahmen können nach unterschiedlichen Kriterien geordnet und voneinander unterschieden werden. Wesentliche Unterscheidungsmerkmale sind dabei folgende (vgl. von Rosenstiel, 2003):

▶ inhaltsorientierte, prozessorientierte und vermischte Techniken
▶ Unterscheidungen der Maßnahmen nach Zweck, Zielen, Ausbildungsort, Merkmalen des Auszubildenden und Ausbildungsmethoden

▶ unterschiedliche Lehr- und Lernverfahren: darbietende Lehrverfahren (z.B. Vortrag, medienunterstützte Informationsvermittlung), Gesprächsverfahren (z.B. Lehrgespräch, Diskussion, Kleingruppenarbeit), aktivierende Verfahren (z.B. Gruppen- und Partnerarbeit, Fallstudien, Projektmethoden, Übungen).

Es lassen sich folgende Schritte zur Entwicklung eines PE-Programms am Beispiel eines Lernprogramms benennen (modifiziert nach von Rosenstiel, 2003): (1) Analyse der Ausgangsbedingungen, (2) Festlegung der Lernziele, (3) Ableitung von Kriterien zur Überprüfung des Lernerfolgs, (4) Entwicklung eines Lernprogramms, das zeitlich, inhaltlich und methodisch auf die Lernziele abgestimmt ist, (5) Durchführung des Lernprogramms, (6) Transfersicherung, (7) Evaluation des Lernerfolgs.

Wie diese Einzelschritte in der Praxis exemplarisch aussehen könnten, zeigt Tabelle 6.2. Es soll ein Training zu Präsentations- und Moderationstechniken für die Mitarbeiter einer Vertriebsabteilung entwickelt werden.

6.4.3 Potentiale und Grenzen von Weiterbildungsmaßnahmen

Potentiale. Lebenslanges Lernen steht im Zentrum des Konzepts von Weiterbildungsmaßnahmen in Organisationen. Der Lernprozess wird dabei als interaktiver Prozess verstanden, denn Lernende haben für die Planung und Durchführung der Weiterbildungsveranstaltungen zahlreiche Funktionen. Der Lehr- und Führungsstil sollte daher auch bei innerbetrieblichen Maßnahmen flexibel sein. Die Evaluation (nicht nur summativ, sondern auch prozessorientiert) der Weiterbildungsveranstaltung ist somit in fast allen größeren Unternehmen ein fester Bestandteil der Fortbildung. All dies dient dazu, Angebot und Nachfrage einander anzupassen und die intrinsische Motivation der Veranstaltungsteilnehmer zu fördern.

Die Gedächtnis-, Motivations- und Lernpsychologie erklärt umfassend, welche Maßnahmen in ihrem Lernerfolg wirksam sind. Es wurden zahlreiche Bedingungsfaktoren in ihrer Wirksamkeit für den Erfolg von Lehren und Lernen untersucht, z.B. Fachwissen und Motivation des Lehrenden, didaktische Konzepte, Führungsverhalten und Führungsstil, Teamverhalten, Motivation des Lernenden, Persönlichkeitsvariablen aller Beteiligten, Lernklima, äußere Bedingungen (z.B. Räumlichkeiten, Arbeitsmaterialien, Arbeitszeiten, Gruppengröße). Aus der Pädagogischen Psychologie lassen sich zahlreiche Erkenntnisse für die Umsetzung dieses Grundlagenwissens in die Praxis gewinnen.

Grenzen. Es klafft eine Lücke zwischen den theoretischen Forderungen und wissenschaftlichen Erkenntnissen auf der einen Seite und der organisationalen Praxis der Weiterbildungsmaßnahmen andererseits. Trotz gesetzlicher und tarifvertraglicher Regelungen lässt sich diese Lücke (vor allem mangelnde Qualitätssicherung) in der Praxis nicht immer schließen. Zwei exemplarische Kritikpunkte:

(1) Weiterbildungsmaßnahmen sind nicht für alle Mitarbeiter gleichermaßen zugänglich. Trotz der populären Forderung nach lebenslangem Lernen ist z.B. höheres Alter eine Weiterbildungsbarriere: Ab dem 40. Lebensjahr nimmt das Weiterbildungsbedürfnis kontinuierlich ab. In den neuen Bundesländern setzt diese Entwicklung etwa zehn Jahre später ein (Kokavecz & Holling, 1999).

(2) Der Lerntransfer ist oftmals gering (vgl. Kap. 6.3.3).

6.5 Das strukturierte Mitarbeitergespräch als exemplarische PE-Maßnahme

Das strukturierte Mitarbeitergespräch wird im Folgenden als wichtige und in großen Unternehmen weit verbreitete PE-Maßnahme exemplarisch herausgegriffen. Welche Ziele und Inhalte verfolgt das strukturierte Mitarbeitergespräch (Kap. 6.5.1)? Wie sollten Zielvereinbarungen gestaltet sein, damit sie leistungsförderlich sind (Kap. 6.5.2)? Wie sollte ein Feedback als Kernelement strukturierter Mitarbeitergespräche idealerweise gegeben werden (Kap. 6.5.3)? Und welche Potentiale und Stolpersteine sind mit dieser Gesprächsform verbunden (Kap. 6.5.4)?

6.5.1 Ziele und Inhalte

Verbreitung. Mitarbeiterbeurteilung und das strukturierte Mitarbeitergespräch dienen der Mitarbeiterförderung und zählen damit zur Personalentwicklung im erweiterten Sinne (vgl. Abb. 6.1). Laut einer Studie von Bungard und Mitarbeitern setzen 93 % der 100 größten deutschen Unternehmen das Mitarbeitergespräch als systematische Feedback-Methode ein (Kapital 2. 9. 2004). Diese breite Anwendung des Instruments zeigt seine hohe Bedeutung in der Praxis.

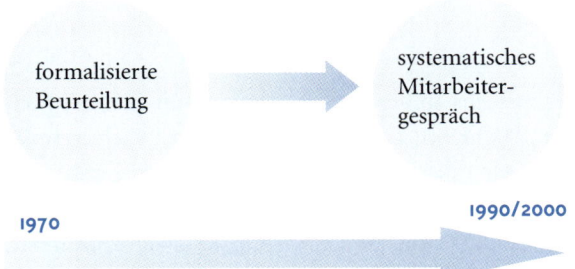

Abbildung 6.3. Von der formalisierten Beurteilung zum Mitarbeitergespräch. Die formalisierten Beurteilungssysteme dienten unterschiedlichen Zwecken, z.B. zielgerichtete Personalentwicklung, optimaler Einsatz von Weiterbildungen, Optimierung des Einsatzes der Mitarbeiter, Klärung von Eignungsfragen, Hilfen zur Mitarbeiterführung oder leistungsbezogene Entgeltfestlegung. Sie bewährten sich nicht in der Praxis, so dass sich das systematische Mitarbeitergespräch als Alternative herausbildete

Von der formalisierten Beurteilung zum Mitarbeitergespräch. Zu Beginn der 1970er Jahre fanden in Deutschland Bemühungen ihren Höhepunkt, systematische Instrumente zur Mitarbeiterbeurteilung zu entwickeln und einzusetzen (Leonhardt, 1991). Fast jedes größere Unternehmen hatte dazu ein eigenes Beurteilungssystem entwickelt. Im Zentrum stand die Frage nach seinen Gütekriterien, da vor allem die → Validität oftmals gering war. Es zeigten sich weitere Schwierigkeiten in der Praxis, wie mangelnde Berücksichtigung von Rahmenbedingungen, Behinderung von Offenheit, mündliche Mitteilung wichtiger Informationen. All dies führte oftmals zu einem „strategischen" Einsatz der Instrumente, indem die eigentliche Beurteilung unstandardisiert stattfand und die Instrumente beispielsweise zu einem Zeitpunkt eingesetzt wurden, der für Fragen der Personalpolitik unerheblich war. Daher wurde nach Alternativen gesucht. Das systematische Mitarbeitergespräch nutzt ebenfalls die Vorteile des Feedback. Es vermeidet jedoch die Nachteile der schriftlichen Bewertung, weshalb es als Alternative zunehmend Verbreitung fand und seit den 1990er Jahren bis heute zum Standard gehört (vgl. Abb. 6.3).

Im Zentrum des Mitarbeitergesprächs stehen Zielvereinbarungen und Feedback. Beide haben wesentliche Funktionen für die Mitarbeitermotivation (vgl. Kap. 12.1: Zielsetzungstheorie von Locke, Job-Characteristics-Modell von Hackman und Oldham). Es dient der Förderung eines kooperativen Klimas. Aus Sicht der Organisation bietet es eine wichtige Informationsgrundlage für zukünftige Personalplanungen und -entscheidungen.

6.5.2 Zielvereinbarungen

Im Zentrum des strukturierten Mitarbeitergesprächs stehen die Festlegung von Zielvereinbarungen und die Analyse von Zielerreichungen. Dies kann Teil der Führung durch Zielvereinbarungen sein (→ Management by Objectives). Ziele müssen im Zuständigkeits- und Einflussbereich des Mitarbeiters liegen. Sie machen Aussagen über den Zielzustand, nicht über die Wege der Zielerreichung. Zielformulierungen sollten sein: (1) klar und eindeutig, (2) nachvollziehbar, (3) ergebnisorientiert, (4) messbar, (5) herausfordernd, aber erreichbar (Methode der dosierten Diskrepanz).

Bewertungen von Zielerreichungen sollten einvernehmlich geschehen. Ziel ist Konsensfindung im Rahmen des Mitarbeitergesprächs. Bei Dissens sollten Regeln formuliert sein, wie man mit diesem umgeht, z.B. Einschluss höherer Vorgesetzter.

6.5.3 Feedback

Feedback ist ein wichtiges, aber auch mächtiges Element des strukturierten Mitarbeitergesprächs. Im Unterschied zu unsystematischen Formen alltäglichen Feedbacks wird hier das Feedback als systematisches Instrument eingesetzt. Um seinen Nutzen voll auszuschöpfen, sollte man Feedback-Regeln einhalten – jeweils angepasst an die spezifische Situation (vgl. zum Überblick Schuler, 2004c). Feedback-Regeln im Kontext eines Mitarbeitergesprächs:

(1) gute Vorbereitung: Vor allem negative Kritik muss gut durchdacht sein: Was ist das Ziel der Rückmeldung von negativen Einschätzungen?

(2) konkrete und verhaltensnahe Formulierung (Veranschaulichung durch Beispiele)

(3) direktes Ansprechen (und Anschauen) des Mitarbeiters (Vermeidung der Formulierung „man")

(4) Vermittlung des persönlichen Eindrucks von der Situation (Ich-Formulierungen)

(5) Trennung von beschreibenden und bewertenden Rückmeldungen

(6) Einschluss positiver und negativer Rückmeldungselemente (u.U. Sandwich-Methode: erst Positives, dann Negatives mit Optimierungsmöglichkeiten, zuletzt Positives)

(7) Schaffung einer entspannten Atmosphäre

(8) Anwendung des „Vier-Augen-Prinzips" (nur Anwesenheit der Beteiligten)

(9) dialogische statt monologische Gesprächsführung

(10) gemeinsame Auswertung, kooperative Einigung auf Optimierungsmaßnahmen

(11) „Feedback als Geschenk": gelassene Grundhaltung des Feedback-Nehmers, Wertschätzung durch den Feedback-Geber, Förderung einer unaggressiven kooperativen Feedback-Kultur (mit Annäherung an sozialer Umkehrbarkeit, so dass der Vorgesetzte ebenfalls Feedback erhält).

360°-Feedback. Das 360°-Feedback ist zurzeit eine der populärsten Feedback-Methoden. Dieses Verfahren ist ein Oberbegriff für vielfältige Einzeltechniken. Gemeinsam ist diesen, dass i.S. einer hohen → Interraterreliabilität Bewertungen von Vorgesetzten, Mitarbeitern, Kollegen und Außenpersonen (z.B. Kunden) eingehen. Dazu steht eine Vielfalt unterschiedlicher Instrumente zur Verfügung. Besonders bekannt ist das Instrument „Benchmarks". Es dient der Entwicklung von Führungskräften – das ist genau der Bereich, in dem als Erstes Feedback-Methoden systematisch angewendet wurden.

Es setzt sich aus 22 Skalen mit jeweils mehreren Items zusammen (vgl. Schuler, 2004c; Weinert, 2004). Die Mehrzahl der Skalen umfasst Fähigkeiten und Perspektiven von Führungskräften (z.B. Einfalls- und Ideenreichtum; Itembeispiel: „Trifft auch unter Druck und auf der Basis unvollständiger Informationen gute Entscheidungen."). Ein kleiner Teil der Skalen misst mögliche Mängel und Fehler der Führungskräfte (z.B. Probleme mit Mitarbeitern; Itembeispiel: „Wählt seine Mitarbeiter nicht sehr klug aus.") (Weinert, 2004).

6.5.4 Potentiale und Stolpersteine

Potentiale (Leonhardt, 1991)

Strukturierte Einschätzungen des Vorgesetzten über seine Mitarbeiter sind oftmals geprägt von Effekten der Eindrucksbildung, die in der Sozialpsychologie Gegenstand umfassender Forschung sind. Es kommt zu einer vorschnellen und verzerrten Eindrucksbildung, zur selektiven Wahrnehmung, zur einseitigen Verfestigung des Ersteindrucks (primacy effect), zur Überbewertung letzter Eindrücke (recency effect) etc. Systematische Mitarbeitergespräche können diese problematischen Prozesse reduzieren, indem die eigene Eindrucksbildung reflektiert, mitgeteilt und ggf. korrigiert wird (vgl. auch Kap. 9.3.3: Kommunikationshilfen). Auf diesen Reflexions-, Mitteilungs- und Korrekturprozess wird relativ viel Zeit verwandt. Dadurch werden Arbeitsbeziehungen verbessert und neue, angemessene Verhaltensweisen ausgebildet. Bei Erfolg sollten Arbeitsleistung, Zufriedenheit und letztlich auch die Organisationskultur für alle Beteiligten verbessert werden.

Stolpersteine (Leonhardt, 1991)

► Die Implementierung systematischer Mitarbeitergespräche muss durch Entwicklung einer entsprechenden Organisationskultur mitgetragen werden. Die Organisationsziele müssen so formuliert sein, dass sie im Einklang mit den Entfaltungsmöglichkeiten ihrer Organisationsmitglieder stehen.

► Im Sinne interaktionistischer Prozesse sollten Zielformulierung und -erreichung in Kooperation zwischen Mitarbeitern und Vorgesetzten erfolgen. Dazu ist eine angstfreie und weitgehend sozial umkehrbare Situation förderlich.

► Das systematische Mitarbeitergespräch erfordert vom Vorgesetzten viel kommunikative und soziale Kompetenzen. Er sollte verschiedene Rollen flexibel einnehmen können, z.B. Vorgesetzter, Koordinator, Berater, Unterstützer.

► Personalräte haben bei der Einführung von PE-Maßnahmen Informations-, Mitwirkungs- und Mitbestimmungsrechte. Die Einführung des systematischen Mitarbeitergesprächs ist mitbestimmungspflichtig. Das Instrument sollte in der Breite und Tiefe des Unternehmens über einen Zeitraum von mehreren Jahren verankert werden (z.B. über Seminarreihen).

► Metastudien zeigen, dass Feedback ein hilfreiches Instrument ist, wenn – vor allem bei negativer Kritik – die Beurteilung zugleich genutzt wird, um über zukünftige Ziele und Entwicklungsmöglichkeiten zu sprechen.

Um die Potentiale strukturierter Mitarbeitergespräche zu nutzen, sind diese professionell vorzubereiten, durchzuführen und zu evaluieren. Darüber hinaus müssen sie in eine entsprechende Organisationskultur eingebettet sein. Beispielsweise sind strukturierte Mitarbeitergespräche vor allem dann wirkungsvoll, wenn die Vorgesetzten ebenfalls in ein Feedbacksystem einbezogen sind. Das bedeutet, dass das Feedback über alle Hierarchiestufen hinweg implementiert wird und die dem Feedback zu Grunde liegende Zielerreichung für alle Beteiligten Auswirkungen auf Beförderung und Gehalt hat (z.B. in großen internationalen Beraterfirmen üblich).

6.6 Zukunft der Personalentwicklung

Personalentwicklung umfasst die Weiterbildung sowie die systematische Förderung von Mitarbeiterinnen und Mitarbeitern eines Unternehmens. Sie ist damit auf die berufliche Qualifikation und ihre Verbesserung ausgerichtet. Diese Qualifikationen sind nicht auf fachliche Kenntnisse beschränkt, sondern umfassen viele andere soziale Kompetenzen, Lernfähigkeiten, Motivation sowie die Fähigkeit, mit kognitiven und emotionalen Belastungen umzugehen (Coping Strategien).

Durch Einführung neuer Technologien, durch Werte- und Einstellungswandel (vgl. Kap. 1.4), durch veränderte Arbeitsplatzbedingungen, die eine erhöhte Qualifikation erfordern, aber auch durch den zunehmenden Konkurrenzkampf auf dem Arbeitsmarkt und zwischen Unternehmen wird Personalentwicklung zu einem immer zentraleren Gebiet von Arbeits- und Organisationspsychologen. Bereits Ende der 1980er Jahre wurden die Weiterbildungskosten in der privaten Wirtschaft höher geschätzt als die staatlichen Ausgaben für die Hochschulausbildung (vgl. Holling & Liepmann, 2004). Dieser Trend hat sich weiter fortgesetzt. Doch nach wie vor werden viele Bereiche der Personalentwicklung von Vertretern anderer Fächer bedient, etwa den Betriebswirtschaftlern. Ein weiteres Vordringen der Psychologie ist aber wahrscheinlich. Denn das gesamte Repertoire an psychologischen Methoden kommt hier zum Einsatz, z.B.

▶ psychologische Interventionsmethoden der Beratung, Förderung, Schulung, des Coachings und Trainings (wobei diese in der Praxis nicht immer klar voneinander abgrenzbar sind)

▶ Unterrichtsmethoden, von traditionellen Vortragstechniken bis hin zur Durchführung von Rollen- oder Gruppenspielen

▶ methodische Kenntnisse zur Absicherung der Wirksamkeit der Personalentwicklung.

Daher kann die Personalentwicklung nicht nur als inhaltlich wichtiges, sondern auch als finanzkräftiges Arbeitsfeld für Arbeits- und Organisationspsychologen bewertet werden.

6.7 Kernpunkte und Übungsaufgaben

Kernpunkte

▶ In weiter Definition schließt Personalentwicklung (PE) die Organisationsentwicklung (OE) ein. Dies ist aber nicht sinnvoll: Zwar sind PE- und OE-Maßnahmen miteinander verschränkt, doch lassen sich Unterschiede zwischen ihnen ausmachen. Vor allem setzen OE-Maßnahmen auf höherer systemischer Ebene an.

▶ Eine anwendungsorientierte PE erfüllt unterschiedliche Zwecke und kann sowohl von Mitarbeitern als auch vom Management eines Unternehmens gefordert werden: Effiziente und zielgerichtete PE-Maßnahmen dienen den singulären Interessen von Mitarbeitern (z.B. persönliche Weiterentwicklung). Sie dienen letztendlich aber auch der Wirtschaftlichkeit und Leistungsfähigkeit des Unternehmens.

▶ Bei der Durchführung der PE-Maßnahmen wird – wie bei allen Maßnahmen in Organisationen – ein idealtypischer Verlauf von der Analyse bis zur Evaluation vorgeschlagen. Montada entwickelte eine besonders detaillierte Heuristik zur Lösung von Praxisproblemen – sie lässt sich auf (fast) alle psychologischen Probleme in Organisationen anwenden.

▶ Aus-, Fort- und Weiterbildung stehen im Kern der PE. Weiterbildung bedient sich dabei, genau wie die PE insgesamt, unterschiedlicher Methoden. Allerdings wird ihr Potential für das Lernen in und von Organisationen oftmals nicht ausgeschöpft, z.B. aufgrund von Planungsfehlern oder Qualitätsmängeln der Weiterbildungsangebote.

▶ Der mangelnde Transfer (carry over) des Gelernten auf den Arbeitsalltag ist ein spezifisches Problem der Praxis. Es werden daher Bedingungen diskutiert, die den Transfer in die Praxis erleichtern (z.B. realitätsnahe und anforderungsbezogene Konzeption der Maßnahmen, geringe zeitliche Distanz zur Anwendung im Arbeitsalltag).

▶ Eine weit verbreitete Einzelmaßnahme der PE ist das strukturierte Mitarbeitergespräch. Die wichtigsten Elemente des Gesprächs sind Zielvereinbarungen und Feedback. Damit seine Chancen genutzt werden, muss die Implementierung des systematischen Mitarbeitergesprächs gut vorbereitet und seine Durchführung professionell sein (indem z.B. der Vorgesetzte hohe kommunikative und soziale Kompetenzen besitzt).

▶ PE ist eines der wichtigsten Aufgabenfelder von Arbeits- und Organisationspsychologen und zugleich eine große Chance für Unternehmen, damit diese zukunftsfähig sind und mit ihrer „Ressource Mensch" (Humanressource) verantwortungsvoll umgehen.

Übungsaufgaben

▶ Was bedeutet „die Entwicklung von Personal", und welche Kompetenzen bringt die Psychologie zur Bewältigung dieser Aufgabe mit?

▶ Welche Möglichkeiten bestehen, um sich auch als Berufsanfänger für das Aufgabenfeld der Weiterbildung theoretisch und praktisch zu qualifizieren?

▶ Sie sollen eine Führungskraft zur Durchführung und Evaluation eines strukturierten Mitarbeitergesprächs coachen. Wie würden Sie vorgehen? Welche Informationen sind unbedingt zu vermitteln?

Weiterführende Literatur

Anwendungsbezogener Überblick: Becker & Schwarz (2002).
Vertiefung Mitarbeitergespräch: Leonhardt (1991).
Überblick Personalentwicklung: Sonntag (1999).

Wir verlosen 10 Jahres-Abonnements pro Semester!

Psychologie heute

--✂----

Kals:
Organisationspsychologie

Absender:

_____

_____

_____

Ich bin
❏ Student/in im Fach

_____

im ___ Fachsemester
an der Universität: _____

❏ _____

BELTZPVU

Frau Dr. Heike Berger
Werderstraße 10
69469 Weinheim

Sagen Sie uns Ihre Meinung!

Was ist ein „gutes Lehrbuch"? Sie arbeiten mit (unseren) Lehrbüchern, für Sie sollten sie geschrieben sein. Darum interessiert uns Ihre Meinung – zu den unten angesprochenen Fragen; aber auch für weitergehende Rückmeldungen und Anregungen sind wir natürlich dankbar.
Schreiben Sie uns!
So können wir unsere Lehrbücher Ihren Bedürfnissen noch besser anpassen.

Unter allen Einsendungen der ausgefüllten Karten und Zuschriften verlosen wir pro Semester **10 Jahres-Abonnements** von „Psychologie heute".

(Der Rechtsweg ist ausgeschlossen)

Besuchen Sie uns im Internet: **www.beltz.de**

BELTZPVU

Welche Kapitel halten Sie in diesem Lehrbuch für besonders gelungen? – Warum?

_____

_____

_____

Fehlt Ihrer Ansicht nach etwas?

_____

_____

_____

Was würden Sie in einer Neuauflage verändern?

_____

_____

_____

Wie gut wurden Ihre Erwartungen an dieses Lehrbuch erfüllt?

| 1 | 2 | 3 | 4 | 5 | 6 |

sehr gut   ungenügend

Warum? _____

_____

_____

_____

Wie beurteilen Sie folgende Kriterien.

Verbindlichkeit: 1   2   3   4   5   6

Strukturisierung: 1   2   3   4   5   6

Beispiele: 1   2   3   4   5   6

_____: 1   2   3   4   5   6

sehr gut   ungenügend

7 Führung, Macht und Motivierung

Das Thema Führung blickt auf eine lange Forschungstradition zurück, die bis heute anhält. Die Führungsforschung widmet sich vor allem zwei Fragen (zum Überblick Neuberger, 2002; Schuler, 2001; Wunderer, 2003):

(1) Welche Persönlichkeitseigenschaften zeichnen eine erfolgreiche Führungskraft aus (Frage der Selektion)?

(2) Unter welchen Bedingungen sollte man welche Strategien einsetzen, um erfolgreich zu führen (Frage der Modifikation)?

Was Sie in diesem Kapitel erwartet

Dieses starke Forschungsinteresse wird auch durch die Praxis gespeist, die konkrete Antworten auf diese Fragen erwartet. Diese Antworten sollen praktisches Handeln leiten. Dazu wird Führung in Theorie und Praxis auch als wichtiges Steuerungsinstrument in Organisationen analysiert – es soll dazu dienen, Ziele effizient zu erreichen und Mitarbeiter zu motivieren. Genau dies birgt aber die Gefahr, dass Führung missbraucht wird. Daher werden in diesem Kapitel nicht nur einschlägige, für die Praxis relevante Forschungsbefunde vorgestellt, sondern auch die Verbindung von „Führung und Macht" kritisch analysiert.

7.1 Führung als Thema der Praxis

Führung ist eine zielbezogene Einflussnahme. Personale Führung umfasst hierbei Führung, die Kommunikation nutzt, um Ziele zu erreichen, sowie Führung als Gruppenphänomen, bei der Interaktionen zwischen zwei oder mehreren Personen stattfinden (vgl. von Rosenstiel, 1999).

Führung kann durch Personen erfolgen (z.B. durch zielorientierte Interaktion oder die Ausbildung von Rollen). Diese können die formale Führerschaft innehaben oder informelle Führung übernehmen. In beiden Fällen stehen Führender und Geführte in einem asymmetrischen Verhältnis. Formale Führerschaft liegt beispielsweise bei einem hierarchischen Beziehungsverhältnis vor. Informelle Führung kann beispielsweise durch einen Kompetenzvorsprung oder eine autoritäre Persönlichkeit bedingt sein. Dies kann auch zur „Führung von unten" führen, indem kompetente Mitarbeiter die Führung übernehmen, die durch den Vorgesetzten nicht ausreichend wahrgenommen wird.

Führung kann jedoch auch durch Strukturen wie Entgeltsysteme, Verfahrensvorschriften und Stellenbeschreibungen geschehen (Wiendieck, 1994). Beide Führungsarten stehen in Interaktion. So bildet sich die Führung durch Personen auch situativ-strukturell ab, indem z.B. die Chefrolle auch durch Statussymbole vermittelt wird.

Hiermit ist die symbolische Führung verwandt (Wiendieck, 1994). Sie wird unterschieden in eine passive symbolisierte Führung, bei der z.B. Status und Macht über die Größe des Büros vermittelt werden, und eine aktive symbolisierende Führung, bei der die statushöhere Person z.B. mehr Redezeit beansprucht (vgl. Kap. 7.5.2).

Führung ist ein ideologisch belastetes Thema. Das hat in Deutschland auch historische Gründe: In der Literatur wird der Begriff des „Führers" weitgehend vermieden und durch historisch unbelastete Begriffe ersetzt (Führungsperson, Führender etc.). Die ideologischen und politischen Streitigkeiten über Führung, Führungsanspruch und Führungswirkungen sind Ausdruck der hohen Bedeutung des Themas in der unternehmerischen Praxis und Forschung.

Es finden sich unterschiedliche ideologische Begründungen, warum es Führung in Unternehmen gibt (Wiendieck, 1994):

▶ Führung gibt es, weil Menschen geführt werden wollen.
▶ Führung gibt es, weil Menschen geführt werden müssen.
▶ Führung ist ein universelles soziales Prinzip.
▶ Führung ermöglicht und fördert Entwicklung.
▶ Führung ist funktional, um komplexe Systeme zu steuern.

In der aktuellen Führungsdiskussion wird eine Vielfalt von Einzelthemen erforscht und diskutiert. Besonders viel Literatur findet man dabei zu folgenden Themen (Weinert, 2004; Winterhoff-Spurk, 2002):

▶ Führung von Teams
▶ weibliche Führungskräfte und geschlechtsspezifische Unterschiede
▶ → Empowerment sowie der Umgang und die Verteilung von Macht und Einflussmöglichkeiten
▶ moralische und ethische Führung
▶ Scheitern von Führungskräften und entgleistes Führungsverhalten
▶ Persönlichkeitseigenschaften und Führungseigenschaften
▶ spezifische Feedback-Methoden zum Führungsverhalten (z.B. 360°-Feedback, vgl. Kap. 6.5.3)
▶ kulturspezifische Unterschiede in Führung und Führungseigenschaften
▶ historischer Vergleich erfolgreicher Führung im 21. Jahrhundert.

7.2 Führungstheorien

Die Literatur zu Führungstheorien ist umfangreich und wird nicht nur durch psychologische Forschung, sondern auch durch Theorien und Forschung anderer Disziplinen gespeist (z.B. Wirtschaftswissenschaften, Soziologie, Pädagogik). Die Forschung hat im Zusammenspiel mit der Praxis und empirischen Studien viele Theorien hervorgebracht (Kap. 7.2.1). Einige dieser Studien können als historisch bezeichnet werden, ihre Auswirkungen auf die Theorien- und Konzeptbildung zeigen sich allerdings bis heute (Kap. 7.2.2). Als Beispiele werden hier aktuelle Kontingenzmodelle der Führung vorgestellt (Kap. 7.2.3).

7.2.1 Klassifizierung von Führungstheorien

!

Die zentrale Frage von Führungstheorien lautet: Wie beeinflussen bestimmte Merkmale oder Verhaltensweisen der Führung die Führungseffizienz?

Menschenbildannahmen. Führungstheorien liegen spezifische Menschenbilder zu Grunde. Zumeist wird die Theorie von McGregor diskutiert. Er unterscheidet zwischen der Theorie X und der Theorie Y und leitet jeweils verschiedene Führungsstile ab (vgl. Kap. 2.5). Sind Führungskräfte beispielsweise der Auffassung, dass die von ihnen Geführten im Sinne der Theorie X „funktionieren", so delegieren sie wenig und kontrollieren viel. Die Reaktion der Mitarbeiter wird vermutlich langfristig den Prognosen der Theorie X entsprechen. Ist die Führungskraft hingegen von der Existenz und Wirksamkeit der Theorie Y überzeugt, so sollte dies zu einem positiven Verstärkungs- und Regelkreis führen. Klassische Führungstheorien lassen sich unterscheiden in

▶ eigenschaftstheoretische Ansätze (Trait-Theorien der Führung: Führung durch die Persönlichkeitseigenschaften des Führenden, vgl. Kap. 7.3),

▶ verhaltenstheoretische Ansätze (Erfassung und Analyse des realen Verhaltens einer Führungsperson in bestimmten Situationen) und

▶ interaktionstheoretische Ansätze (Führungsverhalten und Führungsergebnis als Wechselbeziehung personaler und situationaler Merkmale).

Viele moderne Führungstheorien lassen sich diesem Schema jedoch nur schwer zuordnen (vgl. Kap. 7.2.3), so dass die nachfolgenden Theorien nicht entsprechend diesem Schema geordnet sind – allerdings finden sich in ihnen die Grundansätze wieder.

7.2.2 Historisch bedeutsame Studien

Ausgewählt sind im Folgenden drei historisch bedeutsame Studien zu Führungsstilen und Führungsverhalten (zit. in Winterhoff-Spurk, 2002).

Ausgangsstudien von Lewin Ende der 1930er Jahre. Die frühen Untersuchungen von Lewin führten zu den Typen des demokratischen, autoritären und Laissez-faire-Führungsstils. Es wurden u.a. die Auswirkungen der verschiedenen Führungsstile von Gruppenleitern auf das Verhalten von Gruppenmitgliedern sowie das Gruppenklima untersucht (vgl. Fischer & Wiswede, 2002).

Die Ohio-Studien von Fleishman und Kollegen Anfang der 1950er Jahre. Das Ohio-Modell führte zur Unterscheidung von zwei Führungsstilen: (1) der I-S-Führungsstil (initiation of structure), (2) der C-Führungsstil (consideration). I-S-Stil bedeutet, dass ein Vorgesetzter Arbeitsrollen und Aufträge klar definiert und vorgibt. Beim C-Stil werden generell mehr Aufmerksamkeit und Rücksichtnahme des Führenden gegenüber seinen Mitarbeitern gezeigt. Beide Führungsstile sind voneinander unabhängig gedacht. Es wird als günstig bewertet, wenn beide Führungsstile hoch ausgeprägt sind und flexibel eingesetzt werden können.

Die Michigan-Leadership-Studien von Likert Anfang der 1960er Jahre. Diese Studien führten zur Unterscheidung produktions- und mitarbeiterzentrierter Führungsstile (production-centered, employee-centered). Beim produktionsorientierten Führungsstil wird der technische Aspekt der Arbeit betont und Mitarbeiter als Mittel zur Zielerreichung angesehen. Beim mitarbeiterzentrierten Führungsstil werden die persönlichen Aspekte (z.B. Beziehungen bei der Arbeit, aber auch Bedürfnisse und Ziele der Mitarbeiter) in den Vordergrund gerückt. Kurzfristig ist der produktionszentrierte Stil überlegen, bezüglich langfristiger Produktivität hingegen der mitarbeiterzentrierte Stil.

Weiterentwicklung. Der Ohio-Ansatz wurde von Blake und Mouton zum Grid-System (Grid = Gitter) weiterentwickelt (zit. in Winterhoff-Spurk, 2002, vgl. Kap. 4.3.4 „Grid organization development"). Die beiden Dimensionen I-S und C werden in neun Stufen differenziert. Dabei

> Führungsstile können unterschiedliche Aufgaben des Führenden betonen. Die Aufgaben des Führenden umfassen den Leistungs- und Zufriedenheitsaspekt als Grunddimensionen. Die entsprechenden Führungsstile werden unterschiedlich benannt, z.B. Aufgaben- vs. Mitarbeiterorientierung.

erhält der Führende mit dem Wert „9/9" die besten Urteile, weil er personenbezogenes wie auch produktionszentriertes Verhalten beherrscht und flexibel einsetzt.

7.2.3 Kontingenzmodelle der Führung

Historisch entwickelten sich die Führungstheorien weiter, indem über den verhaltenstheoretischen Ansatz hinaus auch spezifische Situationsvariablen berücksichtigt wurden. Daher sind die meisten neueren Führungstheorien „Kontingenzmodelle" (vgl. zum Überblick Walenta & Kirchler, 2005). Ihre Grundaussage lautet, dass die Beziehung zwischen Führungsverhalten und -eigenschaften einerseits und der Führungseffizienz andererseits von den jeweiligen situativen Bedingungen abhängt (Weinert, 2004). Besonders bekannte Beispiele für Kontingenzmodelle sind (zit. in Weinert, 2004, sowie Winterhoff-Spurk, 2002) – die drei Modelle werden nachfolgend vorgestellt:

▶ das Kontingenz-Modell von Fiedler
▶ das Entscheidungsmodell von Vroom und Yetton
▶ der situative Ansatz (Reifegradansatz) von Hersey und Blanchard.

Das Kontingenzmodell von Fiedler. Die zentrale Hypothese lautet: Die Leistung einer Gruppe ist eine Funktion der Beziehung zwischen dem Führungsstil und dem Ausmaß, in dem die Gruppensituation es der Führungskraft erlaubt, Einfluss auszuüben. Es werden – ähnlich der historischen Studien (vgl. Kap. 7.2.2) – zwei Führungsstile unterschieden:

(1) ein aufgabenorientierter Führungsstil (task-oriented leadership): Befriedigung des Bedürfnisses nach Aufgabenlösung und Zielerreichung
(2) ein personenorientierter Führungsstil (relation-oriented leadership): Befriedigung des Bedürfnisses nach guten menschlichen Beziehungen zwischen Führungskraft und Mitarbeitern.

Dem Kontingenzmodell liegt der LPC-Wert zu Grunde (least preferred coworker). Er zeigt an, wie die Führungskraft den von ihm am wenigsten geschätzten Mitarbeiter beschreibt. Beschreibt er auch diesen Mitarbeiter noch wohlwollend, so wird angenommen, dass der Führende rücksichtsvoll und beziehungsorientiert ist. Zur Beschreibung der Führungssituation werden drei Dimensionen unterschieden:

(1) Positionsmacht: Inwieweit ermöglicht die Position dem Führenden, die Geführten in seinem Sinne zu führen?
(2) Strukturierung der Aufgabe: Inwieweit ist die zu lösende Aufgabe strukturiert?
(3) Führer-Mitarbeiter-Beziehungen: Inwieweit führen diese Beziehungen zu (Un)Zufriedenheiten?

Die → Effektivität des Führungsstils wird gemessen an der Leistung der Gruppe im Hinblick auf die Aufgabenstellung und an der Zufriedenheit der einzelnen Gruppenmitglieder. Empirische Studien führen zu dem in Abbildung 7.1 dargestellten Ergebnis. Auf der Basis dieser Befunde werden Empfehlungen ausgesprochen (vgl. Tab. 7.1).

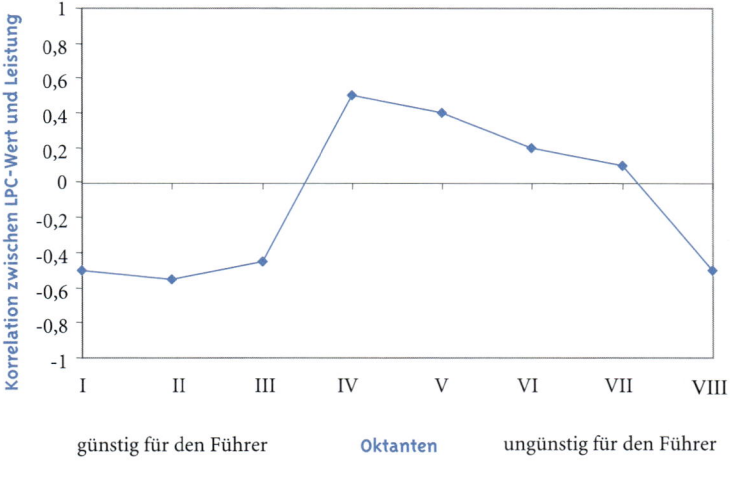

günstig für den Führer   Oktanten   ungünstig für den Führer

Abbildung 7.1. Median-Korrelationen zwischen dem LPC-Wert und der Gruppenleistung bezogen auf acht Situationen nach Fiedler (zit. in Weinert, 2004). Eine positive Korrelation zwischen dem LPC-Wert und den Gruppenleistungen bedeutet, dass die personenorientierte Führung am erfolgreichsten war (dies ist bei den Oktanten IV, V, VI und VII der Fall). Eine negative Korrelation bedeutet, dass eine aufgabenorientierte Führung erfolgreicher ist (dies liegt bei den Oktanten I, II, III und VIII vor)

Tabelle 7.1. Empfehlungen für Führungssituationen nach Fiedler (zit. in Weinert, 2004). Beispielsweise ist bei der Konstellation mit einer guten Führer-Mitarbeiter-Beziehung, einer starken Strukturierung der Aufgabe und einer großen Machtfülle der Führungsposition der aufgabenorientierte Führungsstil am besten geeignet. Hingegen wird bei einem schlechten Führer-Mitarbeiter-Verhältnis und ansonsten gleichen Bedingungen (strukturierte Aufgabe, große Macht) der personenorientierte Führungsstil empfohlen

Situation	Führer-Mitarbeiter-Beziehung	Aufgaben-strukturierung	Positions-macht	Führungsstil
günstig		strukturiert	groß	aufgabenorientiert
	gut		klein	
		unstrukturiert	groß	
			klein	
		strukturiert	groß	personenorientiert
			klein	
	schlecht	unstrukturiert	groß	aufgabenorientiert
ungünstig			klein	

Obgleich das Kontingenz-Modell eine hohe Plausibilität aufweist, wird es auch kritisch diskutiert (z.B. stark vereinfachender LPC-Wert, unvollständige Situationsbeschreibung). Doch trotz aller Kritik: Durch Fiedler wurden erstmalig situative Bedingungen in einem empirisch überprüfbaren Führungsmodell berücksichtigt.

Das Entscheidungsmodell von Vroom und Yetton. Das Modell von Vroom und Yetton (zit. in von Rosenstiel, 2003) macht Aussagen über den zur jeweiligen Situation am besten passenden Führungsstil. Dazu entwickelten die Autoren einen Entscheidungsbaum, der anhand von sieben Schritten einen an der Situation optimierten Führungsstil empfiehlt. Diesem Vorgehen liegt die Annahme zugrunde, dass Gruppenentscheidungen zeitintensiv sind. Eine zeitliche Optimierung des Entscheidungsprozesses ist daher anzustreben. Sie ist legitim, wenn die Mitarbeiter die Entscheidung vermutlich akzeptieren und wenn sie nicht zu Konflikten führt. Die sieben Entscheidungsbedingungen lauten:

(1) Macht es nach Akzeptanz der Entscheidung einen Unterschied, welche Handlungsstrategie eingeschlagen wurde?
(2) Hat die Führungskraft alle notwendigen Informationen, um eine qualitativ hochwertige und damit „richtige" Entscheidung zu treffen?
(3) Ist das Problem strukturiert?
(4) Ist es für die Umsetzung notwendig, dass die Mitarbeiter die Entscheidung und ihre Folgen akzeptieren?
(5) Würden die Mitarbeiter die Entscheidung auch akzeptieren, wenn die Führungskraft die Entscheidung allein träfe?
(6) Teilen die Mitarbeiter die Ziele der Organisation, die durch die Entscheidung zur Lösung des Problems erreicht werden sollen?
(7) Wird die Entscheidung vermutlich zu Konflikten unter den Mitarbeitern führen?

Diese Entscheidungsbedingungen sind in einen Entscheidungsbaum integriert. Je nachdem, wie diese Fragen beantwortet werden, werden am Ende durch das Modell andere Entscheidungsformen empfohlen. Diese umfassen fünf empfehlenswerte Entscheidungsformen:

(1) autoritäre Entscheidungen durch die Führungskraft
(2) autoritäre Entscheidungen durch die Führungskraft, nachdem Informationen bei den Mitarbeitern eingeholt wurden
(3) alleinige Entscheidungen durch die Führungskraft, nachdem diese sich mit den einzelnen Mitarbeitern individuell beraten hat
(4) alleinige Entscheidungen durch die Führungskraft, nachdem diese sich mit der Arbeitsgruppe beraten hat
(5) Gruppenentscheidungen.

Ein Beispiel: Die dritte Entscheidungsform (alleinige Entscheidung durch die Führungskraft nach Einzelberatungen mit Mitarbeitern) wird empfohlen, wenn die sieben Fragen wie folgt beantwortet werden: Frage 1 – ja; Frage 2 – nein; Frage 3 – ja; Frage 4 – ja; Frage 5 – nein; Frage 6 – nein; Frage 7 – nein.

Das Modell von Vroom und Yetton wird als valide angesehen. Modellkonformes Vorgehen führt deutlich häufiger zu positiv bewerteten Entscheidungen als modellabweichendes Vorgehen (vgl. von Rosenstiel, 2003).

Der situative Ansatz (Reifegradansatz) von Hersey und Blanchard. Hersey und Blanchard haben ein situationales Entscheidungsmodell vorgelegt, das genau wie das Grid-System von Blake und Mouton von den Dimensionen der Ohio-Schule ausgeht (vgl. Kap. 7.2.2). Das situationale Entscheidungsmodell macht allerdings die Empfehlung von Führungsverhalten davon abhängig, welchen „Reifegrad" die jeweils Geführten besitzen. Das Niveau des Reifegrades hängt dabei von der Leistungsmotivation, der Bereitschaft, Verantwortung zu übernehmen, sowie von der Ausbildung bzw. Erfahrung ab. Somit werden arbeitsbezogene und psychische Reife voneinander unterschieden. Bei geringem Reifegrad der Mitarbeiter wird beispielsweise „Unterweisung" empfohlen (hohe Aufgaben- und geringe Mitarbeiterorientierung), während bei sehr hohem Reifegrad „Delegieren" hilfreich ist (geringe Aufgaben- und geringe Mitarbeiterorientierung). Die bisherigen Überlegungen machen deutlich:

- Im Führungsverhalten äußern sich die Merkmale der Person. Dieses wird durch die Situation moderiert. Die Auswirkungen des Führungsverhaltens auf den Führungserfolg sind ebenfalls nicht linear, sondern unterliegen zahlreichen → Moderatorvariablen, die vor allem situative Bedingungen umfassen. Führungserfolg wird daher nicht nur durch das Führungsverhalten, sondern auch durch die Situation bedingt.
- Die empirische Forschung zeigt, dass kein Führungsstil generell zu bevorzugen ist, sondern dass der Führungsstil an die Struktur der Geführten, die Aufgabenart und die situativen Bedingungen flexibel anzupassen ist (Gasch, 1989).

7.3 Führungspersönlichkeit und -eigenschaften

Die Frage nach der idealen Führungspersönlichkeit steht neben der Frage nach den Führungsstrategien und -stilen im Zentrum der Führungsforschung: Welche personalen Merkmale können Führungserfolg bzw. -effizienz vorhersagen (Kap. 7.3.1)? Welche situationsspezifischen Merkmale erklären weitere Anteile in der Vorhersagbarkeit des Führungserfolgs (Kap. 7.3.2)? Wie kann die Fähigkeit zum Führen entwickelt werden (Kap. 7.3.3)?

7.3.1 Personale Merkmale zur Vorhersage von Führungserfolg

Personale Variablen umfassen das Gesamtgefüge menschlicher Merkmale mit Eigenschaften, Einstellungen, Handlungs- und Selbstkonzept des einzelnen Menschen. Sie bilden somit die Persönlichkeit des einzelnen Organisationsmitglieds.

Die personalistische Führungstheorie geht davon aus, dass Führungskompetenz ein Persönlichkeitsmerkmal ist und es daher „geborene Führer" gibt. In Einklang mit dieser Annahme steht das umstrittene Konzept der „charismatischen Führerperson" (s.u.). In Trait-Theorien wird hingegen eine Kombination unterschiedlicher Persönlichkeitsmerkmale postuliert, die dem Führungserfolg bzw. der Führungseffizienz zu Grunde liegen.

Das Konzept der charismatischen Führungsperson.

Das Konzept der charismatischen Führungsperson (bzw. des transformational leadership) wurde als Erstes von Max Weber wissenschaftlich diskutiert (vgl. von Rosenstiel, 2003). Aus dem Blickwinkel der zu Führenden wird dabei bewertet, ob eine Führungsperson Charisma besitzt. Emotionen werden in den Mittelpunkt gerückt – z.B. auch, um Leitgedanken und Treue gegenüber der Organisation zu vermitteln. Dazu benennt und beschreibt die charismatische Führungsperson Grundemotionen (z.B. Liebe). Dadurch wird die emotionale Bedeutung der Situation bewusst. Darüber hinaus wird auch die non- und paraverbale Kommunikation (vgl. Kap. 9.1.1) eingesetzt, um Emotionen zu schüren und Menschen zu motivieren (z.B. Anheben der Augenbrauen beim Sprechen, Herstellung von Gleichklang der Gesten von Führungskraft und zu Führenden). Über dieses Konzept wird nicht nur kritisch diskutiert; es besteht – ohne dass es die Datenlage zulassen würde – geradezu ein ideologischer Streit. Beispielsweise wird von Psychoanalytikern kritisiert, dass diese Führungspersonen hochnarzisstisch seien und daher ein Risiko für Organisationen darstellten. Beispiele für Führungspersönlichkeiten, die als charismatisch diskutiert werden, sind (vgl. Winterhoff-Spurk, 2002) in der Politik: Churchill, DeGaulle, Ghandi, John F. Kennedy, Martin Luther King; in der Wirtschaft: Iaccoka, Herrhausen, Lopez, Nixdorf.

Hypothesen zu Führungseigenschaften. Entsprechend der Trait-Theorien findet sich in der Literatur eine überaus große Zahl von Texten zu personalen Merkmalen, die einen Führungserfolg wahrscheinlich machen sollen. Hierzu gehören (von Rosenstiel, 2003, Weinert, 2004):

- ▶ weitgehend stabile Persönlichkeitsmerkmale (z.B. hohe Leistungsorientierung, intellektuelle Fähigkeiten, aber auch kognitive Stile, wie eine Verankerung im Bereich des Denkens und Urteils statt des Fühlens und Wahrnehmens entsprechend Jungs Typenlehre),
- ▶ erlernbare Kompetenzen (z.B. Fähigkeit zur Einflussnahme, soziale Kompetenzen)
- ▶ motivationale Merkmale (z.B. die Motivation, ein selbstgesetztes Ziel zu erreichen; die Bereitschaft, mit anderen Menschen umzugehen).

Empirische Zusammenhänge. Viele Einzelmerkmale korrelieren mit Führung: z.B. Alter, Größe, Gewicht, Aussehen, Wortgewandtheit, Intelligenz, Schulerfolg, Wissen, Einsicht, Originalität, Anpassungsfähigkeit, Dominanz, Verantwortungsgefühl, Verlässlichkeit, soziales Geschick, Beliebtheit, Kooperationsbereitschaft, Selbstsicherheit. Die Korrelationen sind jedoch gering – es gibt ungewöhnlich große Streuungen der Korrelationskoeffizienten. Oftmals widersprechen sie sich auch (von Rosenstiel, 2003). Beispielsweise gibt es eine Diskussion darüber, ob Führungskräfte eher Verhaltensmuster nach Typ A oder Typ B entsprechend der Unterscheidung von Friedman und Rosenman zeigen (vgl. Kap. 12.3). Die Daten werden unterschiedlich gedeutet, beispielsweise, dass Führungskräfte, etwa des mittleren Managements, primär Typ A-Verhalten zeigen, aber dass Führungskräfte, die wirkliche Spitzenpositionen innehaben, tendenziell eher Typ B-Personen sind, die zu große Eile vermeiden und nicht nur den Konkurrenzkampf suchen, sondern auch Kreativität zeigen (Weinert, 2004). Viele Fragen bleiben offen, etwa, ob sich die Verhaltensmuster im Laufe des Karrierewegs verändert haben.

Darüber hinaus herrscht Unklarheit über die Wirkrichtung der Zusammenhänge. Beispielsweise könnte Selbstsicherheit nicht nur Ursache von Führungserfolg sein, sondern Führungserfolg könnte seinerseits Quelle von Selbstsicherheit sein (von Rosenstiel, 2004). Zudem ist wahrscheinlich, dass Drittvariablen (z.B. Sozialschicht) mitwirken und die Zusammenhänge modellieren.

> **!** Entgegen der personalistischen Führungstheorie sowie der Trait-Theorien gibt es nicht „die" Führungspersönlichkeit. Stattdessen muss die Vorhersage von Führungserfolg bzw. -effizienz situationsspezifisch geschehen. Dazu sind im Einzelfall psychologische Wirkhypothesen aufzustellen und empirisch zu überprüfen.

7.3.2 Situationsspezifische Vorhersage von Führungserfolg

Zur Vorhersage von Führungserfolg bzw. -effizienz sind neben den Merkmalen des Führenden die Merkmale der Situation, der Aufgabe und der Mitarbeiter (der Geführten) einzubeziehen (vgl. Abb. 7.2). Berücksichtigt man die Vielfalt der Variablen, so zeigt sich beispielsweise, dass Führungserfolg innerhalb von Gruppen in starker Weise von den Erwartungen der Gruppenmitglieder abhängt (Neuberger, 2002).

Anwendungsbeispiel der Praxis. Im Assessment-Center wird versucht, Persönlichkeitseigenschaften und Kompetenzen nicht nur im Sinne personalistischer Führungstheorien zu messen. Stattdessen wird die Interaktion von potentieller Führungskraft, potentiellen Mitarbeitern, Aufgaben- und Situationsmerkmalen berücksichtigt (vgl. Kap. 5.3). Dies geschieht beispielsweise in Rollenspielen oder Gruppensituationen: In Rollenspielen werden z.B. Feedbackgespräche simuliert, oder es wird der Umgang mit „schwierigen" (z.B. demotivierten) Mitarbeitern gezeigt. In Gruppensituationen werden Fallstudien diskutiert und gelöst. Dazu sind ebenfalls nicht nur fachliche, sondern auch soziale Kompetenzen notwendig – denn die Zusammenarbeit mit anderen ist notwendig. Neben den Aufgabenmerkmalen sind auch die situativen Rahmenbedingungen zu berücksichtigen.

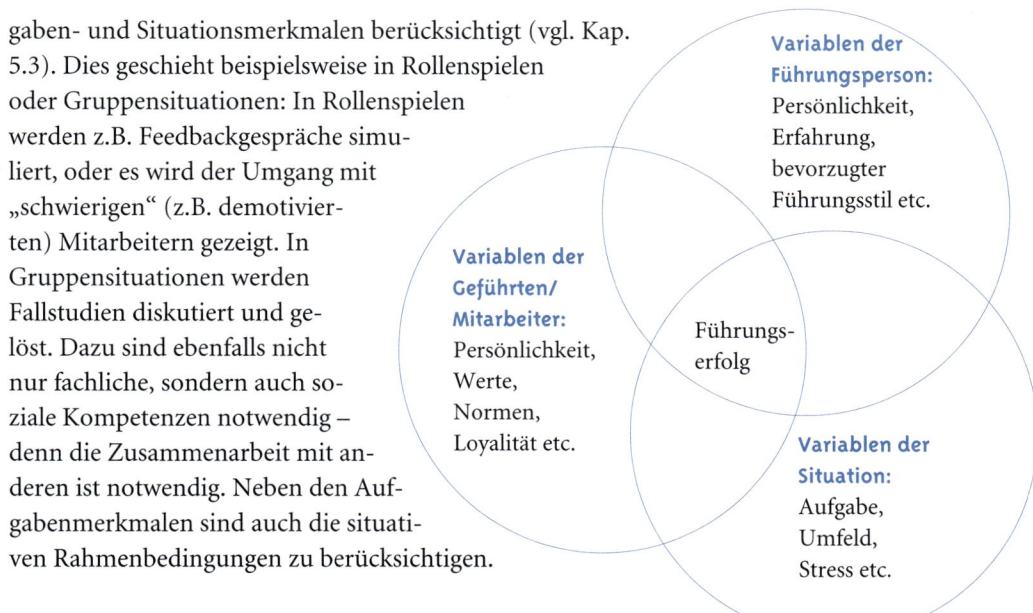

Abbildung 7.2. Variablen der Führungsperson, des Geführten, der Situation und ihre Wirkungen im Führungsprozess (Weinert, 2004). Es sind nicht nur Haupteffekte, sondern auch Wechselwirkungen zwischen den Variablen zu berücksichtigen

7.3.3 Entwicklung von Führungskräften

In der Praxis finden sich vielfältige Ansätze, um die Fähigkeit zur Führung zu entwickeln (z.B. Entwicklungstrainings für Führungskräfte). Ansatzpunkt dieser Interventionen sind jeweils erlernbare Kompetenzen.

Zunächst sollte auf der Basis von Theorien eine Situationsanalyse stattfinden: Welche Führungsaufgaben sind durch die Teilnehmer der Interventionsmaßnahme (z.B. des Trainings) in der Praxis zu bewältigen? Welche Führungsfähigkeiten benötigen sie dazu (z.B. Entwicklung von Zielen und Visionen, Motivation der Mitarbeiter und Ausrichtung auf die Zielerreichung, Delegation und Kontrolle von Teilaufgaben, Rückmeldung über Arbeitsergebnisse, Vermeidung und Klärung von Konflikten, Förderung der Kommunikation zwischen den Mitarbeitern)? Welche weiteren allgemeinen und geschäftsbezogenen Fähigkeiten sind auszubauen (z.B. sicherer und flexibler Umgang mit Präsentations- und Moderationstechniken, um Sitzungen zu leiten oder Ergebnisse zu präsentieren; Fähigkeiten zu Budgetplanungen)?

Die Empirie bestätigt, dass man Führungskompetenzen systematisch entwickeln kann (vgl. Neuberger, 2002). Zur Entwicklung aller psychologischen Kompetenzen stehen entsprechende psychologische Theorien bereit. Zwei Beispiele:

(1) Zur Mitarbeitermotivation kann auf Motivations- und Zielsetzungstheorien zurückgegriffen werden, wie die ursprüngliche Zielsetzungstheorie von Locke bzw. ihre Weiterentwicklung durch Latham und Locke (zit. in Weinert, 2004) (vgl. Kap. 12.1). Aus diesen lassen sich Empfehlungen ableiten, wie Ziele formuliert sein sollten oder Feedback zu geben ist (vgl. Kap. 6.5.2 und 6.5.3).

(2) Zur Verbesserung kommunikativer Kompetenzen stehen auf der Basis von Kommunikationstheorien zahlreiche Trainings zur Verfügung mit inhaltsorientierten Techniken (z.B. Vermittlung theoretischen Wissens in Vorträgen) und prozessorientierten Techniken (z.B. Rollenspiele oder Arbeit an Fallstudien) (vgl. Kap. 9.2 und 9.3).

7.4 Personale Merkmale zur Vorhersage von Karriereerfolg

Obgleich die Vorhersage von Führungserfolg bzw. -effizienz nur sehr bedingt durch stabile Personeneigenschaften möglich ist, gibt es jedoch zwei Merkmale, die wesentlich zur Prognose von Karriereerfolg in Führungspositionen beitragen und nachfolgend besprochen werden: Geschlecht und klassenspezifischer Habitus.

Geschlecht. Das Geschlecht trägt zur Prognose von Karriereerfolg in Führungspositionen bei, obgleich es keinen spezifischen männlichen oder weiblichen Führungsstil gibt (vgl. von Rosenstiel, 2003). Spitzenpositionen werden nach wie vor fast ausschließlich von Männern besetzt. In den Vorständen der 30 DAX-Unternehmen findet sich beispielsweise nur eine (niederländische) Frau (Handelsblatt, 5., 6., 7. 11. 2004). Darüber hinaus finden Selektionseffekte statt: Frauen, die Führungspositionen erklommen haben, sind häufig unverheiratet und kinderlos, während Männer in Spitzenpositionen zumeist verheiratete Väter sind. Von Rosenstiel (2003) diskutiert folgende Ursachen für die Unterrepräsentation von Frauen in Führungspositionen:

(1) Genetisch fixierte Geschlechtsdifferenzen: Hierzu gehört beispielsweise, dass Frauen evolutionsbiologisch eher dem Nachwuchs Schutz und Geborgenheit gaben, während Männer in Gruppen auf die Jagd gingen. Männer können ungleich mehr Nachkommen haben als Frauen. Der Aufwand von Nachkommenschaft ist bei Frauen ungleich höher als bei Männern.

(2) Stereotyp: „Eine gute Führungskraft ist männlich." Dies führt beispielsweise dazu, dass in einem Assessment-Center einem durchsetzungsfähigen Mann eher Eignung attestiert wird, während eine Frau mit gleicher Verhaltensweise als aggressiv oder zänkisch beschrieben wird.

(3) Fehlende Vorbilder: Frauen haben kaum Spitzenpositionen und Führungspositionen inne, so dass es kaum Vorbilder gibt.

(4) Sozialisationseffekte: Qualifikations- und Studienwege werden von Frauen bevorzugt, die für die Entwicklung einer Führungsrolle in Unternehmen schlechte Voraussetzungen sind. Gestützt wird dies durch eine entsprechende schulische und familiale Sozialisation.

(5) Rollenkonflikte: Die verschiedenen Rollen (Hausfrau, Mutter, Führungskraft) sind strukturell in Deutschland kaum vereinbar. Familienarbeit ist nach wie vor primär Sache der Frau und Mutter. Es stehen weniger Zeit und Energie für die eigene Karriere zur Verfügung.

(6) Selektion und Seilschaften: Die Selektion geschieht durch Männer in einer männerdominierten Arbeitswelt und behindert Frauen, beruflich aufzusteigen. Verschiedene Diskriminierungsmechanismen sind empirisch nachweisbar, wie Gehaltsdifferenzen.

(7) Kostengründe: Frauen werden seltener für Führungspositionen ausgewählt, da sie in der Phase der Familiengründung oftmals Elternzeit nehmen.

(8) Höhere Fremdansprüche: Frauen in Führungspositionen stehen in Organisationen mehr auf dem „Prüfstand", da sie Minderheitenstatus haben. Ihre Aktivitäten (z.B. Kündigung von Mitarbeitern) werden deutlicher beobachtet und bewertet.

Als wesentliche Ursachen für die Unterrepräsentation von Frauen in Führungspositionen werden diskutiert: personale Dispositionen, Stereotypisierungen, Rollenkonflikte, Diskriminierung, ökonomische Vorbehalte (z.B. durch familiär bedingte Auszeiten) und Folgen des Minderheitenstatus.

Klassenspezifischer Habitus. Eine weitere wichtige personale Variable für Karriereerfolg in Führungspositionen ist der klassenspezifische Habitus. Dazu gehören beispielsweise die souveräne Beherrschung von Umgangsformen, die Kenntnis ungeschriebener Gesetze und Regeln, der frühe Aufbau von Kontakten und Beziehungen, Souveränität im Auftreten, hohe Allgemeinbildung, optimistische Lebenseinstellung und ein hohes Maß an unternehmerischem Denken (Winterhoff-Spurk, 2002).

Laut Winterhoff-Spurk (2002) stammen 80 % der Vorstandsvorsitzenden der 100 größten deutschen Unternehmen aus den gehobenen Sozialschichten. Kinder aus dem Großbürgertum haben eine bis zu 180 % höhere Erfolgsquote bei der Besetzung von Spitzenpositionen in Wirtschaftsunternehmen. Auch dies bestätigt – wie bei den Geschlechtsunterschieden – die Bedeutung von Selektionseffekten und Beziehungen.

7.5 Führung und Macht

Führung und Macht werden oft in einem Atemzug genannt. Gleichwohl ist die Literatur zur Macht vor allem soziologischer Natur. Lange Zeit war das Thema Macht in Organisationen tabuisiert – eine Tendenz, die sich nur langsam auflöst (Hoffmann, 2003). Diese neu entfachte Diskussion wird nachfolgend aufgegriffen. Dazu werden zunächst die theoretischen Grundlagen von Macht beleuchtet (Kap. 7.5.1), die Manifestation sozialer Macht in Organisationen hinterfragt (Kap. 7.5.2), Macht als Motiv psychologisch analysiert und die Kosten von Macht beleuchtet (Kap. 7.5.3).

7.5.1 Definition und Grundlagen von Macht

Macht ist durch eine asymmetrische Interaktionsbeziehung gekennzeichnet, bei der die Austauschpartner über ungleiche Mittel verfügen (Fischer & Wiswede, 2002). Fischer und Wiswede (2002) unterscheiden verschiedene Formen sozialer Macht, wie potentielle und realisierte Macht, formelle und informelle Macht, personale und strukturelle Macht. Als Grundlagen der Macht differenzieren sie zwischen: Belohnungsmacht, Bestrafungsmacht, legitime bzw. legitimierte Macht, Identifikationsmacht, Expertenmacht, ökologische Macht sowie Macht durch Emotionen. Diese Macht kann mit unterschiedlichen Mitteln realisiert werden (vgl. Abb. 7.3).

7.5.2 Manifestation sozialer Macht

Die Art und Weise, wie sich soziale Macht manifestiert, ist ein zentraler Aspekt von Führungsverhalten, denn: Führungsverhalten ist immer auch Verteidigung einer eigenen Machtposition gegenüber Mitarbeitern, möglichen Konkurrenten oder gar Nachfolgern. Macht kann sich unterschiedlich manifestieren (vgl. Winterhoff-Spurk, 2002):

▶ verbal (z.B. hohes Sprachschichtniveau, formale Anredevariante, lange Redezeit)

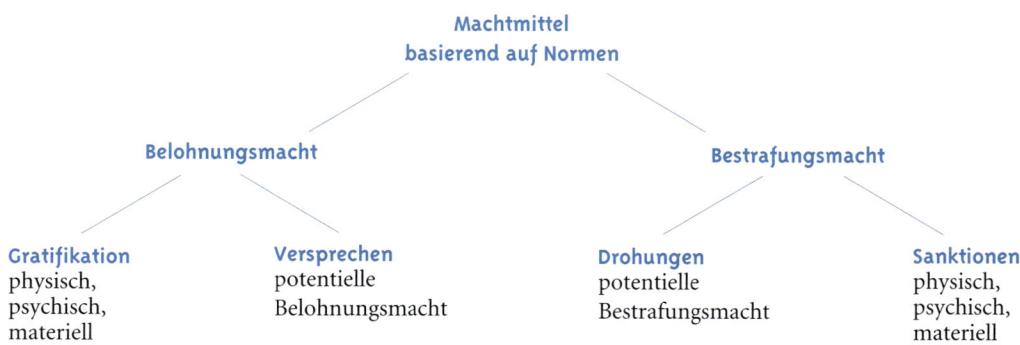

Abbildung 7.3. Differenzierung von Machtmitteln (nach Fischer & Wiswede, 2002). Die Verwendung von Machtmitteln basiert auf Normen. Machtmittel können Belohnungs- und Bestrafungsmacht ausdrücken. Zur Belohnungsmacht in Unternehmen gehören z.B. Gratifikationen, aber auch Versprechen. Bestrafungsmacht bedient sich Sanktionen und Drohungen

▶ nonverbal (z.B. Körperhaltung, wie aufrechter Gang und zugleich entspannte Körperhaltung, dynamische Bewegungen, abstützende Hände in den Hüften)
▶ paraverbal (z.B. schnelles Sprechtempo, geringere Lachfrequenz).

Klassisches Beispiel für die Demonstration von Macht ist das → Behavior setting bzw. spezifisch das → Seating behavior von Führungskräften: Welche Lage hat das Chefbüro im Gebäude? Ist der Zutritt nur über „Pufferpersonen" (engl. „buffer") (z.B. Assistent, Sekretärin) möglich? Wie groß ist das Büro? Wie ist es eingerichtet? Gibt es einen runden oder nur einen eckigen Tisch? Unterscheidet sich der Chefsessel von den anderen Sesseln und Stühlen im Büro? Wie sind Tisch und Stühle angeordnet (vgl. Hellbrück & Fischer, 1999)?

7.5.3 Machtmotiv und Kosten von Macht

Machtmotiv. Bezogen auf Führungssituationen wird Macht vor allen Dingen im Sinne des zu Grunde liegenden Motivs diskutiert. Zum Machtmotiv werden in der Literatur folgende Annahmen formuliert (vgl. Fischer & Wiswede, 2002):

▶ Individuen unterscheiden sich in der Stärke ihres Machtmotivs.
▶ Macht kann zur Erreichung von Zielen ausgeübt werden. Die Ausübung kann aber auch Selbstzweck sein.
▶ Macciavellistische Persönlichkeiten verstehen es, Personen zur Erreichung von Zielen zu instrumentalisieren.
▶ McClelland (zit. in Fischer & Wiswede, 2002) unterscheidet zwischen P- und S-Macht als zwei Formen des Machtmotivs. P-Macht dient individuellen, egoistischen Zielen (vor allem der eigenen Machterweiterung). S-Macht dient hingegen dem Kollektiv und enthält eine soziale Komponente.
▶ Im Allgemeinen kennt das Machtmotiv keine Sättigungsgrenze.

Kosten der Macht. Auch auf Seiten der Führungskraft ist Macht nicht nur positiv besetzt (z.B. Möglichkeit, Ziele durchzusetzen). Stattdessen bedeuten der Besitz und die Ausübung von Macht immer auch Kosten: Kosten für Erlangung, Erhaltung, Präsentation oder Ausübung von Macht sowie psychologische Kosten durch die mit der Macht verbundene Verantwortung (Fischer & Wiswede, 2002). Schließlich kann Macht korrupt machen. So steigert der Zuwachs an Machtmitteln die Wahrscheinlichkeit des Einsatzes. Der Gebrauch der Macht steigert das Selbstwertgefühl. Sich Unterwerfende werden von Machthabenden leicht als Schwächlinge abgewertet, und die abgewerteten Personen geraten dann in eine größere soziale Distanz zum Machthabenden (Fischer & Wiswede, 2002).

7.6 Folgerungen für die Praxis

Die Forschung zu Führungstheorien ist äußerst umfangreich. Das liegt auch daran, dass aus der Praxis ein hoher Informationsbedarf besteht, z.B. bei Fragen der Selektion (geeignete Führungseigenschaften von Personen) und Modifikation (situationsspezifischer Einsatz von Führungsstilen). Die Forschung bietet einige Antworten (von Rosenstiel, 2004).

Sozialbeziehungen und Normen. Wenn Menschen gemeinsam arbeiten, entstehen über die Sachbeziehung hinaus immer auch Sozialbeziehungen. Diese sind in ihrer Form und in ihrem Verlauf gestaltbar und oftmals vorhersagbar. Bei der gemeinsamen Arbeit existieren Normen, die diese gestalten und steuern. Dies können implizite oder explizite Normen sein und betreffen eine Vielfalt von Aufgaben und Informationen. Über die formale Führungsschaft hinaus, die etwa über eine hierarchische Gliederung in einem Unternehmen festgelegt ist, gibt es auch innerhalb einer formal gleichgestellten Gruppe oftmals die informelle Übernahme von Führung.

Interaktion. Es gibt für die Führung in Gruppen weder generell eine optimale Person mit einem optimalen Führungsprofil noch ein optimales Führungsverhalten. Stattdessen sind die jeweiligen situationalen Führungsbedingungen, die zu Führenden als auch die Anforderungen und Aufgaben entscheidende Faktoren, die untereinander in Interaktion stehen. Daher erfordern verschiedene Führungssituationen unterschiedliches Verhalten: Die Führung im Elternbeirat erfordert beispielsweise andere Handlungskompetenzen als die Führung einer zwanzigköpfigen Abteilung einer Produktionsfirma. Können beide Führungsaufgaben von ein und derselben Person ausgeführt werden? Dies hängt entsprechend der zuvor genannten Modelle von der personalen Flexibilität ab, sich auf die verschiedenen Situationen und Bedingungen einzustellen und unterschiedlich zu verhalten.

Reflektion der Aufgabenstellung. Allen Führungssituationen gemeinsam ist die Notwendigkeit, den Einsatz von Einflussmöglichkeiten und damit die Macht der Gestaltung, Steuerung, Bestrafung etc. zu reflektieren. Dies betrifft nicht nur die Reflektion ideologischer Begründungen von Führung und Macht, sondern auch die zunehmende Verantwortung, die mit steigender Macht und größeren Führungsaufgaben einhergeht. Entsprechend wird Führung in modernen Theorien zunehmend als eine Managementaufgabe verstanden, bei der die vielfältigen Interessen der Beteiligten, einschließlich der Geführten, einzubeziehen sind (Gasch, 1989). Dabei ist Führung nicht ausschließlich im Sinne einer rationalen, zielbezogenen Einflussnahme zu interpretieren, sondern Emotionen spielen ebenfalls eine wichtige Rolle.

Führungserfolg. Führungsforschung ist ein komplexes Forschungsfeld mit vielen aktuellen Themen (vgl. Kap. 7.1). Die zahlreichen Komponenten von Führung illustrieren diese Komplexität. Dabei ist das zentrale Ziel in der Praxis, Führungserfolg zu sichern. Sichtbar wird dieser Erfolg über ökonomische und humane Kriterien (vgl. Kap. 2.2.2).

7.7 Kernpunkte und Übungsaufgaben

Kernpunkte

▶ Führung ist eine zielbezogene Einflussnahme. Sie kann durch Personen oder Strukturen erfolgen.

▶ Führungstheorien setzen sich mit der Frage auseinander, wie bestimmte Merkmale oder Verhaltensweisen Führungseffizienz und -erfolg beeinflussen. Klassische Führungstheorien werden in eigenschafts-, verhaltens- und interaktionstheoretische Ansätze unterschieden. Neuere Ansätze sind das Kontingenzmodell von Fiedler, der Reifegradansatz von Hersey und Blanchard sowie das Entscheidungsmodell von Vroom und Yetton.

▶ Führungseffizienz bzw. -erfolg hängen nicht nur vom Führungsverhalten ab, sondern ebenso von Merkmalen der Geführten sowie von situativen Bedingungen und der Führungsaufgabe. Dies erklärt u.a., weshalb es nicht stabile Persönlichkeitsmerkmale gibt, die Führungserfolg valide vorhersagen können: Entgegen der personalistischen Führungstheorie sowie der Trait-Theorien gibt es nicht „die" Führungspersönlichkeit. Auch personale Merkmale (Geschlecht, klassenspezifischer Habitus) sagen nicht Führungs-, sondern nur Karriereerfolg stabil und varianzstark vorher. Stattdessen kann die Fähigkeit zu führen entwickelt werden. Dabei erfolgt das Training situationsspezifisch, so wie die Fähigkeit zum Führen üblicherweise auch gemessen wird (z.B. in Assessment-Center).

▶ Das Thema „Führung" ist vor allem in Deutschland ideologisch belastet – auch, weil „Führung und Macht" eng miteinander verbunden sind. Macht kann sich als asymmetrische Interaktionsbeziehung unterschiedlicher Mittel bedienen und auf verschiedene Weise in Organisationen ausdrücken (z.B. im → Seating behavior von Führungskräften). Dabei basiert Machtausübung auf dem Machtmotiv, das im Allgemeinen keine Sättigungsgrenze kennt. Doch Macht hat auch Kosten (z.B. für ihre Erlangung, Erhaltung und Präsentation).

▶ Insgesamt ist die Führungsforschung umfangreich. Sie gibt detaillierte Antworten auf Fragen der Selektion (geeignete Führungseigenschaften von Personen) und Modifikation (situationsspezifische Verwendung geeigneter Führungsstile). Damit leistet die Forschung einen wichtigen Beitrag, um Führungserfolg in der Praxis zu sichern und den Einsatz von Führungsmethoden zu reflektieren.

Übungsaufgaben

▶ Welche Führungsstile werden von den verschiedenen Theorien unterschieden, und welche Empfehlungen leiten sich für die Frage der Modifikation ab?

▶ Warum gibt es weder aus theoretischer noch empirischer Sicht die ideale Führungspersönlichkeit?

▶ Was bedeutet „Führung" in der Praxis? Und welche Bezüge hat Führung zur Macht? Wie sind diese zu bewerten?

▶ Auf der Basis welcher wissenschaftlichen Leitlinien sind Entwicklungsprogramme für Führungskräfte zu gestalten?

Weiterführende Literatur

Wissenschaftlich; Vertiefung Macht: Fischer & Wiswede (2002).
Praxisbezogen; Vertiefung Macht: Hoffmann (2003).
Eher psychologisch; Vertiefung Führung: Neuberger (2002).
Eher wirtschaftswissenschaftlich; Vertiefung Führung: Wunderer (2003).

8 Gruppen und Gruppenarbeit

Gruppen und Gruppenarbeit werden als ein Fundament moderner Organisationen bewertet: Sie sollen dazu beitragen, Kosten zu sparen sowie → Effizienz und Produktivität zu erhöhen. In Gruppen sollen bessere Entscheidungen gefällt und mehr Kreativität gefördert werden als durch die Arbeit einzelner Mitarbeiter.

In diesem Kapitel wird jedoch gezeigt, dass das nicht immer der Fall ist: Es müssen bestimmte Bedingungen gegeben sein, damit Gruppenarbeit (Qualitätszirkel, autonome oder fachübergreifende Teams, teilautonome Arbeitsgruppen etc.) höhere Leistungen als die Summe der Einzelarbeitsplätze erzielen. Auch werden Erschwernisse von Gruppenarbeiten diskutiert, etwa

Probleme bei der Einführung von Gruppenarbeit als langfristige Organisationsentwicklungsmaßnahme oder das Problem des Gruppendenkens (group think) bzw. des „risky shifts".

Die Organisationspsychologie greift dabei auf die Erkenntnisse der Sozialpsychologie zurück. Hier wurden in den frühen 1920er Jahren die Pionierarbeiten zu gruppendynamischer Forschung und sozialer Gruppe geleistet. Viele der Konzepte, die heute im Praxisfeld der Organisationspsychologie zur Gruppenarbeit diskutiert werden (wie das Problem des Gruppendenkens), wurzeln in dieser frühen sozialpsychologischen Forschung.

8.1 Definitionen und grundlegende Aspekte der Gruppenarbeit

In einer Gruppe haben mehrere Personen über eine längere Zeit hinweg die Möglichkeit zur unmittelbaren Interaktion. Ergänzend werden noch folgende Definitionsmerkmale genannt: Rollendifferenzierung, gemeinsame Normen, Werte und Ziele sowie Ausbildung einer gemeinsamen Identität (Wir-Gefühl).

Ein Arbeitsteam stellt eine spezifische Kategorie von Gruppen dar. Es besteht aus wenigen Mitgliedern, deren zielbezogene Zusammenarbeit durch Kooperation und kollektive Verantwortlichkeit geprägt ist, so dass das Team gern zusammenarbeitet. Ergänzend werden eine geringe hierarchische Binnenstruktur und eine intensive Bindung der Mitglieder an das gemeinsame Team genannt (von Rosenstiel, 2003). Aufgrund des breiteren Begriffsumfangs wird im Folgenden von „(Arbeits)Gruppe" gesprochen – der Begriff des Teams wird nur bei eingeführten Fachtermini (z.B. Fertigungsteam) verwandt. Die unterschiedlichen Formen von Gruppenarbeit können u.a. klassifiziert werden nach:

- Gruppengröße
- Dauer der Zusammenarbeit (permanent oder temporär)
- formale vs. informelle Zusammenarbeit (als „natürliche" Gruppierungen)
- Stärke der Leistungsorientierung
- Arbeitsstil.

Sozialpsychologische Aspekte

Bei der sozialpsychologischen Betrachtung von Gruppenarbeit stehen das Erleben und Verhalten der einzelnen Gruppenmitglieder im Vordergrund. Zentrale Begriffe sind Gruppennormen, Gruppenkohäsion und soziale Rollen – sie werden nachfolgend erläutert.

> **!** Gruppennormen sind von allen Gruppenmitgliedern geteilte Erwartungen darüber, wie Mitglieder der Gruppe in bestimmten Situationen denken und handeln sollten.

Gruppennorm. Man unterscheidet u.a. formelle versus informelle Normen sowie explizite versus implizite Normen. Inhaltlich können sich die Normen auf unterschiedliche Felder erstrecken, z.B. den Arbeitsprozess, den sozialen Umgang miteinander, die Zuweisung von Ressourcen. Die Funktionen von Normen im Kontext von Gruppenprozessen sind vielfältig, z.B. Stärkung von Solidarität und Gruppenidentität, Erhöhung der Vorhersagbarkeit und Berechenbarkeit des Verhaltens einzelner Gruppenmitglieder, Vermittlung von Verhaltenssicherheit und sozialen Erwartungen (z.B. über Arbeitsleistungen). Dadurch wird die Gefahr verringert, dass das gemeinsame Ziel nicht erreicht wird oder dass soziale Konflikte entstehen (Weinert, 2004). Akzeptanz der Gruppennormen drückt sich in Konformität aus, indem Mitarbeiter ihre individuellen Stellungnahmen in Richtung auf den Gruppenstandard verändern.

Gruppenkohäsion. Ebenfalls Ausdruck von Gruppennormen ist die Gruppenkohäsion. Diese meint den inneren Zusammenhalt der Gruppe bzw. den Grad ihrer Geschlossenheit (Weinert, 2004). Eine Steigerung der Gruppenkohäsion erhöht die individuelle Arbeitszufriedenheit. Sie steigert aber nur unter bestimmten Bedingungen die Leistung, beispielsweise, wenn sich Organisations- und Individualziele durch Einführung von Partizipationsverfahren einander annähern, wie es in Form teilautonomer Arbeitsgruppen angestrebt wird (von Rosenstiel, 2003). Auch die umgekehrte Wirkrichtung ist zu beobachten: Hohe Produktivität wird zur Ursache hoher Gruppenkohäsion, indem der gemeinsame Erfolg die Motivation und das Wir-Gefühl steigert.

Soziale Rollen. Soziale Rollen sind soziale Erwartungen über Einstellungen und Verhaltensmuster an den Rollenträger. In jeder Gruppe hat jedes Gruppenmitglied eine oder mehrere soziale Rollen. Die wesentlichen Rollen in Gruppen sind (vgl. Weinert, 2004):

▶ aufgabenorientierte Rollen (sachorientiert)
▶ beziehungsorientierte Rollen (sozio-emotional)
▶ selbstorientierte Rollen (individuelle Bedürfnisse und Wünsche).

Rollenidentität liegt vor, wenn die eigenen Einstellungen und Verhaltensweisen mit den erwarteten Einstellungen und Verhaltensweisen übereinstimmen. Es gibt jedoch Inter- und Intrarollenkonflikte. Bei Intrarollenkonflikten ist die Person in Konflikt mit sich selbst. Bei Interrollenkonflikten existieren unterschiedliche Erwartungen darüber, wie eine bestimmte Rolle auszuführen ist. Zur Lösung dieser Konflikte wurden in der Praxis verschiedene Interventionsstrategien entwickelt (z.B. das Rollenverhandeln), die auch Teil eines Mediationsprozesses sein können (vgl. Kap. 10.).

Das Rollenverhandeln. Das Rollenverhandeln kann sowohl innerhalb einer Gruppe als auch bei Rollenkonflikten zwischen Gruppen angewendet werden. Diese Methode dient dazu, in folgenden Schritten Rollenerwartungen zu präzisieren und gegeneinander abzuklären (vgl. Gebert, 2004):

(1) Festschreibung von Rollenerwartungen an die übrigen Gruppenmitglieder mithilfe von Leitfragen (z.B. nach hilfreichen und weniger hilfreichen Verhaltensweisen des anderen)

(2) Mitteilung und Visualisierung dieser Rollenerwartungen

(3) Verhandeln über widersprüchliche Rollenerwartungen und Protokollierung des Ergebnisses.

Es gibt verschiedene Phasen der Bildung von Arbeitsgruppen, in denen sich vorrangig Normen herausbilden, Konflikte besonders wahrscheinlich sind oder aber geordnete Arbeit stattfindet. Innerhalb der Sozialpsychologie wurde die Entwicklung von Gruppen systematisch untersucht. Es werden nach Tuckman (zit. in von Rosenstiel, 2003) vier prototypische Phasen unterschieden:

▶ Phase 1: Forming. Bildung der Gruppe. Die Situation ist noch unklar und undifferenziert.
▶ Phase 2: Storming. Erste Konflikte brechen auf, Macht- und Statusklärungen finden statt.
▶ Phase 3: Normierung. Gruppenmitglieder beginnen sich in ihrer Unterschiedlichkeit zu akzeptieren. Gruppenidentität entwickelt sich.
▶ Phase 4: Performing. Die Gruppe geht zu einer geordneten Arbeitsweise über.

Sozialpsychologische Kenntnisse über Gruppenbildung und -prozesse sind hilfreich, um diese in der organisationalen Praxis auf schnellere und effizientere Zusammenarbeit und Zielerreichung hinzusteuern. Dazu finden beispielsweise in den Phasen 2 und 3 oftmals Workshops statt, die die Prozesse beschleunigen und kontrollieren.

8.2 Gruppenarbeit: Bedingungsfaktoren für den Erfolg

Gruppenarbeit kann nach unterschiedlichen Kriterien bewertet werden. Mögliche Erfolgskriterien sind (vgl. von Rosenstiel, 2003)

(1) Leistungs- bzw. ökonomische Kriterien (vgl. Kap. 2.2.2)
(2) Humankriterien (vgl. Kap. 2.2.2)
(3) Personal- und OE-Kriterien (Qualifikation des Mitarbeiters, Lernübertragungen i.S. einer lernenden Organisation etc.)
(4) Akzeptanz in der Gesellschaft (Übereinstimmung der Arbeitsform mit Normen und Traditionen der Kultur, Entsprechung mit dem Zeitgeist etc.).

Aussagen darüber, ob die Einführung von Gruppenarbeit bezogen auf diese Kriterien erfolgreich ist oder nicht, treffen Modelle der Gruppenleistung, die nachfolgend besprochen werden. Modelle der Gruppenleistung dienen dazu, den Erfolg von Gruppen im Sinne ihrer → Effektivität vorherzusagen. Dabei stehen Leistungs- bzw. ökonomische Kriterien im Vordergrund. Das Modell der Gruppenleistung nach Steiner sei exemplarisch genauer betrachtet (zit. in Brodbeck & Frey, 1999). Die Kernaussage des Modells lautet: Die tatsächliche Gruppenleistung ist eine Funktion der potentiellen Gruppenleistung minus Prozessverlusten plus Prozessgewinnen.

Die potentielle Gruppenleistung hängt von der Struktur der Arbeit ab. Es werden drei Grundformen unterschieden:

(1) Additive Aufgaben: Die Gruppe ist als Ganzes besser als das Mitglied, das am meisten leistet (z.B. Eintüten von Briefen, Brainstorming etc.).

(2) Kompensatorische Strukturierung: Die potentielle Gruppenleistung besteht aus dem Durchschnittswert der Einzelleistungen (z.B. Mehrheitsbeschlüsse, Schätzaufgaben).

(3) Disjunktive Aufgaben: Die potentielle Gruppenleistung ist durch die beste Einzelleistung bestimmt, z.B. bei Problemlöse- oder Entscheidungsaufgaben.

Die tatsächliche Gruppenleistung wird durch Prozesse innerhalb der Gruppe bestimmt. Die Theorie analysiert vor allem den Aspekt der Prozessverluste. So kann die reale Gruppenleistung durch Motivations- und Koordinationsmängel eingeschränkt werden. Motivationsmängel sind u.a. umso stärker zu bewerten

▶ je uninteressanter und unwichtiger die Tätigkeit ist

▶ je weniger individuelle Beiträge identifiziert werden können („soziales Faulenzen") und umso entbehrlicher sie erscheinen

▶ je stärker die Erwartung ist, dass andere weniger leisten

▶ je weniger sich Gruppe und Einzelner mit ihrer Leistung identifizieren.

Koordinationsmängel beschreiben Mängel und Fehler, die entstehen, wenn individuelle Beiträge zusammengeführt werden. Die Frage, wie stark Koordinationsmängel die tatsächliche Gruppenleistung einschränken, hängt auch davon ab, wie die Arbeitsgruppe zusammenarbeitet bzw. welche Aufgabenart sie dabei zu beachten hat (Wiendieck, 1994).

Insgesamt sind zur Vorhersage betrieblichen Gruppenerfolgs viele Variablen zu berücksichtigen, wie Art der Aufgabe, Gruppendesign, Gruppensynergien, materielle Ressourcen. Das psychologische Rahmenmodell Steiners erklärt dabei Differenzen zwischen tatsächlicher und potentieller Gruppenleistung.

8.3 Entscheidungen in der Gruppe

Ein besonderes Problem der Gruppenarbeit sind Entscheidungen, die in der Gruppe zu fällen sind. Sollen diese besser durch Einzelpersonen oder auf der Basis eines Gruppenprozesses gefällt werden? Dies hängt von der Art des Problems ab, über das zu entscheiden ist. Gruppenentscheidungen sind Entscheidungen einzelner Personen überlegen (vgl. Weinert, 2004), wenn es darum geht, viele verschiedene Ideen kreativ zu entwickeln, wenn viele Informationen beschafft oder in das Gedächtnis zurückgerufen werden müssen oder wenn es sich um die Bewertung unklarer und unsicherer Situationen handelt.

Entscheidungen einzelner Personen sind dagegen Gruppenentscheidungen überlegen, wenn die Entscheidungsprozesse eine Reihe von Teilentscheidungen umfassen oder wenn besonders viel analytischer Verstand beim Durchdringen der Probleme in jeder Phase verlangt ist (z.B. Erstellen von Anweisungen, Regeln, Bestimmungen etc.). Bezogen auf Leistungskriterien zeigen sich folgende Unterschiede (Weinert, 2004):

▶ Gruppenentscheidungen sind zumeist → effektiver, aber nicht schneller bei der Entscheidungsfindung.

▶ Hinsichtlich der → Effizienz der Entscheidungen sind Einzelpersonen überlegen. Gleiches gilt bei offenen, wenig strukturierten Aufgaben (z.B. bei konzeptuellen Arbeiten zur Gestaltung von PE-Maßnahmen).

Risky shift. Ein besonderes Problem ist, dass Entscheidungen einer Gruppe tendenziell riskanter ausfallen („risky shift"). Für diese riskanteren Entscheidungen gibt es verschiedene Erklärungsversuche (Wiendieck, 1994):

(1) Informationsvorteil: Ein Problem wird in einer Gruppe von allen Seiten beleuchtet und verliert damit seine Unübersichtlichkeit und subjektiv zu große Komplexität.

(2) Führungseinflüsse: Risikofreudige Mitarbeiter mit hohem Sozialstatus haben eine größere Chance, die Gruppe zu beeinflussen.

(3) Verantwortungsdiffusion: Mögliche Konsequenzen einer Entscheidung werden nicht individuell getragen.

(4) Sozialer Charakter einer Gruppe: Eine positive Bewertung von Risikobereitschaft wird als soziale Norm aktiviert.

Group think. Ein weiteres Problem bei der Entscheidungsbildung ist das Gruppendenken (group think). Es erklärt, weshalb Entscheidungen in der Gruppe inhaltlich unter dem Niveau von Einzelentscheidungen liegen können. Gruppendenken tritt primär bei Gruppen mit hoher Kohäsion auf. Es entwickeln sich problematische Konformitätsprozesse, z.B. äußert das einzelne Gruppenmitglied nicht mehr frei seine Meinung, sondern passt sich der Gruppenmeinung an, um von den anderen sozial akzeptiert zu werden oder um Widerstand zu vermeiden. Diese Prozesse führen dazu, dass Gruppenentscheidungen letztendlich unter dem inhaltlichen Niveau individueller Einzelentscheidungen liegen. Brodbeck und Frey (1999) nennen in Anlehnung an Janis (zit. in Brodbeck & Frey, 1999) neun Symptome des Gruppendenkens:

(1) Illusion der Unanfechtbarkeit (Ursache hoher Konformität im Denken der Gruppenmitglieder)

(2) keine Reflexion gruppeneigener Moral, Gruppennormen und des Gruppenkodex

(3) Rationalisierung (negatives Feedback wird abgewertet, Grundannahmen damit beibehalten)

(4) Stereotypisierung (Abwertung) von Meinungsgegnern

(5) Konformitätsdruck (dadurch Herstellung von Homogenität der Gruppe, soziale Sanktionierung von Zweiflern)

(6) Entscheidungsdruck (Zeitdruck, Isolation und Kohäsion befördern eine zu rasche Einigung)

(7) Illusion von Einstimmigkeit (Schweigen als Zustimmung)

(8) Selbstzensur eigener Zweifel (Vermeidung sozialer Sanktionierung, Einsparung von Zeit)

(9) Dominanz von „Mindguards" (Mitglieder, die Informationen bewerten, Konformitätsdruck ausüben, Kritiker einschüchtern).

Gegenmaßnahmen zum Gruppendenken. Riskantere Entscheidungen und das Gruppendenken sind spezifische Probleme, die in Arbeitsgruppen auftauchen können und die daher durch Gegenmaßnahmen zu vermeiden oder aufzufangen sind. Gegenmaßnahmen zum Gruppendenken (vgl. z.B. Brodbeck & Frey, 1999):

▶ Zurückhaltung des Gruppenleiters

▶ Heranziehen außenstehender Fachleute und Experten, die einer Geheimbundmentalität entgegenwirken

▶ Förderung der Erarbeitung kritischer Argumente und Stellungnahmen

▶ Übernahme der Rolle des Kritikers durch ein Gruppenmitglied

▶ Bildung mehrerer Arbeitsgruppen zum gleichen Entscheidungsproblem

▶ keine Entscheidung unter Zeitdruck

▶ Redigierbarkeit von Vorentscheidungen vor der endgültigen Entschlussbildung.

8.4 Beispiele für Gruppenarbeit in Organisationen

Es lassen sich verschiedene Formen der Gruppenarbeit unterscheiden (vgl. Abb. 8.1). Exemplarisch herausgegriffen werden nachfolgend der Qualitätszirkel (Kap. 8.4.1) und teilautonome Arbeitsgruppen (Kap. 8.4.2): Beide spiegeln unterschiedliche Formen der Gruppenarbeit wider und werden in der Literatur besonders ausführlich behandelt.

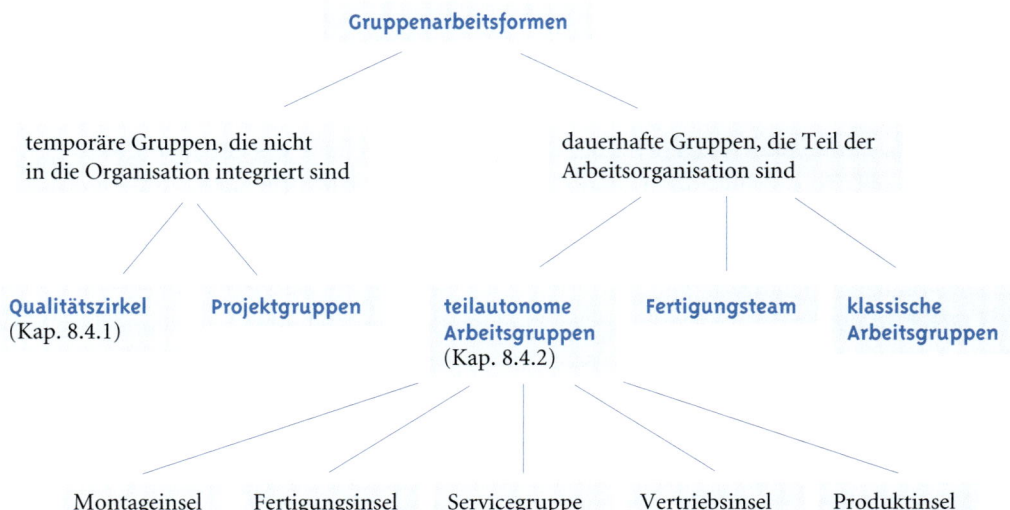

Abbildung 8.1. Formen der Gruppenarbeit (nach Antoni, 1996). Sie werden in zwei Gruppen unterschieden, je nachdem, ob die Gruppenarbeit temporär oder dauerhaft ist und somit als fester Bestandteil in die Arbeitsorganisation integriert ist oder nicht

8.4.1 Qualitätszirkel

In Qualitätszirkeln werden betriebliche Probleme nicht von Führungskräften, sondern primär von Mitarbeitern der ausführenden Ebene gelöst. Sie sind Experten für den Arbeitsplatz und für die Arbeitsabläufe. Diese praktischen Erfahrungen sollen sie in die Gruppe des Qualitätszirkels einbringen und gemeinsam eine Lösung bestehender Probleme erarbeiten (vgl. Bungard & Antoni, 2004).

Merkmale von Qualitätszirkeln bzw. Lernstätten (vgl. Antoni, 1996)

▶ Bildung von Kleingruppen zur Bearbeitung eines Problems, wobei die Mitglieder zumeist aus einem Arbeitsbereich stammen
▶ Themenfestlegungen innerhalb der Gruppen
▶ möglichst eigenverantwortliche Lösung der arbeitsbezogenen Themen und Probleme

▶ Honorierung von Problemlösungsvorschlägen (z.T. mittels eines eigenen Belohnungsentgeltsystems)
▶ Übernahme der Moderatorfunktion durch den Vorgesetzten oder ein gewähltes (und zumeist geschultes) Gruppenmitglied
▶ Integration der Arbeit in Qualitätszirkeln in übliche Arbeitsabläufe und -zeiten.

Verbreitung und empirische Daten. Obgleich Qualitätszirkel weit verbreitet sind, wurden sie relativ selten empirisch untersucht. Die meisten Studien erfassen qualitative Daten. Diese zeigen, dass es gute Effekte bei den Humankriterien gibt (z.B. Verbesserung der Zusammenarbeit, Wertschätzung von Mitsprachemöglichkeiten). Positive ökonomische Auswirkungen werden hingegen weniger einheitlich berichtet (z.B. Verbesserungen der Qualität, Steigerung der Produktivität). Hierfür werden u.a. Schwierigkeiten bei der Einführung und Durchführung von Qualitätszirkeln verantwortlich gemacht, z.B. mangelnde Unterstützung durch das mittlere Management oder fehlende Zeit für die Arbeit in Qualitätszirkeln (vgl. Bungard & Antoni, 2004).

8.4.2 Teilautonome Arbeitsgruppen

Teilautonome Arbeitsgruppen dienen aus psychologischer Sicht dazu, ebenso Handlungsspielräume zu erweitern wie Maßnahmen des Job-Rotation, -Enlargement und -Enrichment (vgl. Kap. 13.3.2). Dazu wird kleinen funktionalen Einheiten (3–10 Personen) eine ganzheitliche Arbeitsaufgabe zugewiesen. Die teilautonome Arbeitsgruppe arbeitet konstant an der Erstellung eines kompletten Produkts, Teilprodukts oder einer Dienstleistung zusammen.

Teilautonome Arbeitsgruppen wurden in der Automobilindustrie eingeführt, zunächst von der schwedischen Automobilfirma Volvo (→ Volvoismus). Sie hat mittlerweile diese Produktionsweise zurückgenommen und durch stark durchrationalisierte Formen der Gruppenarbeit ersetzt, wie sie in der japanischen Automobilindustrie entwickelt wurde (→ Toyotismus). Daher wird auch von einem „Wandel vom Volvoismus zum Toyotismus" gesprochen (vgl. von Rosenstiel, 2003). Das Konzept der teilautonomen Arbeitsgruppen hat zahlreiche Überschneidungen mit dem Begriff der Fertigungsteams. Bei Fertigungsteams handelt es sich jedoch um ein streng hierarchisches Modell, das an Leistungsmaximierung ausgerichtet ist. Hingegen werden bei teilautonomen Arbeitsgruppen auch Humankriterien berücksichtigt (Antoni, 1996).

Merkmale teilautonomer Arbeitsgruppen (vgl. Antoni, 1996)

- ▶ Teilautonomie
- ▶ Selbstorganisation
- ▶ ganzheitliche Arbeitsaufgabe
- ▶ Integration indirekter Tätigkeiten
- ▶ flexibler Arbeitseinsatz

- ▶ Weiterbildung der Mitglieder
- ▶ Mehrfachqualifikation
- ▶ Streben nach Verbesserung und Anpassung an geänderte Bedingungen.

Das Kriterium der Teilautonomie kann sich auf Entscheidungen der Selbstverwaltung, -bestimmung und -regulation beziehen. In der Praxis werden zumeist Entscheidungen innerhalb eines vorgegebenen Arbeitssystems an die Gruppe delegiert. Teilautonome Arbeitsgruppen besitzen keine autonomen Entscheidungsrechte, sondern allenfalls eingeschränkte Gruppenrechte. Bei gesamtbetrieblichen Fragen oder produktbezogenen Entscheidungen haben teilautonome Arbeitsgruppen üblicherweise nicht einmal ein Mitspracherecht (vgl. Bungard & Antoni, 2004).

Verbreitung und empirische Daten. Die Einführung von teilautonomen Arbeitsgruppen erfordert eine Abkehr von einer partialisierten Arbeitsorganisation, z.B. in Form von Fließbandproduktion. Damit sind tiefgreifende strukturelle Veränderungen in Organisationen notwendig.

Qualitätszirkel erfordern hingegen keine so weitreichenden Veränderungen. Dies kann erklären, warum sie nach wie vor weitaus verbreiteter sind als teilautonome Arbeitsgruppen.

Es gibt relativ umfangreiche, auch quantitative Forschung zur Wirkung der Einführung teilautonomer Arbeitsgruppen. Die Ergebnisse sind uneinheitlich. Zum Teil zeigen sich deutlich positive Effekte, wie Produktivitätssteigerung und Rückgang von Fluktuation und Fehlzeiten. Bei vielen → Kriteriumsvariablen gibt es jedoch keine statistische Verbesserung, z.B. bei allgemeinen Maßen der Arbeitszufriedenheit oder grundlegenden Commitments (vgl. zum Überblick Antoni, 1996).

8.5 Einführung betrieblicher Gruppenarbeit in der Praxis

Das Konzept der Gruppe hat in Organisationen eine hohe Bedeutung. Es ist zunehmend notwendig, dass mehrere Spezialisten koordiniert an umfassenderen Aufgaben arbeiten. Im Kontext des → Lean Managements gehört beispielsweise Gruppenarbeit zu den Standards betrieblicher Arbeitsformen. Darüber hinaus deuten viele organisationspsychologische Theorien darauf hin, wie relevant Gruppenbeziehungen für die Befriedigung menschlicher Bedürfnisse sind, z.B. die humanistischen Ansätze der Theorie von McGregor, das Mix-Modell Argyres oder das Gruppenorganisationsmodell von Likert (vgl. Bungard & Antoni, 2004 sowie Kap. 2.5). Deshalb ist die Einführung von Gruppenarbeit ein klassisches Instrument der Organisationsentwicklung mit zahlreichen Bezügen zur Personalentwicklung. Gruppenarbeit erfordert fachliche, methodische und soziale Qualifizierungen sowie kontinuierliche Lernprozesse „on the Job".

Vorteile. Mögliche Vorteile von Gruppen für die Organisation gehen somit weit über das Kriterium der Gruppeneffektivität bzw. der Leistungsfähigkeit von Gruppen hinaus. Sie umfassen u.a. (nach Weinert, 2004): Produktivitätserhöhungen, Einsparung von Führungspositionen durch abgeflachte Strukturen, Gruppen als Entscheidungs- und Problemlöseinstrument, Nutzung vielfältiger Spezialisierungen und Kenntnisse bei ausreichend heterogener Gruppenzusammensetzung, „Disziplinierung" und Führung durch informelle und soziale Kontrollmechanismen, Förderung von Innovation, Kreativität, Problemlösungen (z.B. in Qualitätszirkeln), Vermeidung von Widerstand (durch Mitsprache bei Entscheidungen), Flexibilität im Sinne der effektiven Anpassung an Veränderungen (z.B. Marktveränderungen), Erleichterung der Identifikation mit der Arbeit und Organisation (durch soziale Bindungen in der Gruppe), Sozialisation und Training neuer Mitarbeiter.

Entsprechend dieser breiten Vorteile unterscheidet Wiendieck (1994) verschiedene Trägerelemente der Einführung von Gruppenarbeit:

(1) Komplexitätsbeherrschung: Die wachsende Aufgabenkomplexität übersteigt die Informationsverarbeitungs-, Steuerungs- und Verantwortungskompetenz einer auf Einzelentscheidungen beruhenden Organisationsstruktur.

(2) Innovationsaktivierung: Der hohe Innovationsbedarf lässt sich nicht mehr durch die kreativen Potentiale unsystematischer Einzelerfindungen sicherstellen.

(3) Integrationsbedarf: Durch die zunehmende Differenzierung der Organisation und die Erweiterung der Handlungsspielräume entsteht ein höherer Integrationsbedarf. Arbeitsgruppen können hier integrierende und konfliktverringernde Funktionen übernehmen.

Probleme. Bei der Etablierung von Gruppenmodellen ist in der betrieblichen Praxis mit Problemen und Widerständen zu rechnen (vgl. zum Überblick Antoni, 1996):

- ▶ Ziel und Konzepte sind unspezifisch und unklar.
- ▶ Aufgabenkompetenzen und Verantwortlichkeiten sind nicht eindeutig zugeschrieben.
- ▶ Es wird entlang von Strukturen vorgegangen; die psychologischen Dimensionen bleiben unberücksichtigt.
- ▶ Die Ansätze sind häufig restriktiv. Die Partizipation ist ungenügend, so dass es zu Widerständen auf Führungs- und Mitarbeiterebene gleichermaßen kommt.
- ▶ Die Umsetzung ist inkonsequent und inkompetent, wie z.B. der Umgang mit Ressourcen, mit Qualifizierungen, aber auch mit Widerstand von Seiten der Mitarbeiterschaft und der Führungskräfte.
- ▶ → Taylorismus mit Einzelarbeit ist zur kulturellen Basis vieler Unternehmen geworden. Dieser ist in der Tendenz jedoch „gruppenfeindlich".

Zur Vermeidung grundlegender Probleme und Widerstände wurden Prinzipien zur Einführung von Gruppenarbeit formuliert. Sie lauten nach Antoni (1996): (1) Anwendung eines heuristischen, partizipativen Vorgehens, (2) frühzeitige Information und Qualifizierung aller Betroffenen, (3) Schaffung struktureller Voraussetzungen und günstiger Rahmenbedingungen.

Um Gruppenarbeit in Organisationen erfolgreich einzuführen und dauerhaft zu etablieren, muss das Konzept bei Führungskräften und Mitarbeitern gleichermaßen akzeptiert werden. Förderliche Bedingungen sind dafür (vgl. auch Högl & Gemünden, zit. in von Rosenstiel, 2003):

- ▶ gemeinsame Diagnose der Startbedingungen und einvernehmliche Planung der Realisierung des Konzepts im betrieblichen Alltag
- ▶ Schaffung guter Voraussetzungen für eine effiziente Gruppenarbeit durch entsprechende Gruppenzusammensetzung: ausreichende soziale und methodische Kompetenzen, Beachtung der eigenen Präferenzen möglicher Gruppenmitglieder für die gemeinsame Arbeit, Vermeidung zu großer Wissens- und Fähigkeitsunterschiede zwischen einzelnen Gruppenmitgliedern
- ▶ Einführung ergänzender PE-Maßnahmen, z.B. in Form eines sozialen Kompetenztrainings, das die sozialen Voraussetzungen für die Gruppenarbeit schafft
- ▶ Vorgabe eines kollektiv verpflichtenden Ziels, das die Kriterien guter Zielformulierungen erfüllt (vgl. Kap. 6.5.2)
- ▶ Ausrichtung auf das langfristige Ziel, Gruppenarbeit zu einem integralen Bestandteil der Organisationskultur zu machen
- ▶ Realisierung von Gleichberechtigungs- und Mitwirkungsmöglichkeiten der Gruppenmitglieder bei der Entscheidungsbildung
- ▶ Realisierung eines konstruktiven Feedbacksystems
- ▶ längerfristige Planung unter Bereitstellung ausreichender finanzieller Mittel.

Alle gruppenorientierten Interventionsformen sind als OE-Maßnahmen zu begreifen, deren Einführung einen systematischen OE-Prozess erfordert (vgl. Kap. 4.3.2). Gleichwohl sind sie in der Praxis nicht immer Teil eines fortlaufenden, kontinuierlichen Prozesses. Sie werden stattdessen oftmals als punktuelle Einzelmaßnahme durchgeführt. Damit haben sie den Status von PE-Maßnahmen. Langfristige und systematische Ziele, die in die Gesamtstruktur der Organisation gebettet sind, lassen sich dadurch aber nicht erreichen. Über die Einführung von Gruppenarbeit ist situationsspezifisch zu entscheiden. Dabei sind – unter Berücksichtigung der spezifischen Aufgabenstellung und Rahmenbedingungen – Prognosen über die jeweilige Wirksamkeit der Gruppenarbeit zu formulieren. Ihre Wirksamkeit ist prozessorientiert (auch durch Feedbacksysteme) zu überprüfen.

8.6 Kernpunkte und Übungsaufgaben

Kernpunkte

▶ Der Begriff der Gruppe ist weiter gefasst als derjenige des Teams – Letzterer zu verstehen als spezifische Form von Gruppe (mit weniger Mitgliedern, die zielbezogen und gern zusammenarbeiten).

▶ Auf der Basis sozialpsychologischen Grundlagenwissens wurden praxisbezogene Anwendungen entwickelt, um Probleme in und zwischen Gruppen zu lösen oder zu vermeiden, z.B. die Methode des Rollenverhandelns bei Rollenkonflikten in und zwischen Gruppen oder die systematische Analyse und Steuerung gruppendynamischer Prozesse.

▶ Ob Gruppenarbeit in der Praxis Einzelarbeit tatsächlich überlegen ist, hängt von zahlreichen Faktoren ab. Dazu sind zunächst die Erfolgkriterien der (Gruppen)Arbeit festzulegen. Vorhersagen der Gruppenleistung machen theoretische Modelle; das Modell von Steiner rückt z.B. die Merkmale der Arbeitsaufgabe sowie Motivations- und Koordinationsmängel in den Vordergrund. Dadurch lassen sich Unterschiede zwischen tatsächlicher und potentieller Gruppenleistung erklären.

▶ Entscheidungen, die in Gruppen gefällt werden, stellen ein Risiko dar: In der Tendenz fallen Entscheidungen in der Gruppe riskanter aus als Entscheidungen von Einzelpersonen („risky shift"). Es finden zudem Konformitätsprozesse statt, die ein Gruppendenken fördern („group think"), so dass Gruppenentscheidungen auch inhaltlich unter dem Niveau von Einzelentscheidungen liegen können.

▶ Von den vielfältigen Formen betrieblicher Gruppenarbeit wurden Qualitätszirkel und teilautonome Arbeitsgruppen exemplarisch vorgestellt: Dabei sind bei der Einführung teilautonomer Arbeitsgruppen in Unternehmen weitreichendere (strukturelle) Veränderungen notwendig als bei Qualitätszirkeln. Dies kann u.a. erklären, weshalb Qualitätszirkel in der Praxis weiter verbreitet sind als teilautonome Arbeitsgruppen.

▶ Die Implementierung von Gruppenarbeit in Organisationen muss im Rahmen eines systematischen OE-Prozesses professionell vorbereitet und durchgeführt werden. Dies hilft, Fehlschläge zu vermeiden (z.B. durch eine umfangreiche Diagnose der Ausgangsbedingungen, die u.a. die situationsspezifischen Vor- und Nachteile von Gruppenarbeit abklärt), so dass Gruppenmodelle nicht zur modischen Leerformel werden.

Übungsaufgaben

▶ Welche Hilfestellungen kann die sozialpsychologische Forschung zur Steuerung von Prozessen in betrieblichen Arbeitsgruppen geben?

▶ Was bedeutet Gruppenerfolg, und wovon hängt er ab?

▶ Unter welchen Bedingungen ist die Einführung betrieblicher Gruppenarbeit sinnvoll?

▶ Welche Strategien sind hilfreich, um Gruppenarbeit in Organisationen erfolgreich einzuführen und dauerhaft zu etablieren?

Weiterführende Literatur

Vertiefung teilautonome Arbeitsgruppen: Antoni (1996).
Überblick über Gruppen/-arbeit: Bungard & Antoni (2004);
Brodbeck & Frey (1999).

9 Kommunikation und Information

Was Sie in diesem Kapitel erwartet

Was kann psychologische Expertise dazu beitragen, in Organisationen günstige Kommunikationsbedingungen und -strukturen zu schaffen? Wie kann sie Kommunikationsstörungen klären? Ein Beispiel: Der Chef beraumt für einen Mitarbeiter (noch) keinen Termin für ein Jahresabschlussgespräch ein, obgleich die Frage einer Gehaltserhöhung im Raum steht. Der Chef möchte seinen Standpunkt zunächst weiter absichern, ehe er in das Gespräch geht. Doch es heißt: „Man kann nicht nicht kommunizieren" (1. Axiom Watzlawicks). Daher macht der Chef durch sein Schweigen bereits eine, wenngleich uneindeutige, Mitteilung. Diese führt beim Mitarbeiter zu weitaus bedrohlicheren Spekula-tionen, u.a. über seine mögliche Entlassung, als es bei einer kurzen Mitteilung über die aktuelle Urteilsunsicherheit der Fall gewesen wäre.

Für solche Beispiele ineffizienter Kommunikation hält die Kommunikationspsychologie theoretische Modelle und praktische Empfehlungen bereit. Sie dienen dazu, Kommunikationsstörungen und -fallen in Organisationen zu vermeiden bzw. zu beheben. Dazu wird die umfangreiche sozialpsychologische Grundlagenforschung der Kommunikationspsychologie auf den Kontext der Organisation angewandt. Sie wird genutzt, statt einer „Kommunikation der Information" eine „Kommunikation der Verständigung" zu etablieren.

9.1 Kommunikation in Organisationen

Was bedeutet Kommunikation, und welche Felder und Sprachmodi umfasst sie (Kap. 9.1.1)? Was sind die Besonderheiten von Kommunikation in Organisationen (Kap. 9.1.2)? Und warum ist die organisationale Kommunikation für den Organisationserfolg so bedeutsam (Kap. 9.1.3)?

9.1.1 Grundlagen der Kommunikation

Kommunikation (lat. communicatio: Verbindung, Mitteilung) ist der Austausch von Nachrichten als bedeutungshaltige Botschaften. Die Nachricht wird von jemandem ausgesandt (Sender), von jemandem empfangen (Empfänger) und in einer bestimmten Weise de- und enkodiert, wobei der Code Sprache, Schrift, Geste, Gesichtsausdruck etc. umfasst.

Der Begriff der sozialen Interaktion ist weiter gefasst und bezieht sich auf die Gesamtheit zwischenmenschlicher Austauschprozesse.

Kommunikationskompetenz wird im Sinne klassischer eigenschaftstheoretischer Ansätze als Persönlichkeitsmerkmal (trait), im lerntheoretischen Sinne als Verhaltenskompetenz (behavioral skill) und im sozial-kognitiven Sinne als umfassendes Konstrukt sozialer Fertigkeiten (social skills) verstanden (vgl. Bender & Gallenmüller, 1993). Watzlawick, Beavin und Jackson (2000) greifen auf folgende theoretische Dreiteilung menschlicher Kommunikation zurück:

(1) Syntaktik: Sie umfasst Aspekte der Nachrichtenübermittlung (Code, Kanäle, Rauschen, Redundanz etc.).

(2) Semantik: Sie meint die Bedeutung der verwendeten Symbole (Sender und Empfänger müssen sich über die Bedeutung der Symbole einig sein).

(3) Pragmatik: Diese umfasst die Zeichenverwendung sowie die Wirkung der Kommunikation auf das Verhalten („Jede Kommunikation beeinflusst das Verhalten aller Teilnehmer.").

(4) Ergänzend lässt sich anführen: Proxemik: Sie beschäftigt sich mit der sozialen Distanz bei der Kommunikation. Es werden intime, persönliche, sozial-konsultative und formelle Distanzzonen unterschieden.

Kommunikationsmodi der Sprache. Wichtigstes Mittel der Kommunikation ist die Sprache. Es werden drei Kommunikationsmodi der Sprache differenziert: (1) verbale Kommunikation (gesprochene oder geschriebene Sprache), (2) nonverbale Kommunikation (Mimik, Emotionsausdruck, Gestik, körperliches Erscheinungsbild, aber auch Proxemik als Verhalten im Raum etc.), (3) paraverbale Kommunikation (die Art und Weise, wie gesprochen wird, z.B. Tonhöhe, Lautstärke, Geschwindigkeit). Nonverbale Kommunikation hat bezogen auf die verbale Kommunikation unterschiedliche Funktionen (vgl. Tab. 9.1).

Tabelle 9.1. Funktionen der nonverbalen Kommunikation (nach Knapp, 1980) – jeweils mit Beispiel

Funktion	Inhalt
Redundanz	Gleiche Information wird auf verschiedenen Kanälen gesendet, womit die Wahrscheinlichkeit erhöht wird, dass diese richtig verstanden wird. (Eine Frage wird mit erstauntem Hochziehen der Augenbrauen begleitet.)
Ergänzung	Gesagtes wird veranschaulicht. (Die Größe eines Gegenstandes wird nicht nur verbal beschrieben, sondern zusätzlich mit einer Handbewegung illustriert.)
Betonung	Einzelne Aspekte einer verbalen Mitteilung werden betont und hervorgehoben. (Die Bewertung der positiven Geschäftsbilanz als Gemeinschaftsleistung wird betont durch ausladende Armbewegung und freundliches Nicken zu allen an dieser Leistung Beteiligten.)
Koordination	Der Ablauf der verbalen Kommunikation wird gesteuert und koordiniert. (Der Redner signalisiert das Ende seiner Rede durch nonverbale Zeichen, wie Aufnahme von Blickkontakt mit den Zuhörern oder Ablegen des Manuskriptpapiers.)
Substitution	Eine verbale Mitteilung wird durch eine nonverbale ersetzt. (Zustimmung wird nicht formuliert, sondern durch Kopfnicken und zustimmende Mimik ausgedrückt.)
Widerspruch	Körpersprache und Wörter sind inkongruent. (Dem Kollegen wird zur Beförderung gratuliert, doch der Gratulationstext wird durch grimmigen Gesichtsausdruck und abgewandte Körperhaltung begleitet.)

Kongruenz/Inkongruenz. Die verschiedenen Facetten von Sprache können zueinander kongruent oder inkongruent sein. Dabei ist der non- und paraverbale Informationsmodus weniger gut steuerbar als der verbale Vermittlungskanal. Nichtbewusste Informationsanteile kommen daher verstärkt auf non- oder paraverbaler Botschaftsebene zu Tage. Die sozialpsychologische Forschung bestätigt, dass bei inkongruenter Botschaft vermehrt Informationen zur Urteilsbildung herangezogen werden, die non- oder paraverbal vermittelt werden.

Ein Beispiel: Ein Mann hält eine Antrittsrede, nachdem er in ein Selbstverwaltungsamt berufen wurde. Er sagt: „Ich werde mit allen offen und loyal zusammenarbeiten." Während er das sagt, hält er die Arme eng an den Körper gedrückt, spricht mit gepresster Stimme, schaut krampfhaft auf sein Manuskript und vermeidet jeden Blickkontakt. Durch diese nonverbalen und paraverbalen Botschaften verrät er, dass er zu einer offenen Zusammenarbeit im Moment gar nicht fähig oder willens ist. Verbale und nonverbale Kommunikation haben unterschiedliche Vorteile und ergänzen einander (vgl. Tab. 9.2).

Tabelle 9.2. Vorteile verbaler und nonverbaler Kommunikation (nach Knapp, 1980). Die Vorteile paraverbaler Kommunikation sind in der Literatur zumeist nicht explizit beschrieben – sie werden stattdessen bei den Vorteilen nonverbaler Kommunikation mitgedacht

Vorteile nonverbaler Kommunikation	▶ vermittelt Emotionen, Beziehungsinhalte, Einstellungen gegenüber Personen
	▶ an ihr lassen sich Täuschungen aufdecken
	▶ ermöglicht soziale Beeinflussung
	▶ fördert Aufmerksamkeit, z.B. durch Bildhaftigkeit
	▶ wirkt echt
	▶ ästhetische und angeborene Ausdrucksweise, die universell und kulturübergreifend ist
Vorteile verbaler Kommunikation	▶ übermittelt Wissen und Abstraktes
	▶ kann sich auf nicht anwesende Personen oder Gegenstände beziehen sowie auf Vergangenes, Zukünftiges oder auf die Koordination von Plänen

9.1.2 Formen der organisationalen Kommunikation

Bei der Kommunikation in Organisationen lassen sich verschiedene Formen unterscheiden, von denen nachfolgend die wichtigsten erklärt werden.

Intern vs. extern. Interne Kommunikation bezieht sich auf Informationsmitteilungen und soziale Kontakte, die innerhalb der Organisation stattfinden (z.B. Intranet). Die externe Kommunikation umfasst jeweils Sender und Empfänger, die nicht Teil der Organisation sind (z.B. Internet).

Formell vs. informell. Die häufig verwendeten, aber unscharfen Begriffe der formellen bzw. informellen Kommunikation meinen das planmäßige bzw. außerplanmäßige Zustandekommen von Kommunikation – es findet ein zwingend vorgeschriebener (prescribed), im Gegensatz zu einem spontan entstehenden (emergend), Kommunikationskontakt statt. Bei der planmäßigen Kommunikation bestehen in der Tendenz klarere Normen über die Rahmenbedingungen sowie die gültigen Verhaltensregeln als beim außerplanmäßigen Kommunikationskontakt, weshalb auch von förmlicher versus formloser Zusammenkunft gesprochen wird.

Richtung der Kommunikation. Kommunikation kann entsprechend der Hierarchie vertikal, horizontal oder diagonal ablaufen. Die vertikale Kommunikation geschieht zwischen Vorgesetzten und Mitarbeitern und orientiert sich am Dienstweg. Bei der horizontalen Kommunikation ist die Hierarchieebene annähernd gleich. Bei der diagonalen Interaktion findet ein Kontakt über unterschiedliche Hierarchieebenen statt, ohne dass die Akteure in einem unmittelbaren Vorgesetzten-Mitarbeiter-Verhältnis stünden (z.B. Kommunikation mit Stabsstellen oder anderen bereichsübergreifenden Funktionseinheiten; vgl. Frey, Bente & Frenz, 2004).

Kommunikationsnetzwerke. Kommunikation kann in bestimmten kommunikativen Strukturen oder Netzwerken stattfinden (vgl. Abb. 9.1). In der Praxis finden sich die verschiedenen Kommunikationsnetzwerke nicht immer in Reinformat, sondern es lassen sich Mischformen oder auch zeitliche Wechsel zwischen verschiedenen kommunikativen Strukturen beobachten.

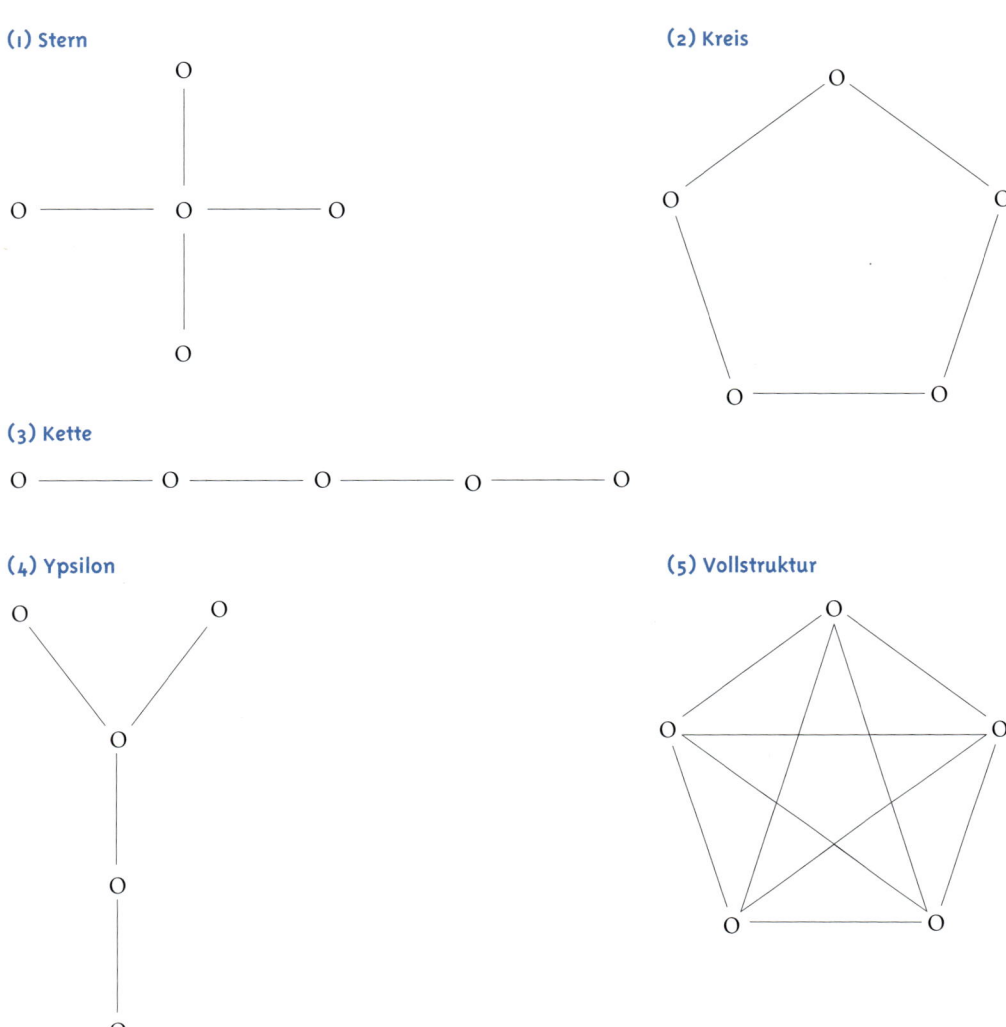

(1) Stern

(2) Kreis

(3) Kette

(4) Ypsilon

(5) Vollstruktur

Abbildung 9.1. Kommunikationsnetzwerke. Die wichtigsten Netzwerke sind (1) der Stern, (2) der Kreis, (3) die Kette, (4) das Ypsilon und (5) die Vollstruktur. Beim (1) Stern laufen z.B. alle Kommunikationen über eine zentrale Mittelperson ab, während bei (5) Vollstruktur alle Kommunikationsteilnehmer untereinander gleichmäßig vernetzt sind (Weinert, 2004)

Neue Medien. Kommunikation in Organisationen ist durch neue Medien und Techniken geprägt. Elektronische Kommunikationssysteme führen beispielsweise dazu, dass Konferenzen auch als Video- oder Telekonferenzen geführt werden. In beiden Fällen sind die Möglichkeiten der Kommunikation eingeschränkt. Gleiches gilt für die Kommunikation über elektronische Postsysteme (Intra- und Internet). Empirische Forschungen zeigen stabile Unterschiede zur direkten Kommunikation (vgl. von Rosenstiel, 2003): Die Kommunikation ist bei der elektronischen Kommunikation deutlich stärker sender- als empfängerorientiert. Eigene Standpunkte und Positionen werden betont – möglicherweise, weil der Status weniger klar erkennbar ist. Es scheinen zudem andere Normen der Höflichkeit und der Rücksichtnahme zu bestehen als beim persönlichen Kontakt: Per E-Mail werden auch schlechte Nachrichten direkt und rücksichtsloser kommuniziert, Vulgärausdrücke häufiger benutzt, Höflichkeitsnormen bei der An- und Abrede aufgeweicht.

Diese Nachteile sind gegen den primären Vorteil der hohen → Effizienz elektronischer Kommunikationsformen abzuwägen (z.B. kann die gleiche Information mühelos an viele Adressaten versandt werden; die Informationsvermittlung kann zu jedem Zeitpunkt erfolgen und ist somit von der Anwesenheit des Empfängers unabhängig, was vor allem bei der Kommunikation über verschiedene Zeitzonen von großem Vorteil ist; die Informationsvermittlung per E-Mail ist kostengünstig).

> Bereits in den 1930er Jahren wurden im Rahmen der Hawthorne-Studien Kommunikations- bzw. Interaktionsprozesse in Organisationen systematisch untersucht (vgl. Kap. 13.1). Seitdem wurde die Analyse von Interaktionen in Organisationen zu einem kleinen, aber stabilen Forschungsfeld (vgl. Frey et al., 2004). Ein aktuelles Thema ist beispielsweise die Analyse der Kommunikation über „neue Medien".

9.1.3 Bedeutung organisationaler Kommunikation

Organisationen sind darauf angewiesen, dass kommunikative Prozesse erfolgreich sind. Dazu müssen nicht nur Kommunikationssysteme technisch und organisational funktionieren, sondern die Organisationsmitglieder müssen auch entsprechende Kommunikationsfähigkeiten besitzen. Einige Beispiele (vgl. Bender & Gallenmüller, 1993):

► Veränderungen in Organisationen führen zu veränderten Kommunikationsbedingungen, etwa durch die Einführung neuer Kommunikationstechnologien.

► Zwischen Vorgesetzten, Mitarbeitern, Kollegen, Abteilungen müssen Informationen vermittelt werden. Dabei sind zu große Verluste oder Verzerrungen der Informationen zu vermeiden.

► Dies gilt insbesondere für die Beziehung zwischen Führungskräften und Mitarbeitern: Entscheidungen des Managements müssen die Organisationsstruktur durchdringen, um umgesetzt zu werden. Andererseits sind Einstellungen und Haltungen der Mitarbeiter wichtige Informationen für die Entscheidungsbildung der Führungskräfte bzw. des Managements, so dass ein wechselseitiger Informationsfluss stattfinden muss.

► Frauen sind zunehmend erwerbstätig. Sie haben oftmals andere Kommunikationsstile als Männer. In gemischtgeschlechtlichen Gruppen kann es daher zu spezifischen Kommunikationsproblemen kommen (vgl. von Rosenstiel, 2003).

► Erhöhte Flexibilität von Organisationen (wie Einführung von Gruppenarbeit und zeitlich variable Projektstellen) führt zu erhöhten Anforderungen an soziale und kommunikative Kompetenzen. Beispielsweise sind bei Gruppenarbeit viele Kommunikationsaufgaben zu bewältigen: der Aufbau von Beziehungen innerhalb der Arbeitsgruppe und mit Mitgliedern anderer Arbeitsgruppen, die Beziehungsklärung zwischen Gruppensprechern und anderen Gruppenmitgliedern, die Klärung entscheidender Fragen über die Aufteilung von Arbeiten, An- und Abwesenheitszeiten, den Umgang mit Interessenskollisionen etc. (vgl. Antoni, 1996).

All dies führt dazu, dass Kommunikationskompetenz kein nebengeordnetes Personenmerkmal ist, sondern auch bei der Personalauswahl immer bedeutsamer wird. So ist beispielsweise die Fähigkeit zur situationsangemessenen, flexiblen Kommunikation ein zentrales Auswahlkriterium bei Assessment-Centern (vgl. Kap. 5.3). Denn auf Führungsebene stehen komplexe Kommunikationsaufgaben an, z.B. Entscheidungen darüber, wie man Mitarbeiter motiviert, Mitarbeitergespräche und allgemeine Besprechungen führt, welchen Informationsweg man bei der Mitteilung strittiger Entscheidungen wählt, wie man negatives Feedback gibt und trotz professioneller Distanz empathiefähig bleibt, wie man den kommunikativen Seilakt bewältigt, die eine Sandwichposition mit sich bringt, die Fähigkeit, Stimmungsveränderungen und atmosphärische Bedingungen zu erspüren (vgl. Kap. 7.3).

> **!** Aufgrund der Bedeutung von Kommunikation in Organisationen werden aus verhaltenswissenschaftlicher Sicht Organisationen als Gesamtheit der kommunikativen Beziehungen definiert, die sich über die Zeit formieren und stabilisieren (vgl. von Rosenstiel, 2003).

9.2 Kommunikationspsychologische Modelle

Kommunikationspsychologische Modelle zielen darauf ab, das Kommunikationsgeschehen zwischen zwei oder mehr Interaktionspartnern abzubilden und zu erklären. Obgleich in der Ratgeberliteratur nach wie vor einfache Sender-Empfänger-Modelle dominieren, werden diese dem komplexen Kommunikationsgeschehen nicht ausreichend gerecht (Kap. 9.2.1). Es wurden daher komplexere psychologische Kommunikationsmodelle entwickelt. Zwei besonders populäre Modelle werden in ihren Grundzügen vorgestellt: das Kommunikationsmodell von Watzlawick (Kap. 9.2.2) sowie von Schulz von Thun (Kap. 9.2.3).

9.2.1 Einfache Sender-Empfänger-Modelle

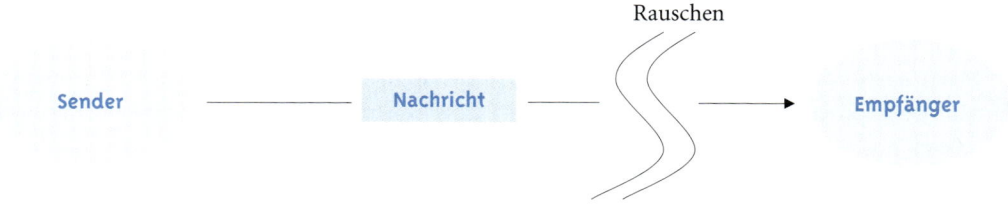

Abbildung 9.2. Ein einfaches Sender-Empfänger-Modell. Vom Sender wird eine Nachricht enkodiert über einen Kanal zum Empfänger geschickt, der die Nachricht empfängt und dekodiert. Bei der Übertragung der Nachricht vom Sender zum Empfänger kann es zu Störungen ("Rauschen") kommen. Ursache dieses Rauschens sind im übertragenen Sinne technische und damit sachorientierte Probleme, etwa, dass die Nachricht zu leise versandt wird oder dass Sender und Empfänger nicht den gleichen Sprachcode sprechen. Zum Teil werden auch psychologische Barrieren berücksichtigt, etwa Wahrnehmungsverzerrungen durch Stereotypenbildung

Sender-Empfänger-Modelle haben ihren Ursprung in der Nachrichtentechnik. In einfachster Form bestehen diese Modelle aus einem Sender und einem Empfänger (vgl. Abb. 9.2). Die Sender-Empfänger-Modelle wurden als übersimplifizierend kritisiert. Winterhoff-Spurk (2002) kritisiert das einfache "Ping-Pong-Spiel", das diesen Sender-Empfänger-Modellen zu Grunde liegt: Der Sender spricht eine Botschaft, der Empfänger nimmt diese auf und reagiert auf sie, womit er zum neuen Sender wird. Im Gegensatz zu dieser einfachen Sicht werden folgende Prämissen eines komplexen Kommunikationsprozesses formuliert (vgl. Winterhoff-Spurk, 2002):

(1) Kommunikation findet immer in einem Kontext statt. Über die grundlegende Beschaffenheit der Gesamtsituation der Kommunikation müssen sich Sender und Empfänger einig sein.

(2) Kommunikation erfolgt nicht nur durch Sprache, sondern über alle möglichen Kommunikationsmodi, wie nonverbale und paraverbale Kanäle, zwischen denen systematische Zusammenhänge bestehen.

(3) Ein zumindest teilweise identischer Zeichenvorrat bei Sprecher und Hörer ist Voraussetzung dafür, dass Kommunikation erfolgreich sein kann.

(4) Bei der Kommunikation geht es in den allermeisten Fällen nicht nur um das Ziel des Verstehens, sondern um das Erzielen von Wirkungen (z.B. um Verhaltensbeeinflussung oder → Impression Management).

(5) Senden und Empfangen sind Aktivitäten, die Kommunikationspartner gleichzeitig und nicht nur zeitversetzt zeigen. Zeitlich parallele Mitteilungen der Kommunikationspartner finden sich auf verbaler Ebene. Darüber hinaus gibt es laufend unterschiedliche Kommunikationsmodi, denn der Hörer gibt unentwegt Feedback mittels Vokalisierungen, mimischen oder gestischen Äußerungen. Der Sprecher nimmt diese Signale auf und verändert entsprechend sein Verhalten.

Diese und weitere kritische Anmerkungen zu Sender-Empfänger-Modellen zeigen, dass derart einfache Modelle letztendlich dem komplexen Geschehen der zwischenmenschlichen Kommunikation nicht gerecht werden. Daher wurden komplexere psychologische Modelle entwickelt, wie das Modell von Watzlawick und von Schulz von Thun.

9.2.2 Modell von Watzlawick

Watzlawick legt seinem Kommunikationsmodell fünf pragmatische Axiome zu Grunde (Watzlawick et al., 2000) – neben diesen Axiomen analysiert er gestörte Kommunikationssituationen und leitet daraus Empfehlungen für ihre Klärung ab (vgl. Watzlawick et al., 2000).

Axiom 1. „Man kann nicht nicht kommunizieren." Bereits das Eingangsbeispiel des vorliegenden Kapitels illustriert, dass zwischen Personen, die aufeinander treffen, immer Kommunikation stattfindet. Dabei kann es z.B. in einem zwischenmenschlichen Konflikt eine größere kommunikative Wirkung haben, wenn eine der Konfliktparteien schweigt, als wenn sie die andere mit Gegenargumenten überhäuft.

Axiom 2. „Jede Kommunikation hat einen Inhalts- und einen Beziehungsaspekt, derart, dass letzterer den ersten bestimmt und daher eine Metakommunikation ist." Der Inhalt einer Mitteilung ist vor allem die sachliche Information. Darüber hinaus gibt es einen zweiten Aspekt einer Mitteilung, der umfasst, wie der Sender die Mitteilung vom Empfänger verstanden haben will (die implizite Metakommunikation). (Darüber hinaus gibt es eine explizite Metakommunikation als Kommunikation über die Art und Weise, wie man miteinander umgeht; vgl. Kap. 9.3.3.) Beispielsweise fragt der Vorgesetzte den Mitarbeiter: „Haben Sie den Auftragszettel von gestern schon bearbeitet?" Der Inhaltsaspekt umfasst die sachliche Nachfrage, der Beziehungsaspekt hingegen eine Aufforderung bzw. leichten Tadel, den Auftragszettel, wenn noch nicht geschehen, möglichst bald zu bearbeiten.

Axiom 3. „Die Natur einer Beziehung ist durch die Interpunktion der Kommunikationsabläufe seitens der Partner bedingt." Kommunikation ist kein ununterbrochener Austausch von Mitteilungen, sondern jeder Kommunikationsteilnehmer muss eine Struktur zu Grunde legen – die jeweilige Struktur kann voneinander abweichen. Beispielsweise liegt ein Konflikt zwischen zwei Kolleginnen vor, die sich wechselseitig vorwerfen, dass sich die andere Kollegin unkollegial verhält. Jede sieht den Beginn der Streitigkeiten jeweils bei der Kollegin und bewertet eigene Unfreundlichkeiten nur als Reaktion auf das vorangegangene Verhalten der anderen.

Axiom 4. „Zwischenmenschliche Kommunikation bedient sich digitaler und analoger Modalitäten." Diese Bezeichnung der Kommunikationsmodi geht auf den Vergleich von Kommunikation mit Abläufen in Rechnern zurück, die Zahlen verarbeiten. Bei der digitalen Kommunikation werden Gegenstände mit Worten bezeichnet, die oftmals willkürlich sind. Bei der analogen Kommunikation (z.B. einer Zeichnung) besteht hingegen eine Ähnlichkeitsbeziehung. Der Inhaltsaspekt wird vorwiegend digital vermittelt, während der Beziehungsaspekt primär analoger Natur ist. Die Unterscheidung digitaler und analoger Kommunikation hat enge Parallelen mit der Unterscheidung verbaler und nonverbaler Kommunikation (vgl. Kap. 9.1.1).

Axiom 5. „Zwischenmenschliche Kommunikationsabläufe sind entweder symmetrisch oder komplementär, je nachdem, ob die Beziehung zwischen den Partnern auf Gleichheit oder auf Unterschiedlichkeit beruht." Zwei Kollegen, die gleiche Rechte und Pflichten haben, werden beispielsweise bei einer Sachdiskussion in der Tendenz ebenbürtig und damit symmetrisch miteinander kommunizieren. Besteht jedoch formal oder informell ein hierarchisches Verhältnis, so werden sich Unterschiede in der Kommunikation zeigen, indem der höher gestellte Partner die überlegene Position einnimmt (vgl. Kap. 7.5.2 zur Manifestation von Macht).

9.2.3 Modell von Schulz von Thun

Im Grundmodell Schulz von Thuns (2001) ist die Unterscheidung Watzlawicks (2000) in Sach- und Beziehungsaspekt weiter aufgeschlüsselt. Es werden vier Aspekte einer Nachricht unterschieden – alle vier Seiten einer Nachricht werden von Schulz von Thun jeweils aus Sicht des Empfängers und aus Sicht des Senders analysiert:

(1) der Sachinhalt (worüber ich informiere): Wie ist der Sachinhalt zu verstehen?
(2) der Aspekt der Selbstoffenbarung (was ich von mir selbst kundgebe): Was ist der Gesprächspartner für eine Person?
(3) der Beziehungsaspekt (was ich von dir halte und wie wir zueinander stehen): Welche Beziehung haben die Gesprächspartner zueinander?
(4) der Appellaspekt (wozu ich dich veranlassen möchte): Was soll der Gesprächspartner aufgrund der Mitteilung tun, denken, fühlen?

Auf der Basis weiterer theoretischer Überlegungen sowie empirischer Forschungsergebnisse behandelt Schulz von Thun ausgewählte Probleme zwischenmenschlicher Kommunikation und leitet Empfehlungen ab. Dazu einige Beispiele:

▶ Sachseite: Warum verlaufen Kommunikationen und Auseinandersetzungen häufig „unsachlich"? Wann sind übermittelte Sachinformationen schwer verständlich und kommen beim Empfänger nicht an?

- Selbstoffenbarungsseite: Was ist Selbstoffenbarungsangst, und wie entsteht sie? Was bedeuten Selbstdarstellung und -verbergung unter Einsatz von Imponier- und Fassadentechniken? Wie kann man mit demonstrativer Selbstverkleinerung umgehen?
- Beziehungsseite: Welche Grundarten von Beziehungen lassen sich unterscheiden? Wie kann ein negatives Selbstkonzept Beziehungsstörungen erklären?
- Appellseite: Welche Wirkungen haben verdeckte, offene und paradoxe Appelle?

Zu diesen und vielen weiteren Kommunikationsproblemen werden im nächsten Kapitel konkrete Empfehlungen gemacht, die sich auch auf den Kontext von Organisationen übertragen lassen.

9.3 Anwendung der Kommunikationsmodelle

Die Kommunikationsmodelle können helfen, in Organisationen statt einer „Kommunikation der Information" (Kap. 9.3.1) eine „Kommunikation der Verständigung" (Kap. 9.3.2) zu etablieren. Dazu stellt die Kommunikationspsychologie zahlreiche Kommunikationshilfen bereit (Kap. 9.3.3).

9.3.1 Kommunikation der Information

Geht man von einfachen Sender-Empfänger-Modellen aus, so geht es in Organisationen vor allem um die Kommunikation von Informationen: Es geht nicht um Analyse und Klärung von Kommunikationsproblemen, sondern darum, auf reiner Sachebene den Informationsfluss in Organisationen zu optimieren. Damit wird lediglich die Sachseite von Nachrichten beachtet. Andere Aspekte der Nachrichten, allen voran die Beziehungsebene, bleiben außen vor.

Selbstverständlich ist eine Kommunikation der Information wichtig: Informationen müssen innerhalb von Organisationen fließen – in Gruppen müssen Informationen ausgetauscht werden, über Anweisungen muss in hierarchischen Gefügen von Führungskräften und Mitarbeitern informiert werden. Um die Informationen besser kommunizieren zu können, wurden auf der Basis empirischer Daten Empfehlungen für die Praxis abgeleitet (vgl. z.B. von Rosenstiel, 2003). Für die Verbesserung des Informationsaustauschs in Gruppen hat sich z.B. als hilfreich erwiesen,

- kurze Wege mit wenig Zwischenstationen zu wählen
- sich die Gesetzmäßigkeiten vor Augen zu halten, die bei der Weitergabe von Informationen wirken (und die dabei die Informationen verändern)
- zur Informationsübermittlung häufiger die schriftliche Form zu wählen, aber bei elektronischer Kommunikation besonders auf Ton und Stil zu achten (vgl. Kap. 9.1.2)
- Informationsflut zu vermeiden und beispielsweise den Adressatenkreis der Information selektiv anzusprechen.

9.3.2 Kommunikation der Verständigung

Bei der Kommunikation der Verständigung werden (im Gegensatz zur Kommunikation der Information) alle Ebenen einer Nachricht berücksichtigt: Viele Probleme werden nur scheinbar als Sachthemen ausgetragen – auf der Tiefenstruktur zeigt sich hingegen ein Beziehungskonflikt.

Ein Beispiel. Zwei Mitarbeiter diskutieren vehement über ein scheinbares Sachproblem vor ihrem Vorgesetzten. Es geht um die Frage, wie Folien gestaltet sein sollen. Es wird über Details des Layouts diskutiert, die auf den Gesamteindruck der Folie keinerlei Einfluss haben. Nach einiger Zeit wird die Diskussion unsachlich, so dass der Vorgesetzte eingreift. In einem klärenden Gespräch wird deutlich, dass es nicht um die Sachfrage geht, sondern darum, die eigene Position vor Vorgesetzten und Kollegen zu stärken. Es wird überdies deutlich, dass schon lange ein Konflikt zwischen den beiden schwelt, der in diesem scheinbaren Sachdisput seinen zufälligen Ausdruck fand.

Schulz von Thun (2001) spricht hier auch von offiziellem und eigentlichem Thema. Eine Kommunikation der Information würde bei diesem Beispiel auf die sachliche Klärung der Meinungsverschiedenheit abzielen. Sobald bezüglich des Layouts eine Entscheidung gefällt worden wäre, wären Gespräch und Thema beendet. Eine Kommunikation der Verständigung hingegen zielt darauf ab, neben der Sachebene auch die Beziehungsebene zu berücksichtigen und damit dafür zu sorgen, dass Konflikte nachhaltig geklärt werden (vgl. Kap. 10).

Was bedeutet eine „Kommunikation der Verständigung"?

Diese Frage sei am Beispiel der Kommunikation von Führungskräften mit Mitarbeitern verdeutlicht: Arbeitszeitanalysen von Führungskräften ergeben, dass diese einen Großteil ihrer Arbeitszeit mit Kommunikation verbringen. Die höchste Schätzung ist, dass sie etwa 80 % ihrer Zeit mündlich kommunizieren. Diese Zahl stammt allerdings bereits aus dem Jahre 1975 von Mintzberg (zit. in Frey et al., 2004). Ohne zu übersehen, dass Manager in höheren Positionen zumeist zahlreiche Schulungen zu Gesprächsführungen und Kommunikationskompetenzen durchlaufen haben, sind sie in den allerwenigsten Fällen Experten für Kommunikation (z.B. durch ein Hochschulstudium der Psychologie, Pädagogik oder Soziologie). Daher besteht eine Kluft zwischen den Anforderungen der Führungskräfte im Arbeitsalltag und ihrer Ausbildung.

Empirische Befunde zeigen, dass Führungskräfte in den meisten Fällen nur wenige Minuten mit dem gleichen Kommunikationspartner kommunizieren (vgl. Winterhoff-Spurk, 2002). Darüber hinaus kommunizieren Führungskräfte weitaus mehr mit Personen der gleichen Hierarchieebene als mit Mitarbeitern, obgleich sich diese mangelnde Kommunikation nicht nur in Human-, sondern auch in ökonomischen Kriterien niederschlagen sollte (vgl. Kap. 2.2.2). Welches Wissen kann die Kommunikationspsychologie Führungskräften zur Verfügung stellen?

▶ Durch Erhöhung persönlicher Kommunikationskompetenzen (z.B. durch Kommunikations- oder Konfliktlösetrainings) lassen sich Probleme und Konflikte im Vorfeld vermeiden oder frühzeitig abschwächen.

▶ Aus den allgemeinen Kommunikationsmodellen leiten sich konkrete Empfehlungen ab, z.B. zur Klärung von Kommunikationsstörungen auf der Beziehungsebene.

▶ Ein systematisches Vorgehen ist (wie bei allen Interventionen in Organisationen) hilfreich: Das Problem wird analysiert, auslösende und stabilisierende Bedingungen werden geklärt, Kommunikationshilfen abgeleitet und evaluiert (vgl. hierzu die Problemlöseheuristik von Montada in Kap. 6.3.2). Die Wahl der Kommunikationshilfen wird bestimmt durch die jeweiligen Rahmenbedingungen, die beteiligten Kommunikationspartner, ihre bisherige Kommunikationsgeschichte und das jeweilige Kommunikationsproblem.

▶ Es lassen sich einige allgemeine Kommunikationshilfen formulieren, die sich aus den Kommunikationsmodellen ableiten lassen und bei vielen Kommunikationsproblemen hilfreich sind (vgl. im Einzelnen in Kap. 9.3.3).

Ein systematisches Vorgehen zur Klärung von Kommunikationsproblemen dient dazu, Kommunikationshilfen bewusst einzusetzen, Fehlentscheidungen zu vermeiden und Probleme nachhaltig zu lösen.

Einwände gegen eine „Kommunikation der Verständigung" und ihre Entkräftigung

(1) „Das Vorgehen ist in der Praxis zu aufwendig." **Aber:** Dies ist kurzfristig gedacht. Kommunikationsprobleme belasten das Mitarbeiter-Führungskraft-Verhältnis, schränken Arbeitsmotivation und -ergebnis ein. Durch ein systematisches Vorgehen und frühzeitige Klärung von Problemen und Konflikten werden diese nachhaltig und in ihrer Tiefenstruktur gelöst. Die Beziehung wird verbessert und ein wertschätzender Umgang miteinander gefördert.

(2) „Das Vorgehen ist zu psychologisierend." **Aber:** Es geht nicht um eine Psychologisierung des alltäglichen Umgangs miteinander. Stattdessen erhalten der Umgang miteinander und Konflikte genau den hohen Stellenwert, den sie für eine effiziente Zusammenarbeit auf der Sachebene haben. Die Wahl der Kommunikationshilfen geschieht situations- und personenspezifisch. D.h. nicht jede Kommunikationshilfe ist in jeder Situation oder bei jeglichen Gesprächspartnern angemessen. Beispielsweise setzt eine explizite Metakommunikation voraus, dass Bereitschaft zu Offenheit und Fähigkeit zur Reflexion der Beziehung bestehen. Dadurch sollte Reaktanz auf Seiten aller Beteiligten vermeidbar sein.

9.3.3 Kommunikationshilfen

Metakommunikation. Metakommunikation umfasst „die Kommunikation über die Kommunikation" als Auseinandersetzung über die Art und Weise, wie die Kommunikationspartner miteinander umgehen, wie die gesendeten Nachrichten gemeint waren bzw. die empfangenen Nachrichten entschlüsselt wurden (vgl. Schulz von Thun, 2001).

Feldherrenhügel. Er entspricht einer neutralen Position im Sinne eines Metastandpunkts und trägt dazu bei, das Konfliktgeschehen oder das Kommunikationsproblem mit emotionaler und persönlicher Distanz zu betrachten. Dies wird auch als „dissoziierter Zustand" bezeichnet (vgl. Schulz von Thun, 2001).

Rollenübernahme/Perspektivenwechsel. Im klassischen Rollenspiel vertreten die Konfliktparteien zunächst ihre eigene Position, versetzen sich aber anschließend in die Position anderer Kommunikationspartner. Elemente der Distanzbildung (Dissoziation) sollten eingebaut werden, z.B. durch Integration einer neutralen Position. Es wurden Varianten entwickelt, wie die englische Debatte, bei der die Teilnehmer einander gegenüber sitzen und abwechselnd zunächst ihren eigenen Standpunkt und anschließend ohne vorherige Ankündigung den Standpunkt der Kommunikationspartner so überzeugend wie möglich vertreten sollen.

Gesprächstechniken. Gesprächstechniken gehören zum Basis-Rüstzeug, um die Kommunikation in Organisationen zu verbessern. Dabei kann auf das gesamte Portfolio der psychologischen Gesprächstechniken zurückgegriffen werden. Einige Beispiele:

▶ aktives Zuhören (aus der klientenzentrierten Gesprächsführung nach Rogers bzw. Tausch und Tausch): Auf unterster Ebene ist ein passivisches verständnisvolles Zuhören gemeint (z.B. zustimmende Äußerungen, Blickkontakt, Nicken). Auf nächster Ebene werden Inhalte paraphrasiert und zusammengefasst. Auf höchster Stufe werden emotionale Erlebnisinhalte verbalisiert. Ziel ist es, dass sich die Kommunikationspartner nicht nur gehört, sondern auch verstanden fühlen

▶ kontrollierter Dialog, bei dem man erst auf eine Äußerung des Partners reagieren darf, wenn man die Inhaltsbotschaft des Partners korrekt wiedergegeben hat. Dadurch hören die Kommunikationspartner einander zu, sie fühlen sich wechselseitig verstanden. Durch den zeitlichen Aufschub der eigenen Reaktion findet eine Versachlichung statt

▶ Einsatz von Ich- statt Du-Botschaften, Fragetechniken und spannungsmindernden Sprachmodi (z.B. Spezifizierungen von Generalisierungen, „was genau?")

▶ Beachtung der non- und paraverbalen Kommunikationsmodi (z.B. Herstellung von Rapport, indem Gleichklang in Körperhaltung, Stimmführung etc. hergestellt wird)

▶ Vereinbarung einer Auszeit.

Klärungshelfer. Bei dieser Gesprächstechnik wird ein externer Klärungshelfer hinzugezogen. Dieser hat z.B. die Aufgabe, auf die Trennung von Sach- und Beziehungsebene zu achten. Oder er extrahiert Botschaften aus Äußerungen und gibt sie so weiter, dass die Kommunikationspartner sie annehmen können.

! Der Einsatz von Kommunikationshilfen wird durch ein wertschätzendes Organisationsklima erleichtert, bei dem Lernerfahrungen gefördert werden. Eigene Anspruchsformulierungen, bisherige Kommunikationsmuster und Handlungsabläufe können in Frage gestellt werden.

9.4 Forderungen an Praxis und Forschung

Praxiserfordernisse. Angesichts ständiger Veränderungsprozesse und zunehmender Dominanz elektronischer Kommunikationsmittel wird erfolgreiche Kommunikation immer wichtiger. Kommunikative Kompetenz wird zu einer Schlüsselqualifikation. Erfolgreiche Kommunikation ist immer situations- und personenabhängig und sollte auf einer systematischen Situationsanalyse beruhen (vgl. die Problemlöseheuristik von Montada in Kap. 6.3.2). Zur Gestaltung von Kommunikationssituationen und zur Lösung von Kommunikationsproblemen stehen „klassische Wegweiser" zur Verfügung, z.B.

▶ die Formulierung von Ich- statt Du-Botschaften,

▶ das aktive Zuhören,

▶ die Trennung von Sach- und Beziehungsebene,

▶ die Nutzung von Metakommunikation und explizitem Feedback,

▶ Selbstoffenbarungen und

▶ die Bewusstmachung der verschiedenen Aspekte einer Nachricht (vgl. Kap. 9.2.3).

Dadurch lässt sich die allgemeine Formel „Störungen haben Vorrang" in der Praxis des Gesprächsgeschehens tatsächlich auch umsetzen. Um diese Techniken und Methoden in der Praxis flexibel einsetzen zu können, sind Kommunikationstrainings hilfreich. Diese zielen darauf ab, die soziale Sensibilität (i.S. eines Gespürs für die soziale Situation) sowie die Fähigkeit zu erhöhen, auf diese Situation flexibel zu reagieren – Verhaltensalternativen werden eingeübt. Denn diese sind notwendig, damit die gewählte Technik der jeweiligen Situation und den jeweils beteiligten Personen angemessen ist. Theoretische Grundlage dieser Trainings sind Theorien der kommunikativen Kompetenz. Aus diesen lassen sich zugleich konkrete Zielsetzungen für solche Trainings ableiten, indem z.B. wichtige Grundpfeiler sozialer Kommunikationsfähigkeit differenziert werden (vgl. Wiemann & Giles, 1996).

Die Ratgeberliteratur und andere anwendungsorientierte Veröffentlichungen zeigen, dass Kommunikation in Organisationen als wichtiges Thema anerkannt wird. Dennoch werden nur sehr allgemeine Empfehlungen gegeben, die sich nur zum Teil mit der kommunikationspsychologischen Forschung decken und denen vor allem kein systematisches Vorgehen zu Grunde liegt. Beispielsweise wird in einschlägigen Zeitschriften (z.B. Managerseminare, 2004, Heft 81) zu Recht festgestellt, dass Kommunikation nicht mit Information oder Infiltration verwechselt werden sollte. Es werden allerdings Empfehlungen gegeben (z.B. „die Tugend der Frechheit", um sich Gehör zu verschaffen), die keine Kommunikation der Verständigung fördern. Darüber hinaus werden vor allem Informationsflüsse thematisiert. Psychologische Prozesse und Kommunikationsprobleme bleiben weitgehend außen vor.

> !
>
> Eine Kommunikation der Verständigung geht jedoch über die Informationsvermittlung weit hinaus und umfasst nicht nur verbesserte Informationswege, die Aufbereitung von Information oder rhetorische Techniken, sondern auch die Beziehungsebene.

Die Techniken sollten nicht nur angewendet werden, sondern sie sollten in ein Klima der Verständigung und der wechselseitigen Akzeptanz eingebettet sein. Hierzu gehört beispielsweise, den Kommunikationspartner im Sinne der Rogers-Variablen (Echtheit des Interesses an dem Gesprächspartner, einfühlendes Verstehen, Empathie und Wertschätzung sowie Akzeptanz des Gesprächspartners) zu achten und wertzuschätzen, eigene Ziele und Interessen situationsangemessen offen zu legen, Verantwortlichkeiten zu klären und zu übernehmen sowie gemeinsame Ziele zu benennen.

Forschungserfordernisse. Obgleich die Kommunikationspsychologie innerhalb der Sozialpsychologie gut erarbeitet und fest etabliert ist, gibt es innerhalb der Organisationspsychologie vergleichsweise wenig empirische Forschung zur Kommunikation. Diese Vernachlässigung zeigt sich insbesondere bei der Analyse von Verständigungs- statt reinen Informationsprozessen. Denn bei der Verständigung spielt die non- und paraverbale Kommunikation eine entscheidende Rolle, zu der es ausnehmend wenig organisationale Forschung gibt (vgl. Weinert, 2004). Es ließe sich beispielsweise mittels detailgenauer Analyse aller Kommunikationsmodi auf kognitiver, emotionaler und Verhaltensebene untersuchen, inwieweit Kommunikationsprobleme und ihre Lösung tatsächlich (so wird oft in der Literatur behauptet) von Führungspositionen ausgehen bzw. am besten durch Führungskräfte lösbar und gestaltbar sind (vgl. Frey et al., 2004).

9.5 Kernpunkte und Übungsaufgaben

Kernpunkte

▶ Kommunikation ist der Austausch bedeutungshaltiger Nachrichten. Die Sprache ist das wichtigste Mittel der Kommunikation. Es werden drei Kommunikationsmodi mit jeweils unterschiedlichen Vor- und Nachteilen unterschieden (verbal, nonverbal, paraverbal).

- Organisationen sind auf den Erfolg kommunikativer Prozesse angewiesen. Sie lassen sich im Kern sogar als Gesamtheit kommunikativer Beziehungen definieren. Daher sind kommunikative Handlungskompetenzen für viele Aufgabenfelder (z.B. Führungsaufgaben) zu einer Schlüsselkompetenz geworden und oftmals Inhalt von PE-Maßnahmen.
- Zur Erklärung von Kommunikationsprozessen in Organisationen werden allgemeine Kommunikationsmodelle auf die jeweilige spezifische Situation organisationaler Kommunikation angewendet. Dabei sind einfache nachrichtentechnische Sender-Empfänger-Modelle als Erklärungsmodelle unzureichend und befördern eine Kommunikation der Information. Hingegen sind komplexe psychologische Kommunikationsmodelle (z.B. von Watzlawick oder Schulz von Thun) Grundlage für eine Kommunikation der Verständigung in Organisationen. Im Gegensatz zur „Kommunikation der Information" werden bei der „Kommunikation der Verständigung" über die Sachebene hinaus auch die anderen Ebenen der Nachricht, insbesondere die Beziehungsebene, einbezogen.
- Der Lösung konkreter Kommunikationsprobleme in Organisationen sollte ein systematisches Vorgehen zu Grunde gelegt werden: Einer theoriegeleiteten Situationsanalyse sollten Entscheidungen über die Art der Intervention folgen, anschließend sollte ihre Wirksamkeit bei der Kommunikationsproblemlösung evaluiert werden. Dazu stehen zahlreiche Kommunikationstechniken und -methoden zur Verfügung (z.B. Metakommunikation, Feldherrenhügel, Rollenübernahme, Gesprächstechniken). Der Einsatz dieser „klassischen Wegweiser" wird durch ein wertschätzendes Organisationsklima erleichtert. Allerdings gibt es Einwände gegen dieses Vorgehen (es ist zu zeitintensiv und zu „psychologisierend"), die es in der Praxis zu entkräften gilt.
- Für die Forschung ergibt sich die Forderung, vermehrt organisationale Kommunikationsprozesse zu untersuchen und dabei nicht nur den Fluss von Informationen zu beschreiben, sondern auch komplexe psychologische Prozesse abzubilden.

Übungsaufgaben

- Welche kommunikationspsychologischen Grundlagen würden Sie in einem allgemeinen Kommunikationsseminar für Mitarbeiter eines mittelständischen Unternehmens vermitteln? Entwickeln Sie zu allen Grundlagen einige praktische Anwendungsbezüge.
- Sie haben als Führungskraft die Aufgabe, Kommunikationsprobleme zwischen ihren Mitarbeitern zu klären (Klärungshelfer). Wie gehen Sie vor? Wie vermeiden Sie den möglichen Eindruck der „Moralisierung" und der „Psychologisierung"?

Weiterführende Literatur

Interaktion in Organisationen: Frey et al. (2004).
Kommunikationspsychologische Grundlagen: Schulz von Thun (2001); Watzlawick et al. (2000).

10 Konflikte und Mediation

Konflikte in der Arbeitswelt gehören zum täglichen Berufsalltag. Ein Beispiel: Ein mittelständisches Unternehmen ist seit drei Generationen in der Hand einer Familie. Jetzt findet es innerhalb der Familie keinen geeigneten Nachfolger, so dass es einem externen Mitglied die Geschäftsleitung übergibt. Der neue Geschäftsführer ist fachlich hochkompetent, doch es fehlen ihm innerbetriebliche Erfahrungen und Kenntnisse (z.B. die → Corporate Identity des Familienbetriebs). Dies in Verbindung mit seinem autoritären Führungsstil führt dazu, dass der Geschäftsführer von den Mitarbeitern des Unternehmens abgelehnt wird. Es

kommt zu zahlreichen Konflikten, die sich am Ende auch in einem Rückgang der Produktionszahlen niederschlagen.

Zur Lösung von Konflikten hält die Organisationspsychologie ein breites Interventionsrepertoire bereit. Ein besonders leistungsstarker Ansatz ist die Konfliktmediation, die der außergerichtlichen und kooperativen Konfliktlösung dient und Thema dieses Kapitels ist. Dazu werden zunächst Konflikte in der Arbeitswelt analysiert, um darauf aufbauend die Ziele, Leitsätze, Probleme, Mythen und Chancen der Wirtschaftsmediation vorzustellen.

10.1 Konflikte: Definition, Strukturen, Inhalte

Ein **Konflikt** liegt dann vor (vgl. Montada & Kals, 2001),
- ▶ wenn die Anliegen oder Ziele von verschiedenen Personen oder zwischen sozialen Einheiten miteinander unvereinbar sind,
- ▶ wenn sich auf Grund dieser Unvereinbarkeiten eine oder mehrere Konfliktparteien beeinträchtigt oder bedroht fühlen,
- ▶ wenn die beteiligten Konfliktparteien gleichzeitig nicht bereit sind, die eigene Position so zu verändern, dass die erlebten Beeinträchtigungen oder Bedrohungen aufgehoben werden.

Konflikte in Organisationen („Wirtschaftskonflikte", mit Schwerpunkt auf Wirtschaftsunternehmen als Organisationen) können nach verschiedenen Kriterien geordnet werden (Eyer, 2000): Findet der Konflikt inner-, zwischen-, überorganisational statt (Ort des Konfliktgeschehens)? Wer sind die beteiligten Konfliktparteien (Individuum oder Kollektiv; vgl. Tab. 10.1)? Ist der Konflikt gerichtlich entscheidbar oder nicht (Justiziabilität)? Welche Konfliktstrukturen liegen vor? Welche Konfliktinhalte bestehen? Justiziable Konflikte werden geregelt durch (vgl. Kals & Webers, 2001):
- ▶ individuelles Arbeitsrecht (z.B. bei Störungen des Arbeitsablaufs, bei Mobbing, Abmahnung, Kündigung)
- ▶ kollektives Arbeitsrecht (z.B. bei Einführung neuer Formen der Arbeitsorganisation oder Arbeitszeitflexibilisierung)
- ▶ Gesellschaftsrecht (z.B. Geschäftsführungstätigkeit, Fusion und Akquisitionen, Standortpolitik, Unternehmensnachfolge, Aufsichtsrat vs. Vorstand)
- ▶ weiteres Wirtschaftsrecht (z.B. Patentrecht, Wettbewerbsrecht).

Tabelle 10.1. Ebenen von Wirtschaftskonflikten und Beispiele (Eyer, 2000). Eyer unterscheidet Konflikte nach dem Ort des Konfliktgeschehens (inner-, zwischen- oder überorganisatorische Konflikte) und den beteiligten Konfliktparteien (Individuum, Kollektiv)

Konflikt-parteien	Ort des Konfliktgeschehens			
	innerorganisatorische Konflikte		zwischenorganisatorische Konflikte	überorganisa-torische Konflikte
	gleiche Hierarchie	unterschied-liche Hierarchie		
Individuum vs. Individuum	Mitarbeiter vs. Mitarbeiter	Mitarbeiter vs. Führungskraft	▶ Vertrieb vs. Kunde ▶ Berater vs. Geschäfts-führung ▶ Gutachter vs. geschädig-ter Versicherer	Unternehmen vs. Unternehmen (Urheber-, Patent-, Wettbewerbsrecht)
Individuum vs. Kollektiv	Mitarbeiter vs. Team (Mobbing)	Führungskraft vs. Team	Berater vs. Team	▶ Unternehmen vs. Gewerkschaften ▶ Unternehmen vs. Öffentlichkeit
Kollektiv vs. Kollektiv	Team vs. Team Marktforschung vs. Forschungs- und Entwicklungs-abteilung	Geschäfts-führung vs. Betriebsrat	Hersteller vs. System-lieferanten	Tarifparteien unter-einander

Obgleich Arbeits-, Gesellschafts- und Wirtschaftsrecht in der deutschen Rechtsprechung sehr weitreichende Rechtsvorschriften vorgeben, lassen sich dennoch nicht alle Konflikte arbeitsrechtlich regeln. Vor allem auf der Ebene von Konflikten zwischen zwei Individuen kommt es häufig zu nicht justiziablen Konflikten, indem z.B. zwischen zwei Mitarbeitern eine geringe Passung besteht, die zu zahlreichen Konflikten führt und das Arbeitsklima nachhaltig schädigt, ohne dass Vorschriften des individuellen Arbeitsrechtes greifen würden. Konfliktstrukturen lassen sich nach psychologischen Kriterien ordnen (vgl. Montada & Kals, 2001):

▶ Konkurrenz um dasselbe Ziel (z.B. Konkurrenz um einen Arbeitsplatz, Auftrag oder um Marktanteile)
▶ Unvereinbarkeit verschiedener Ziele (z.B. Konflikt zwischen einem Unternehmen, das weiter expandieren möchte, und Umweltschutzgruppen, die für den Erhalt der durch diese Expansion bedrohten naturbelassenen Landschaft kämpfen)
▶ Oberflächen- und Tiefenstrukturen von Konflikten (jeder Konflikt hat auf der Oberflächenebene ein Streitthema oder einen -gegenstand; die dahinterliegenden Interessen liegen oftmals in der Tiefenstruktur des Konflikts verborgen, die mit dem offenkundigen Thema nicht identisch ist).

Oberflächen- und Tiefenstruktur – ein Beispiel. Arbeitgeber und Gewerkschaften verhandeln und streiten öffentlich monatelang über die Frage von Lohnerhöhungen. Auf Tiefenstrukturebene geht es jedoch nicht darum, einen bestimmten Prozentsatz durchzusetzen, sondern um öffentliche Gesichtswahrung. Längst haben beide Seiten die problematischen Effekte ihrer jeweiligen Positionen erkannt und interne Vorabsprachen getroffen. Jetzt geht es primär darum, Gesichts- und Imageverluste zu vermeiden.

Warum macht es Sinn, Konflikte auf der Ebene ihrer Tiefenstruktur zu lösen? Diese tiefere Art der Konfliktlösung hat zahlreiche Vorteile: Die eigenen Anliegen und Verantwortlichkeiten werden den betroffenen Konfliktparteien selbst bewusst. Auf der Basis dieser Selbstklärung findet ein gegenseitiger Austausch über die Anliegen statt. Dadurch werden gemeinsame, sich ergänzende, neutrale und auseinander strebende Anliegen aufgedeckt. Barrieren der Konfliktlösung werden erkannt, z.B. Verletzungen in der Vergangenheit, die die Lösung des Konflikt behindern (vgl. Kap. 10.5 zum Mythos Zukunftsblick). Es wird eine Vielzahl von Konflikthypothesen gebildet und überprüft. Dies fördert das Denken in Alternativen, das Entscheidungsfreiräume schafft. Es werden acht Konfliktinhalte unterschieden (vgl. Montada & Kals, 2001):

(1) Sachinhalte: Die Konflikte basieren auf unterschiedlichen Überzeugungen bezüglich sachlicher Fragen (z.B. über eine Standortentscheidung). Die Konflikte lassen sich nicht immer mittels objektiver Informationen lösen, da unterschiedliche Bewertungskriterien zu gewichten sind (z.B. ökonomische, ökologische oder soziale Kriterien der Standortwahl) und zudem subjektive Überzeugungen relevant sind (z.B. über das Verhältnis ökonomischer zu ökologischen Kriterien).

(2) Glaubensinhalte: Kulturelle, religiöse, ideologische und ethnische Glaubensinhalte lassen sich nicht mit objektivem Wissen belegen oder widerlegen (z.B. Konflikte bzgl. der Organisationskultur).

(3) Wertüberzeugungen und Interessen: Den Konflikten liegen unterschiedliche Urteile über Werte, Tätigkeits- und Sachinteressen zu Grunde (z.B. über Bewertungskriterien von Arbeitsqualität).

(4) Wertorientierung: Die Konflikte betreffen allgemeine Werte, wie Arbeit, Freiheit, Sicherheit, Selbstbestimmung, gesellschaftlichen Erfolg etc., die individuell, kollektiv und organisational zuzuordnen sind (z.B. kann es zu Konflikten über die → Corporate Identity als Einlassung auf bestimmte Werte kommen, indem ein Mitarbeiter sich nicht mehr mit den propagierten und gelebten Werten seines Unternehmens identifizieren kann).

(5) Eigeninteressen: Die Verfolgung von Eigeninteressen, die in Konkurrenz zueinander stehen, ist der Prototyp von Wirtschaftskonflikten, denn die Verfolgung von Eigeninteressen wird nicht nur als selbstverständlich angesehen, sondern gilt als Grundprinzip, auf dem wirtschaftliches Wachstum basiert. Wenn Akteure um knappe Güter, Marktanteile, Macht und Erfolg konkurrieren, so wird angenommen, dass dies wohlstandsfördernd sei. Doch die Konkurrenz ist konfliktreich, vor allem, wenn dabei Gerechtigkeitsnormen verletzt werden (Montada & Kals, 2001).

(6) Ansprüche: Die Verteilung von Ressourcen (Geld, Einfluss, Macht, Freiheit etc.) führt zu verletzten Ansprüchen. Diese sind durch Gesetze, allgemeines Recht, Gerechtigkeitserleben, Konventionen oder Moralvorstellungen normativ begründet (z.B. Verletzung des eigenen Anspruchs auf Beförderung durch Bevorzugung der Kollegin, deren Erfolg auf „Beziehungstaktiken" zurückgeführt wird).

(7) Normen: Konflikte über sittliche oder moralische Normen, über Gesetze oder Gerechtigkeitsnormen spielen auch in der Wirtschaftswelt eine Rolle (z.B. bei der Verteilung von Arbeitsplätzen oder Festlegung des Entgeltsystems).

(8) Beziehungskonflikte: Die Beziehung zwischen den Parteien ist Konfliktgegenstand (z.B. ungeklärtes Verhältnis i.S. eines gleichgestellten oder Vorgesetzten-Verhältnisses). Oder es besteht eine Diskrepanz zwischen Selbst- und Fremdbild (z.B. Selbstbild einer hohen Ei-

genmotivation vs. Fremdbild mangelnder Motivation und unzureichendem Einsatz in der Gruppe).

! Wirtschaftskonflikte umfassen ein weites Feld unterschiedlicher Konflikte. Die Konflikte können inner-, zwischen- oder überorganisational sein. Interessenskonflikte gelten vor allem in der Wirtschaft als prototypischer Konflikttyp. Dennoch ist dies weder der einzige, noch notwendigerweise der dominante Konflikttyp. Vor allem bei innerorganisationalen Konflikten (z.B. zwischen Kollegen oder Abteilungen) spielen in der Praxis oftmals auch andere Inhalte (z.B. konflikthafte Beziehungen) eine Rolle.

In der Praxis stellt sich die Frage: Wie sollen ernsthafte Konflikte behandelt bzw. gelöst werden? Neben traditionellen Wegen der Konfliktlösung (vgl. Kap. 10.2) ist das psychologische Mediationsverfahren ein wichtiger innovativer Ansatz zur Lösung von Konflikten innerhalb und zwischen Organisationen (vgl. Kap. 10.3). Beide Wege werden nachfolgend vorgestellt.

10.2 Traditionelle Wege der Konfliktlösung

Konflikt(löse)fähigkeit rückt als soziale Kompetenz zunehmend ins Blickfeld in Organisationen und Unternehmen. Aber trotz präventiver Maßnahmen und Schulungen lassen sich Konflikte nicht immer vermeiden oder konstruktiv bearbeiten. Konfliktparteien sind überfordert, den Konflikt selbst zu lösen. Dritte halten sich häufig aus dem Konflikt heraus oder tragen, wenn sie in das Konfliktgeschehen eingreifen, statt zur Vermittlung möglicherweise sogar zu einer Eskalation bei.

Der übliche Weg, justiziable Konflikte zu lösen, ist der Rechtsweg. Kontrolle und Verantwortung für das Konfliktgeschehen werden dabei abgegeben. Der Richter entscheidet entsprechend arbeitsrechtlicher Vorschriften und Gesetzbücher. Es folgt ein Rechtsspruch, bei dem es Sieger und Verlierer gibt. Dieser schafft objektive Normen, ohne subjektives Gerechtigkeitserleben oder Wertvorstellungen zu berücksichtigen.

Das Betriebsverfassungsgesetz sieht vor (§ 76), eine Einigungsstelle anzurufen, die eine Alternative zum Gerichtsverfahren bietet. Doch bis es bei diesem Verfahren zu einem Einigungsspruch kommt, der zugleich Rechtskraft hat, vergeht oft eine lange Zeit. Eine Übernahme von Verantwortung für das Konfliktgeschehen und seine Lösung wird nicht befördert. Darüber hinaus werden auch hier Sieger und Verlierer geschaffen. Zukünftige Kooperationen, Beziehungen und das Arbeitsklima sind daher oftmals belasteter als vorher.

10.3 Wirtschaftsmediation als alternative Konfliktlösung

Wirtschaftsmediation ist eine außergerichtliche Streitbeilegung und dient der Lösung von Konflikten im Kontext von Organisationen (vgl. Abb. 10.1). Die Kontrolle über den Konfliktausgang und somit die Entscheidungsmacht liegt bei den beteiligten Konfliktparteien. Der Mediator (bzw. das Mediatorenteam) ist für die Einhaltung eines fairen Verfahrens verantwortlich.

Ansatz. → Empowerment ist das Kernelement moderner Managementkonzepte. Wirtschaftsmediation trägt diesem gewachsenen Bedürfnis nach Selbstbestimmung Rechnung: Statt einer fremdbestimmten Konfliktlösung werden die beteiligten Konfliktparteien in weitaus stärkerem Maße als bei Schieds- und Schlichtungsverfahren zu Eigenverantwortung motiviert. Dazu analysieren sie unter Anleitung der Mediatoren ihre Konflikte, decken Gründe, Überzeugungen, Anliegen und Motive auf, die hinter den vertretenen Positionen stehen, und erarbeiten so die Tiefenstruktur des Konflikts. Eine wesentliche Rolle spielt dabei die Analyse der verschiedenen Gerechtigkeitsperspektiven, denn ein sozialer Konflikt in Organisationen wird vor allem dann virulent, wenn er mit Ungerechtigkeitserleben einhergeht. Im Gegensatz zur Rechtsprechung geht es dabei nicht um objektiv kodifiziertes Recht, sondern um die Wiederherstellung erlebter Gerechtigkeit. Ziel ist es, Gewinner-Gewinner-Lösungen zu finden – alle Parteien sollen durch die Lösung mehr gewinnen als verlieren. Dies kann z.B. erreicht werden, indem der Verhandlungsspielraum erweitert wird, oder auch, indem die Bewertungen verändert werden (Montada & Kals, 2001). Geht es beispielsweise um die Verteilung von Entscheidungsmacht, die zwischen zwei Kollegen zu steten Konflikten führt, so gibt es alternative Ansätze: Der Verhandlungsspielraum ließe sich erweitern, indem zeitgleich auch andere strittige Fragen geklärt und gegeneinander abgewogen würden, z.B. Fragen der Personalverantwortung. Durch eine solche „Paketlösung" lassen sich Einschränkungen in einem Bereich der Lösungsfindung durch einen anderen Bereich kompensieren. Gleichzeitig könnten Bewertungen hinterfragt und verändert werden, so beispielsweise durch eine Diskussion des Aspekts „Kosten der Macht" (vgl. Kap. 7.5.3), so dass die Teilung von Macht nicht nur als Verlust, sondern auch als Entlastung von Verantwortung bewertet wird.

Verbreitung. Die kooperative Lösung von Wirtschaftskonflikten mithilfe von Mediation verfügt in den USA bereits über breite Akzeptanz und Anwendung. In Deutschland spielt sie bislang noch eine untergeordnete Rolle. Eine Institutionalisierung des Verfahrens fand bislang nicht statt. Es werden zumeist nur informelle Wege angeboten, z.B. Psychologen aus dem Personalmanagement heranzuziehen. Dieser Umstand besteht, obgleich auch hierzulande viele Organisationskulturen propagieren, Konflikte friedlich und kooperativ zu lösen, und die Bedeutung von → Empowerment betonen.

10.4 Ablauf und Fallstricke

Es lassen sich idealtypisch sechs Mediationsphasen unterscheiden (vgl. Abb. 10.1). In allen Phasen des Mediationsprozesses können bei der Wirtschaftsmediation Probleme auftauchen, von denen einige im Folgenden umrissen werden (vgl. Kals & Webers, 2001; Montada & Kals, 2001).

Phase I: Vorbereitungsphase

Auswahl des Mediators. Der Mediator braucht hohe Akzeptanz und Commitment aller Parteien. Er sollte Autorität und Vertrauenswürdigkeit besitzen, denn nicht alles lässt sich durch eine Geschäftsordnung regeln. Darüber hinaus braucht er das Vertrauen der Beteiligten in eine gerechte Verfahrensführung. Oftmals ist es günstig, bei komplexeren Konflikten in Organisationen ein Mediatorenteam zu bilden, das Expertisen bündelt und idealerweise gemischtgeschlechtlich zusammengesetzt ist.

Wahl interner oder externer Mediatoren. Als Mediatoren kommen nur Personen in Frage, die bezogen auf das Konfliktgeschehen keine eigenen Interessen haben. Dies kann bei internen und externen Mediatoren gleichermaßen der Fall sein. Als interne Mediatoren kommen Kollegen, aber auch Vorgesetzte in Betracht. Bei Vorgesetzten ist von Vorteil, dass sie Autorität und Kenntnisse über den Konflikt besitzen. Von Nachteil ist, dass es zu Befangenheiten kommen kann, Bewertungen mitgedacht werden und notwendige Offenheiten nicht bestehen. Bei gleichgestellten Kollegen existiert diese Offenheit meist, sie kennen die Hintergründe des Konflikts. Andererseits besteht bei ihnen zumeist eine geringe inhaltliche und soziale Distanz. Externe Mediatoren haben die höchste Unabhängigkeit und Unbefangenheit. Allerdings kennen sie oft nicht hinreichend die Hintergründe des Problems. Sie stoßen zudem an die Grenzen einer hohen Kontaktschwelle und der eingeschränkten Präventionsmöglichkeiten.

Phasen des Mediationsprozesses

I Vorbereitung	II Probleme erfassen	III Konflikt-analyse	IV Konflikte bearbeiten	V Vereinbarung	VI Evaluation Follow-up
(1) Ziele klären	(6) Probleme benennen	(9) Tiefen-strukturen aufdecken	(11) Lösungs-optionen generieren	(14) Lösung wählen/ umsetzen	(17) Kontrolle der Lösungs-umsetzung
(2) Regeln festlegen	(7) Probleme analysieren	(10) Bedingun-gen des Konflikts aufdecken	(12) Anliegen reflektieren	(15) Kontrolle festlegen	(18) Summative Evaluation
(3) Rahmen-bedingungen klären	(8) Erhoffte Gewinne durch Konflikt klären		(13) Bewertung der Optionen	(16) Schriftliche Einigung	
(4) Orientieren					
(5) Vertrag abschließen					

Abbildung 10.1. Idealtypische Phasen des Mediationsprozesses (Montada & Kals, 2001) illustriert am Eingangsbeispiel dieses Kapitels zum externen, wenig anerkannten Geschäftsführer des Familienunternehmens: **Phase I**: Vorbereitungsphase (z.B. Was sind die Ziele des Verfahrens? Ist es ergebnisoffen i.S. zukünftiger Beschäftigungsverhältnisse, oder ist z.B. vertraglich entschieden, dass Geschäftsführer und Mitarbeiter bleiben werden? Wie ist die Bereitschaft zur kooperativen Konfliktlösung aller beteiligten Parteien? Wann und wie oft arbeitet wer an der Konfliktlösung?); **Phasen II** bis **IV** (z.B. Welche sozialen Wahrnehmungen und Vorurteile bestehen? Was sind die Ursachen für den autoritären Führungsstil? Wer profitiert vom Konflikt, erhebt z.B. Anspruch auf die Führungsposition? Welche Lösungsoptionen lassen sich entwickeln, z.B. zur Wiederherstellung erlebter Gerechtigkeit und zur Vermeidung zukünftigen Ungerechtigkeitserlebens? Welche konkreten Hilfestellungen sollten bedacht werden, z.B. Führungs- und Kommunikationstrainings); **Phasen V** und **VI**: Welche Lösungen werden gewählt? Wie hilfreich sind diese im Alltag?

! In der Praxis ist es oftmals optimal, wenn interne und externe Mediatoren zusammenarbeiten.

Auswahl der beteiligten Parteien. Bei komplexen Konflikten in Organisationen (z.B. zwischen Teams) ist die richtige Auswahl der Parteien entscheidend. Es sind jene Personen oder Institutionen einzubeziehen, die die Verhandlungsergebnisse letztlich auch in der Organisation umsetzen bzw. durchsetzen können.

Verfahrensfragen. Bei Mediationen mit vielen Konfliktparteien ist eine klare Geschäftsordnung festzulegen. Die Grundsätze der → Verfahrensgerechtigkeit nach Leventhal (z.B. Konsistenz der Regelanwendung, Korrigierbarkeit von Entscheidungen etc.) sollten implementiert werden. Gewährleistet sollten auch Aspekte der → Interaktionsgerechtigkeit (z.B. respektvoller und höflicher Umgang miteinander) sein. Nicht zuletzt ist wichtig, dass auch formale Kriterien verbindlich eingehalten werden (z.B. ein Zeit- und Sitzungsplan).

Phasen II bis IV: Problem- und Konfliktanalyse und -bearbeitung

Während dieser inhaltlich zentralen Phasen der Mediation sind vier Aspekte besonders zentral: (1) die notwendige Aufdeckung der Tiefenstruktur des Konflikts (vgl. Kap. 10.1), (2) die Analyse der Frage, wie es zu diesem Konflikt kam und welche Gewinne das Konfliktgeschehen für die beteiligten Parteien mit sich bringen, (3) die Reflexion der Anliegen Dritter, denn oftmals sind die Beteiligten gegenüber nicht anwesenden Dritten verpflichtet, (4) die Unterscheidung von Generierung und Bewertung von Lösungsoptionen, damit der bedachte Lösungsraum so weit wie möglich ist. Diese Aspekte sind zu berücksichtigen, damit die Konflikte nicht nur auf ihrer Oberflächenstruktur, sondern auf ihrer Tiefenstruktur bearbeitet und dadurch nachhaltig gelöst werden.

Phase V und VI: Mediationsvereinbarung, Evaluation und Follow-up

Einigungen sind vertraglich festzulegen und die Umsetzung der Entscheidungen zu überwachen. Darüber hinaus ist eine langfristige Evaluation zu gewährleisten (dies vor allem bei der Wahl externer Mediatoren, die die Organisation nach Abschluss des Verfahrens wieder verlassen). Dies kann beispielsweise geschehen, indem die externen Mediatoren einen längerfristig angelegten Vertrag bekommen, der es ihnen bei größeren Konflikten erlaubt, auch noch nach ein oder zwei Jahren zu überprüfen, ob die Konflikte nach wie vor bereinigt sind bzw. ob neue Konflikte aufgetreten sind.

10.5 Mythen der Wirtschaftsmediation

Mythos „Neutralität". Der Mediator sollte in seiner Person neutral sein und sich inhaltlich und methodisch zurückhalten.

In der Wirtschaftsmediation sind vier Mythen relevant (Kals & Kärcher, 2001; Montada & Kals, 2001). Zunächst die Neutralität: Selbstverständlich darf der Mediator „keine Aktien im Spiel" haben. Doch das Neutralitäts- oder Unparteilichkeitspostulat wird oftmals auf die Verfahrensführung ausgedehnt. Ein „neutral agierender" Mediator ist jedoch nicht hilfreich – eine kreative Konfliktlösung braucht „Einmischung". Zudem kann er auf diese eingeschränkte Weise kein Machtungleichgewicht ausgleichen, z.B. bei Konflikten zwischen Mitarbeiter und Führungskraft oder zwischen Einzelperson und Gruppe. Ein allparteilicher Mediator gleicht hingegen ein Machtungleichgewicht aus und verhilft den Konfliktparteien dazu, auf gleicher Augenhöhe zu verhandeln. Der Mediator sollte freie Hand über den Einsatz des gesamten Repertoires an psychologischen Interventionsmöglichkeiten haben.

Mythos „Eigennutz". Menschen verfolgen in Konfliktsituationen nur ihren Eigennutz; Gerechtigkeitsmotive spielen keine oder nur eine untergeordnete Rolle.

Der Typ Interessenskonflikt (vgl. Kap. 10.1) dominiert viele Bereiche der Wirtschaftsmediation. Es besteht jedoch die Tendenz der Generalisierung: Handeln in Konfliktsituationen wird fast ausschließlich im Sinne konfligierender Eigeninteressen konstruiert. Konfliktparteien verfolgen nur jene Interessen, die ihnen Nutzen bringen, etwa

- ▶ finanzielle Vorteile,
- ▶ Erhöhung von Sozialprestige,
- ▶ Stabilisierung persönlicher oder beruflicher Macht,
- ▶ Verbesserung der Arbeits- oder Lebensqualität.

Es kommt zum Konflikt, wenn die Interessen verschiedener Personen oder Personengruppen miteinander kollidieren. Dieses Erklärungsmuster geht theoretisch auf die Rational-choice-Tradition zurück, in deren Zentrum das Modell des Homo oeconomicus steht (vgl. Kals, 1999).

Das Modell des Homo oeconomicus. Dieses Modell beschreibt, dass der Mensch in Entscheidungssituationen seinen Nutzen maximiert und sich dabei zweckrational verhält, indem er Alternativen abwägt und im Sinne seiner Eigeninteressen gewichtet. Dieses Modell spielt in den Wirtschaftwissenschaften eine zentrale Rolle. Basierend auf der Theorie von Adam Smith avancierte es zum obersten Prinzip der Ökonomie. Es wurde bis heute weitgehend unhinterfragt beibehalten. Das Konstrukt des Eigennutzes, das ihm zu Grunde liegt, wurde immer breiter ausgelegt – es umfasst neben finanziellen Interessen alle als wertvoll zu erachtenden menschlichen Güter und Interessen, so dass es über die ökonomische Verhaltensanalyse auch in die Sozialwissenschaften und hier in die Arbeits- und Organisationspsychologie eindrang.

Theoretische, empirische und gesellschaftspolitische Überlegungen zeigen jedoch, dass das übergeneralisierte Bild vom Homo oeconomicus ein moderner Mythos ist (vgl. Kals, 1999; Miller & Ratner, 1996): Es gibt viele verschiedene Konfliktarten und viele Handlungsmotive in Konflikten. Die Reduktion auf ein einziges Motiv ist unwissenschaftlich und legitimiert letztlich die Verfolgung von Eigeninteressen in alltäglichen Konfliktsituationen in Organisationen. Daher sollte aus theoretischer Sicht von einem Motivpluralismus ausgegangen werden. Darüber hinaus bestätigt auch die Praxis, dass von einem Motivpluralismus ausgegangen werden darf.

Mythos „Sachlichkeit". Der Mediator soll zur Sachlichkeit mahnen. Dazu sollten Emotionen rationalisiert und so möglichst gar nicht Thema werden.

Der Sachlichkeits-Mythos wird ebenfalls durch die Rational-choice-Tradition gefördert, bei der die Wirksamkeit von Emotionen für menschliches Handeln explizit ausgeschlossen wird. Aber Emotionen spielen für Entwicklung, Verlauf und Lösung von Konflikten eine zentrale Rolle (z.B. Empörung über verletzte Ansprüche, Ängste vor Image- oder Gesichtsverlust, Ärger über herablassendes Verhalten). Emotionen müssen als subjektive Realitäten ernst genommen werden, damit sie bewältigt und gesteuert werden können. Nur auf diese Weise lässt sich die Kraft, die mit einer hohen Emotionalität des Konfliktgeschehens einhergeht, positiv nutzen.

Mythos „Zukunftsblick". Im Mediationsverfahren soll man ausschließlich nach vorn schauen und den Blick nicht in die Vergangenheit richten.

Die implizite Annahme, dass es keinen Sinn macht, einem entgangenen Gewinn nachzutrauern, spiegelt nicht die psychologische Realität wider. Denn was vergangen ist, gestaltet die aktuelle Wahrnehmung und erklärt den Status quo. Die Geschichte der Konfliktparteien erklärt, weshalb Emotionen vorhanden sind, warum das Konfliktgeschehen eskalierte, warum Vertrauen verloren gegangen ist, und begründet die jetzige Beziehung zwischen den Konfliktparteien. Gab es einen Verlust der Achtung gegenüber den anderen Konfliktparteien, so kann man dies nur mit dem Blick in die Vergangenheit erklären, und nur mit diesem kann man Vertrauen wiederherstellen. Denn vor allem, wenn die Vergangenheit ineffizient und verlustreich gewesen ist, kann man aus ihr lernen.

Die psychologische Begleitung dieses Prozesses durch einen Mediator kann helfen, den Blick in die Vergangenheit zu richten, sie aufzuarbeiten und das Vertrauen in die Gültigkeit sozialer Normen wiederherzustellen.

10.6 Chancen der Wirtschaftsmediation

Konflikte im Kontext von Organisationen führen zu Verlusten in Motivation, Leistung und Produktion, zu Gefühlen des Ärgers, der Empörung, der Feindseligkeit, zur Beeinträchtigung von Organisationsklima und -kultur und nicht zuletzt zu Imageverlusten. Das hohe Potential, das ein konstruktiver Umgang mit Konflikten bietet, wird in Organisationen erkannt: Kommunikations- und Konflikt(löse)fähigkeit gehören zu den Schlüsselqualifikationen, die in Trainingsprogrammen großer Organisationen standardmäßig geschult werden. Neben dem konstruktiven Umgang mit bestehenden Konflikten werden Maßnahmen zur Konfliktprävention vermittelt, wie präventive Erkundungen möglicher Konfliktfelder, Präventivmaßnahmen zu möglichen Konfliktverläufen sowie zur Schadensbegrenzung.

Auch in allen gängigen Lehrbüchern der Organisationspsychologie wird das Thema Konflikte ausführlich behandelt. Gleichwohl nimmt dabei die Wirtschaftsmediation nur einen kleinen Raum ein. Dies spiegelt die tatsächlichen Verhältnisse in Organisationen (vor allem Wirtschaftsunternehmen) wider, in denen die Mediation von Konflikten nach wie vor die Ausnahme bildet (vgl. Kap. 10.2). Über die Vorteile der Wirtschaftsmediation bestehen aber keine Zweifel. Ihr Nutzen lässt sich auf einer sachlichen, ökonomischen und gesellschaftspolitischen Ebene auffächern.

Sachlicher Nutzen. Mithilfe von Mediationsverfahren werden langfristige Lösungen angestrebt. Die Tiefenstruktur des Konflikts wird mit einbezogen. Häufig kommt es zu „Paketlösungen", bei denen verschiedene Konflikte in einem Verfahren gelöst werden. Die Lösung steht auf einer solideren Basis, da weitaus mehr Informationen und Aspekte im Verfahren berücksichtigt werden als bei alternativen Verfahren der Konfliktlösung. Voraussetzung dafür ist eine Tiefenanalyse des Konflikts sowie der Einbezug beteiligter Dritter. Konflikte werden durch Mediationsverfahren „ent-emotionalisiert", indem Emotionen nicht unterdrückt, sondern thematisiert werden – dadurch wird der Konflikt letztlich versachlicht.

Ökonomischer Nutzen. Obgleich die Einführung von Mediationsverfahren und ihre Umsetzung in Organisationen zunächst Kosten verursacht, verringern diese Verfahren mittel- und langfristig die Kosten für Konflikte und ihre Folgen, z.B. auf Grund von Arbeitsausfällen. Oftmals wird der Konflikt durch mehrschichtige „Paketlösungen" geklärt: Man findet zu Einigungen, die über das eigentliche Konfliktfeld hinausgehen. Dadurch werden auch in anderen Kontexten, in denen die Konfliktparteien miteinander zu tun haben, Absprachen getroffen, wodurch die Wahrscheinlichkeit zukünftiger Konflikte vermindert wird. Dies ist eine wichtige Investition in die Zukunft der Organisation. Damit haben Mediationsverfahren eine hohe → Effektivität und bieten ökonomische Vorteile.

Gesellschafts- und Organisationspolitik. Auch organisationspolitisch sind Mediationsverfahren nützlich: Es werden Kommunikationsstrukturen aufgebaut und etabliert, die bei zukünftigen Konfliktfällen wieder genutzt werden können und hier zu schnelleren Lösungen führen. Das → Empowerment der beteiligten Konfliktparteien wird gefördert – die Bereitschaft steigt, im Kontext der Organisation Verantwortung zu übernehmen. Dies sollte sich auch auf andere Arbeitsfelder übertragen – also letztlich wird so auch die Organisationskultur gefördert. Da die Verantwortung für die Konfliktlösung bei den beteiligten Konfliktparteien liegt, wird die Führung entlastet. Schließlich trägt die Etablierung von Wirtschaftsmediation in einer Organisation entscheidend zu einem positiven Image bei und kann gesellschaftspolitisch einen Beitrag zu einem konstruktiven Umgang mit Konflikten und somit einer veränderten Streitkultur führen. Um diese Chancen der Wirtschaftsmediation zu nutzen, stellen sich an die Psychologie verschiedene Forderungen:

(1) In Forschung und Praxis ist eine disziplinübergreifende Zusammenarbeit notwendig. Forschungsbeispiel: Unterschiedliche Fächertraditionen tragen ihre Modelle zusammen, z.B. Rational-choice-Modelle sowie Modelle gerechtigkeitsmotivierten Handelns. Das Ziel ist dabei, integrative Modelle zu entwickeln, die der Vielfalt menschlicher Motive Rechnung tragen. Praxisbeispiel: In einem Mediatorenteam sind interne und externe Mediatoren mit jeweils unterschiedlicher disziplinärer Ausrichtungen vertreten. Diese Mediatoren haben daher nicht nur einen unterschiedlichen Ausbildungshintergrund mit verschiedenen fächerbezogenen Sozialisationen (z.B. im Fach Psychologie vs. Betriebswirtschaft), sondern sie haben auch einen unterschiedlichen Wissensstand über das Unternehmen (z.B. über seine Struktur und Mitarbeiter).

(2) Die Mythen innerhalb der Mediation müssen überwunden werden, indem über sie aufgeklärt wird (Praxis) und Daten vorgelegt werden, die ihrer Widerlegung dienen (Forschung).

(3) Wirtschaftsmediation sollte als neues Anwendungsfeld stärker verbreitet werden, z.B. durch Psychologen, die bereits in Organisationen im Bereich der Personalentwicklung arbeiten und durch interne Überzeugungsarbeit dazu beitragen können, Mediation als Verfahren zur Konfliktlösung einzuführen. Aber auch externe Mediatoren können durch vermehrte Aufklärungsarbeit oder durch Angebote an große Organisationen zur Verbreitung des Verfahrens beitragen.

Ziel sollte es sein, die Potentiale optimal zu nutzen, die in der erfolgreichen Mediation organisationaler Konflikte für die jeweils beteiligten Organisationen und Unternehmen sowie für die Gesellschaft liegen.

10.7 Kernpunkte und Übungsaufgaben

Kernpunkte

▶ Konflikte gehören zum Arbeitsalltag innerhalb von Organisationen. Bei der Analyse und Lösung dieser Konflikte kann auf eine umfangreiche Konfliktforschung zurückgegriffen werden. Sie definiert Konflikt als Unvereinbarkeit von Anliegen oder Zielen zwischen Personen oder Gruppen, die zu Gefühlen der Beeinträchtigung oder Bedrohung führen, ohne dass seitens der Konfliktparteien die grundlegende Bereitschaft bestünde, diese Bedrohungen aufzuheben.

▶ Organisationale Konflikte können nach unterschiedlichen Kriterien klassifiziert werden. Von besonderer Bedeutung sind dabei die Klassifikationsmerkmale der Konfliktstrukturen und -inhalte. Oftmals lassen sich diese nur durch eine Analyse der Tiefenstruktur des Konflikts ausmachen.

▶ Die Frage, wie mit (ernsthaften) Konflikten in Organisationen umgegangen werden sollte, wird unterschiedlich beantwortet. Neben traditionellen Wegen der Konfliktlösung (Rechtsweg oder Einigungsstelle) wird zunehmend die Wirtschaftsmediation als alternative Form der Konfliktlösung angewendet.

▶ Wirtschaftsmediation ist eine außergerichtliche Form der Streitbeilegung, bei der die beteiligten Konfliktparteien in weitaus stärkerem Maße Eigenverantwortung tragen als bei Schieds- und Schlichtungsverfahren. Ziel ist es, statt eines Nullsummenspiels mit Gewinnern und Verlierern eine Lösung zu finden, bei der alle beteiligten Konfliktparteien als Gewinner aus dem Konflikt hervorgehen. Dazu wurden sechs idealtypische Phasen vorgestellt.

▶ Als „Mythen" der Wirtschaftsmediation wurden diskutiert: die übergeneralisierte Neutralität, die Annahme von Eigennutz als Kardinalmotiv menschlichen Handelns und Entscheidens, die Mahnung zur Sachlichkeit und der ausschließliche Blick nach vorn statt in die Vergangenheit.

▶ Eine erfolgreiche Wirtschaftsmediation hat vielfältige sachliche, ökonomische und gesellschafts- bzw. organisationspolitische Vorteile. Um diese auszuschöpfen, ist eine disziplinübergreifende Zusammenarbeit notwendig, die Mediationsmythen sind zu überwinden, und Wirtschaftsmediation ist innerhalb von Organisationen als ein standardmäßiges Verfahren zur Lösung größerer Konflikte zu etablieren.

Übungsaufgaben

▶ Wenden Sie die wesentlichen Ziele und Leitsätze der Wirtschaftsmediation auf drei unterschiedliche inner-, zwischen- und überorganisationale Konflikte an.

▶ Was sind die wesentlichen Vorteile der Wirtschaftsmediation im Gegensatz zum traditionellen Weg der gerichtlichen Auseinandersetzung?

▶ Welche Mythen existieren im Bereich der Wirtschaftsmediation? Wie könnten sich diese auf die Konfliktmediation des Eingangsbeispiels auswirken? Legen Sie, wenn notwendig, weitere Rahmenbedingungen fiktiv fest.

Weiterführende Literatur

Lehrbuch Mediation: Montada & Kals (2001).
Vertiefung Wirtschaftsmediation: Eyer (2000).

Teil IV

Individuelle Ebene

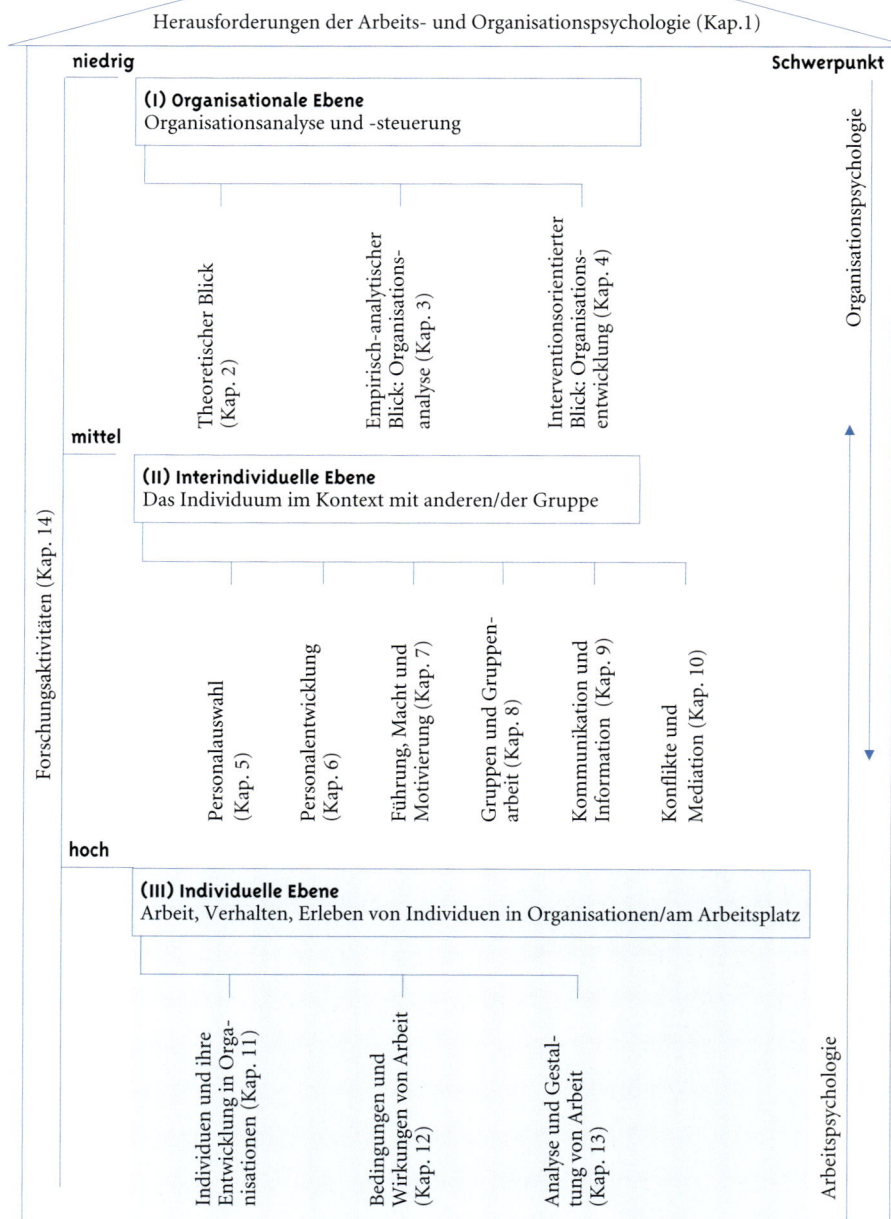

Herausforderungen der Arbeits- und Organisationspsychologie (Kap.1)

niedrig

Schwerpunkt

(I) Organisationale Ebene
Organisationsanalyse und -steuerung

Theoretischer Blick (Kap. 2)

Empirisch-analytischer Blick: Organisations-analyse (Kap. 3)

Interventionsorientierter Blick: Organisations-entwicklung (Kap. 4)

mittel

(II) Interindividuelle Ebene
Das Individuum im Kontext mit anderen/der Gruppe

Personalauswahl (Kap. 5)

Personalentwicklung (Kap. 6)

Führung, Macht und Motivierung (Kap. 7)

Gruppen und Gruppen-arbeit (Kap. 8)

Kommunikation und Information (Kap. 9)

Konflikte und Mediation (Kap. 10)

hoch

(III) Individuelle Ebene
Arbeit, Verhalten, Erleben von Individuen in Organisationen/am Arbeitsplatz

Individuen und ihre Entwicklung in Orga-nisationen (Kap. 11)

Bedingungen und Wirkungen von Arbeit (Kap. 12)

Analyse und Gestal-tung von Arbeit (Kap. 13)

Forschungsaktivitäten (Kap. 14)

Organisationspsychologie

Arbeitspsychologie

11 Individuen und ihre Entwicklung in Organisationen

In diesem Kapitel werden die Grundlagen zur Betrachtung der (intra)individuellen Ebene in Organisationen gelegt. Die Leitfrage des Kapitels lautet: Wie wird ein Individuum zu einem leistungsstarken Mitglied einer Organisation? Dazu wird zunächst das grundlegende Verhältnis von Individuen und Organisationen analysiert: Es werden Forschungsparadigmen sowie die Grundkonflikte zwischen Organisationen und Individuen dargelegt – denn Organisationen sind zweckrationale Gebilde, in denen Mitglieder die Primäraufgabe haben, ihren Beitrag zur Erfüllung der organisa-

Was Sie in diesem Kapitel erwartet

tionalen Ziele zu leisten. Doch die Ziele und Ausrichtungen von Organisationen und die individuellen Ziele ihrer Mitglieder können in Konkurrenz miteinander stehen, weshalb Anpassungsprozesse stattfinden. Welche personalen Variablen wichtig sind, damit Individuen zu Leistungsträgern in Organisationen werden, hängt von der Art der Leistung ab, die verlangt wird. Es lassen sich einige Persönlichkeitskonstrukte als psychologische Schlüsseldimensionen von Leistungsverhalten ausmachen, die vor dem Resümee exemplarisch vorgestellt werden.

11.1 Forschungsparadigmen

Diskutiert man im Allgemeinen über das Verhältnis von Mensch und Umwelt, so spiegelt sich das innerhalb der Arbeits- und Organisationspsychologie als Debatte um das Verhältnis von Person und Arbeitsumwelt wider – mit vier paradigmatischen Sichtweisen (vgl. Hoff, 1994):

(1) Determination der Person durch Arbeit: Äußere Bedingungen der Arbeit und in der Organisation werden als Faktoren für innere Prozesse und Entwicklungen des Individuums angesehen.

(2) Determination der Arbeit durch Personenmerkmale: Äußere Bedingungen sind auslösende, aber nicht konstitutive Faktoren für innere Prozesse. Arbeitsverhalten und Berufsverlauf sind Resultat personaler Merkmale (Anlagen, Begabung, Eigenschaften, Motivation, Einstellung etc.).

(3) Multikausale Sicht der Determination: Die einseitigen Positionen (Punkt 1 und 2) werden aufgehoben und durch integrative Sichtweisen ersetzt – man geht von multikausalen Einflussfaktoren der Person und ihrer Arbeitsumwelt aus.

(4) Interaktionistische Sicht: In Fortführung der multikausalen Sicht beeinflussen Arbeitsumwelt und Persönlichkeit einander wechselseitig im Arbeitshandeln und im Berufsverlauf. Sie bilden ein System, dessen Einheiten einander in ihrer Entwicklung vorantreiben. Dahinter steht das Bild des produktiv realitätsgestaltenden Subjekts.

!

Je nach Fragestellung sind unterschiedliche Wirkrichtungen der Faktoren Arbeit und Mensch dominant. Allerdings liegt vielen Interventionsansätzen zumindest das Menschenbild der interaktionistischen Sicht zu Grunde: Der Mitarbeiter ist nicht passives Opfer, sondern aktives Subjekt, das die Realität produktiv und konstruktiv verarbeitet und gestaltet („produktiver Gestalter").

11.2 Konflikte zwischen Organisationen und ihren Mitgliedern

Zwischen Organisationen und ihren Mitgliedern besteht ein Konfliktpotential, das auf unterschiedliche Ziele und Interessen von Organisationen einerseits und Individuen andererseits zurückzuführen ist (Kap. 11.2.1). Daher sind Anpassungsleistungen seitens der Organisationsmitglieder, aber auch seitens der Organisation erforderlich, damit Individuen zu „erfolgreichen" Organisationsmitgliedern werden (Kap. 11.2.2).

11.2.1 Grundkonflikte

Bedürfnisse des Individuums. Viele Bedürfnisse von Individuen können durch Arbeitstätigkeit befriedigt werden. Der Hauptzweck der Arbeitstätigkeit ist der Erwerb des Lebensunterhalts. Darüber hinaus gibt es zahlreiche Nebenzwecke (Jahoda, zit. in Ulich, 2001): Durch die Arbeitstätigkeit werden Zeit und Tagesablauf strukturiert; sie fordert regelmäßige Aktivität; sie ermöglicht soziale Beziehungen; sie trägt zur individuellen Identität bei; sie weist sozialen Status zu; sie transzendiert individuelle Ziele und Leistungen zu kollektiven. Dadurch ist es grundsätzlich möglich, dass alle Bedürfnisse des Menschen, wie sie etwa in der Bedürfnishierarchie von Maslow abgebildet werden, im Arbeitskontext eine Rolle spielen (vgl. Kap. 12.1). Die Befriedigung der Bedürfnisse kann durch die Arbeitsausführung selbst oder durch die mit der Arbeit einhergehenden Umwelt- oder Sozialfaktoren geschehen (vgl. Weinert, 2004).

Anforderungen der Organisation. Auf der anderen Seite stehen die „Bedürfnisse" bzw. Ansprüche der Organisation an ihre Mitglieder. Diese zielen darauf ab, die Primärzwecke der Organisation (Leistung, Gewinn, Wachstum, z.B. durch → effiziente Produktion) und Sekundäraufgaben (z.B. positives Image) zu erfüllen. In der Theorie von Argyris wird der Antagonismus zwischen Zielen, Interessen und Präferenzen der Organisation einerseits und Wünschen, Bedürfnissen und Erwartungen des Individuums andererseits beschrieben (vgl. Abb. 11.1).

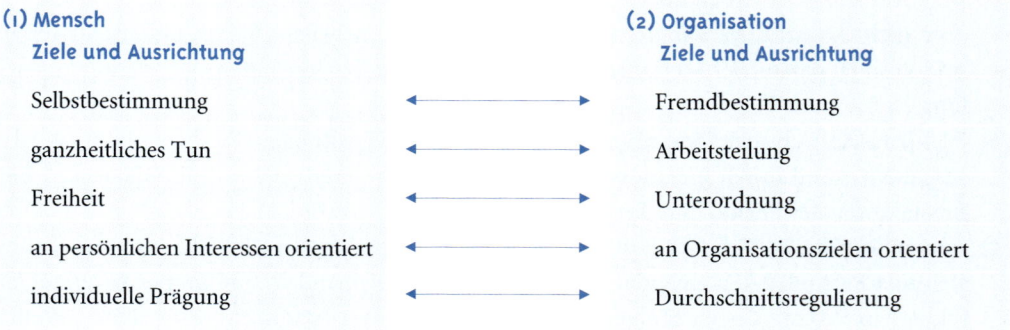

(1) Mensch Ziele und Ausrichtung		(2) Organisation Ziele und Ausrichtung
Selbstbestimmung	←→	Fremdbestimmung
ganzheitliches Tun	←→	Arbeitsteilung
Freiheit	←→	Unterordnung
an persönlichen Interessen orientiert	←→	an Organisationszielen orientiert
individuelle Prägung	←→	Durchschnittsregulierung

Abbildung 11.1. Das potentielle Spannungsverhältnis von Individuen und Organisationen. In Anlehnung an Argyris (modifiziert durch von Rosenstiel, 2003) ist (1) der Mensch auf Selbstbestimmung, ganzheitliches Tun und Freiheit ausgerichtet. Er ist an persönlichem Interesse orientiert und von individueller Prägung bestimmt. (2) Eine Organisation mit den Anforderungen der Fremdbestimmung, der Arbeitsteilung, dem Paradigma der Unterordnung, der Orientierung an Organisationszielen und der Regulierung über Durchschnittsannahmen kann jedoch das Streben des Menschen nach Verantwortung und Selbstverwirklichung verhindern

Das einzelne Organisationsmitglied wird im instrumentellen Sinne den Zielen der Organisation untergeordnet. Anpassungsleistungen sind notwendig, zu deren Förderung die Organisation bestimmte Kontrollformen (vor allem Kontrakte, wie „Geld gegen Leistung") einsetzt (vgl. von Rosenstiel, 2003).

11.2.2 Anpassungsleistungen

Passen sich Individuum und Organisation einander an, finden organisationale und innerpsychische Prozesse statt, die die potentiellen Konflikte zwischen Organisationsmitgliedern und Organisationen vermeiden bzw. dämpfen und die Thema dieses Unterkapitels sind (vgl. von Rosenstiel, 2003).

Selektion

Selbstselektion. Bei der Auswahl von Mitgliedern von Organisationen finden Selbst- und Fremdselektionen statt. Entsprechend der Selbstselektion entscheidet sich ein potentielles Mitglied für eine Organisation, indem es sich (z.B. aufgrund seiner Eindrucksbildung) bei der Organisation bewirbt oder eine ihm angebotene Stelle annimmt (vgl. Kap. 5.1). Bei dieser Entscheidung wird das potentielle Mitglied eigene Neigungen und Interessen sowie Informationen über die Organisation und ihre Bewertung gleichermaßen berücksichtigen. Ein klinischer Psychologe mit verhaltenstherapeutischer Ausrichtung wird beispielsweise eine Anstellung in einer Organisation (z.B. Krankenhaus) vermeiden, die ausschließlich psychoanalytisch ausgerichtet ist.

Fremdselektion. Hinsichtlich der Fremdselektion wird auch die Organisation ihrerseits auf eine möglichst optimale Person-Umwelt-Passung (Person-Environment-Fit) bei der Bewerberauswahl und der internen Besetzung von Stellen achten (vgl. Kap. 5.1). Das geschieht z.B., indem man schon in der Stellenausschreibung ein bestimmtes Ausbildungsprofil des zukünftigen klinischen Psychologen verlangt. Auch dadurch werden Konflikte zwischen Interessen und Prinzipien des Individuums und der Organisation im Vorfeld vermieden.

Sozialisation

Sozialisation im Kontext der Arbeit (berufliche Sozialisation) umfasst die Sozialisation vor, während und nach der Berufstätigkeit und ist somit ein die Lebenszeit umfassender Sozialisationsprozess (Hurrelmann & Ulich, 1991).

Sozialisation vor der Berufstätigkeit. Während, aber auch vor der Berufstätigkeit lernen Individuen das Wert- und Normsystem und die geforderten Verhaltensmuster von Organisationen kennen – dies ist die Sozialisation für den Beruf (vgl. Hoff, 1994). Schon über die Erwerbstätigkeit der Eltern wird sozialisiert – die Eltern fungieren als Modelle, die ihre eigenen beruflichen Sozialisationserfahrungen über die Interaktion in der Familie (familiale Interaktion) vermitteln und so die Persönlichkeitsbildung und Wertvorstellung der Kinder mitprägen. Dabei spielen objektive, materielle und soziale Bedingungen der Familie, die durch die Arbeit der Eltern bestimmt werden, eine wesentliche Rolle. Diese familiale Sozialisation erklärt u.a. Übereinstimmungen in der Berufswahl von Eltern und Kindern. Das Ergebnis kann ein „klassenspezifischer Habitus" sein (vgl. Kap. 7.4). Ein anderes Beispiel ist Dauerarbeitslosigkeit der Eltern, die Einfluss auf negative Erwartungen und misserfolgsmotiviertes Verhalten der Kinder haben kann.

Es folgt die eigentliche vorberufliche Sozialisation. Hierzu gehören die Sozialisation durch Bildung sowie offene und „heimliche" Lehrpläne von Schulen und Lehre. In der schulischen Sozialisation werden ebenso wie in der Familie grundlegende Werte und Normen vermittelt, die auch im Berufsleben relevant sind. In der Ausbildungsphase werden berufsfeldspezifische Normen und oftmals auch organisationsspezifische Normen vermittelt, z.B. wenn jemand eine Ausbildung zum Maler und Lackierer in einem Automobilkonzern macht. Beispielsweise wird durch familiale und schulische Sozialisation beeinflusst, welche Studienrichtung jemand wählt. Innerhalb der Studienfächer finden weitere Sozialisationseffekte statt.

Ein Beispiel. Ökonomie-Studenten zeigen mehr Trittbrettverhalten und übervorteilen tendenziell eher andere bei der Zuteilung von Gütern als studentische Vergleichspopulationen. Eine ähnliche Tendenz zeigt sich bei den Ökonomie-Professoren. Mittels eines experimentellen Designs gelang der Nachweis, dass nach Abschluss eines Seminars über ökonomisches Kalkül die Bereitschaft, gefundenes Geld zurückzugeben, geringer war als vorher – es war auch geringer als in verschiedenen Vergleichsgruppen, die aus Teilnehmern eines anderen ökonomischen Seminars bestanden (Frank, Gilovich & Regan, 1993). Ergebnis: Man kann nutzenmaximierendes Handeln durch entsprechende Sozialisationseffekte erlernen.

Sozialisation während der Berufstätigkeit. Die vorberufliche Sozialisation wird in der Phase der beruflichen Sozialisation fortgesetzt – vor allem nach Beginn der Arbeitstätigkeit in einer spezifischen Organisation. Der Mitarbeiter lernt interne Normen und Werte nicht nur theoretisch kennen (z.B. über explizite Unternehmensleitlinien), sondern erfährt diese auch im beruflichen Alltag durch zahlreiche formelle und informelle Prozesse. Die Sozialisation während der Berufstätigkeit umfasst drei Phasen (Schneider, 1999):

(1) die Pre-Entry-Phase, in der es darum geht, Eingang in die Organisation zu finden (z.B. Sozialisation durch Erfahrungen bei der Personalauswahl)
(2) die Entry-Phase, in der die eigentliche organisationale Sozialisation stattfindet
(3) die Metamorphose-Phase, in der Konflikte in der betrieblichen Arbeit passiv oder aktiv, erfolgreich oder nicht erfolgreich gelöst werden.

Das Ergebnis der Sozialisation während der Erwerbstätigkeit ist oftmals, dass Normen, Werte und geforderte Verhaltensweisen internalisiert und „als unreflektierte Selbstverständlichkeiten" ausgeführt werden (von Rosenstiel, 2003, S. 133). Dies können u.a. Rollen- und Lerntheorien (Bekräftigungen, Lernen durch Modell etc.) erklären. Zu dieser Sozialisation tragen nicht nur informelle Prozesse bei (z.B. Erfahrungen in Form von einführenden Seminaren, Gesprächen mit dienstälteren Kollegen, Sozialisation durch symbolische Führung; vgl. Kap. 7.1), sondern auch formelle Prozesse und Programme. In Mentorenprogrammen können z.B. Mentoren als „Sozialisationshelfer" fungieren (Moser & Schmook, 2001) – sie übernehmen nicht nur Karriere-, sondern auch psychosoziale Funktionen (z.B. dient der Mentor als Rollenmodell, er gibt Ratschläge und bietet eine Vertrauensbeziehung an). Darüber hinaus wird die Sozialisation in der Organisation durch das grundsätzliche Commitment gefördert, das Mitglieder durch Unterschrift des Kontrakts mit der Organisation gegeben haben. Dieses Commitment umfasst auch die Akzeptanz expliziter Leitlinien.

Persönlichkeitstheorien

Auch explizite und implizite Persönlichkeitstheorien erklären, dass Mitglieder von Organisationen Anpassungsleistungen vollbringen. Eine wichtige implizite Persönlichkeitstheorie umfasst zunächst die Annahme, dass Individuen sich anpassen können und Sozialisationsprozesse stattfinden. Die Bedeutung impliziter Persönlichkeitstheorien hat beispielsweise McGregor analysiert, indem er die Auswirkung der Unterscheidung seiner Theorien „X" und „Y" im Sinne sich selbst erfüllender Prophezeiungen auf das Führungsverhalten verdeutlicht (vgl. Kap. 7.2.1).

Darüber hinaus werden explizite Persönlichkeitstheorien von z.B. praktisch arbeitenden Arbeits- und Organisationspsychologen, aber auch von Entscheidungsträgern zu Rate gezogen – auf dieser Grundlage wird Einfluss auf Individuen und ihr Verhalten in Organisationen genommen und deren Anpassungsleistung unterstützt. Es lassen sich vier Theoriegruppen unterscheiden, die unterschiedliche Zielzustände implizieren und jeweils andere Problemfelder fokussieren (vgl. von Rosenstiel, 2003, in Anlehnung an Brandstätter sowie Schneewind, 1982):

(1) Phänomenologische Persönlichkeitstheorien: Maslows Konzept der humanistischen Persönlichkeitstheorie (vgl. Kap. 12.1) macht z.B. Vorgaben über Zielvorstellungen, aus denen sich Empfehlungen für OE-Maßnahmen ableiten (z.B. Schaffung von Organisationsstrukturen, die den einzelnen Mitgliedern große Möglichkeit zur Selbstverwirklichung geben).

(2) Psychoanalytische Persönlichkeitstheorien: Gegenwärtiges Verhalten und Erleben von Organisationsmitgliedern wird auf frühere Erfahrungen und unbewusste Motivationen zurückgeführt (z.B. deutet die Psychoanalyse eine charismatische Führungsperson als narzisstisch veranlagt; vgl. Kap. 7.3.1).

(3) Lerntheoretische Persönlichkeitstheorien: Der Schwerpunkt liegt auf der Erklärung und Modifikation von Verhalten in Organisationen. Ein → Management by Reinforcement wird nahe gelegt.

(4) Faktorenanalytische Persönlichkeitsmodelle: Ein psychodiagnostisches Vorgehen (einschließlich der Eignungsdiagnostik) steht im Zentrum. Persönlichkeitseigenschaften werden erhoben und Zusammenhänge erfasst. Interventionsentscheidungen machen wenig Sinn, da die Persönlichkeitseigenschaften als weitgehend stabil angesehen werden.

Potentielle Konflikte zwischen Individuen und Organisation erfordern Anpassungsleistungen, vor allem seitens des Individuums. Die Anpassungsleistungen werden durch Prozesse der Fremd- und Selbstselektion, der Sozialisation sowie der Wirksamkeit impliziter und expliziter Persönlichkeitstheorien gefördert.

11.3 Fragestellungen zu personalen Merkmalen

Vielen organisationalen Entscheidungen liegt das Konzept des „Person-Environment-Fits" zu Grunde (vgl. Kap. 5.1). Entsprechend dieses Konzepts spielen personale Merkmale (zur Definition vgl. Kap. 7.3.1) von Organisationsmitgliedern bei Personalentscheidungen und Entscheidungen der Organisationsentwicklung und Arbeitsgestaltung eine wichtige Rolle. Es lassen sich drei Gruppen von Fragestellungen unterscheiden, bei denen personale Variablen unterschiedlichen Status haben (vgl. Sonntag & Scharper, 1999):

(1) Personale Merkmale als → Prädiktorvariablen: Mittels welcher personaler Variablen lässt sich berufliche Leistung vorhersagen und erklären? Die Befunde werden bei der Anforderungs- und Eignungsdiagnostik und somit primär bei der Personalauswahl genutzt (vgl. Kap. 5).

(2) Personale Merkmale als → Kriteriumsvariablen: Welche Wirkung haben bestimmte Personalentwicklungs- oder Arbeitsgestaltungsmaßnahmen auf die Mitarbeiterpersönlichkeit und ihre Entwicklung? Die Antworten werden im Rahmen von Arbeits- und Organisationsgestaltung umgesetzt (vgl. Kap. 13).

(3) Personale Merkmale als → Moderatorvariablen: Inwiefern können personale Variablen Zusammenhänge zwischen anderen Variablen erklären, z.B. zwischen Arbeitsbedingungen einerseits und Leistungseffizienz, Arbeitszufriedenheit und -motivation andererseits (vgl. Kap. 12)? Bei der Personalentwicklung werden diese Antworten z.B. benötigt, um Zielgruppen für Trainingsprogramme anhand wichtiger Personenvariablen homogen zusammenzustellen (vgl. Kap. 6).

Mit der Entscheidung, ob personale Merkmale den Status eines Prädiktors oder eines Kriteriums haben, wird auch eine Entscheidung über das zu Grunde liegende Forschungsparadigma gefällt (vgl. Kap. 11.1): Entsprechend des klassisch-soziologischen Forschungsparadigmas sind personale Merkmale Kriterien, da sie durch Arbeit determiniert werden („Determination der Person durch Arbeit"). Im Sinne des klassisch-psychologischen Paradigmas nehmen personale Merkmale hingegen Prädiktorstatus ein („Determination der Arbeit durch Personenmerkmal"). Beide Paradigmen, das klassisch-soziologische sowie das streng psychologische, wurden mittlerweile in dieser extremen Form aufgegeben. In enger Auslegung des psychologischen Paradigmas beeinflussen Personenvariablen, wie sich jemand verhält und was er leistet. Sie sind selbst jedoch kaum veränderlich und bieten daher keinen Interventionsansatz im Sinne der Personal- oder Organisationsentwicklung, sondern sie ermöglichen nur Selektionsentscheidungen (z.B. durch die Personalauswahl) (vgl. Kap. 5.1).

! Bei (fast) allen wichtigen Entscheidungen in Organisationen sind Menschen betroffen, weshalb die Analyse von Personenvariablen eine wichtige Rolle spielt (im Bereich der Personalauswahl, Personalentwicklung, Organisationsentwicklung, Arbeitsgestaltung).

11.4 Individuen als Leistungsträger in Organisationen

In Organisationen stellt sich immer auch die Frage nach der Leistung des Einzelnen – auch, wie sich Leistung bestimmen oder vorhersagen lässt. Nach dem Modell von Vroom (zit. in von Rosenstiel, 2003) wird Leistung als Produkt aus Motivation, Fähigkeit und Fertigkeit erklärt:

Leistung = Motivation × (Fähigkeiten + Fertigkeiten)

Dies bedeutet, dass eine Leistungssteigerung bei bereits vorhandener Motivation vor allem dann erreicht wird, wenn die Fähigkeiten und Fertigkeiten der Person gesteigert werden. Eine weitere Steigerung der Motivation ist in diesem Fall hingegen wenig effizient. Die Motivation sollte stattdessen erhöht werden, wenn Fähigkeiten und Fertigkeiten bereits hoch ausgeprägt sind, aber die Motivation eher gering ist.

Während die Motivation primär Thema des nächsten Kapitels ist (vgl. Kap. 12.1), stehen an dieser Stelle Fähigkeiten und Fertigkeiten im Mittelpunkt – Konzepte der Eignung, Ausbildung und Erfahrung werden diskutiert (nach Lawler, zit. in von Rosenstiel, 2003).

Die Frage, welche Fähigkeiten und Fertigkeiten letztlich zu einer hohen Arbeitsleistung beitragen, kann nur berufs(gruppen)spezifisch beantwortet werden. Für eine Tätigkeit am Fließband sind z.B. vollkommen andere Qualifikationen notwendig als für eine Tätigkeit im höheren Management. Die Fähigkeit zu Führen ist nur für jenen Personenkreis relevant, der Personalverantwortung hat. Zudem zeigt die Diskussion um „optimale" Führungseigenschaften, wie sehr diese von der jeweiligen Führungsaufgabe und den spezifischen Bedingungen abhängen (vgl. Kap. 7.3). Gleiches illustrieren die Modelle der Gruppeneffizienz (vgl. Kap. 8.2).

> Es hat sich eingebürgert, von Konzepten wie „berufliche Handlungskompetenz", „Schlüsseldimensionen des Leistungsverhaltens" bzw. kurz „Schlüsselqualifikationen" in sehr allgemeiner Form zu sprechen. Wichtig ist dabei jedoch, diese immer für bestimmte Berufsgruppen bzw. Aufgabenfelder unter Beachtung spezifischer Rahmenbedingungen inhaltlich zu bestimmen.

Schlüsseldimensionen

Es lassen sich einige psychologische Variablen ausmachen, die von grundlegender Bedeutung zur Bewältigung von Aufgaben sind – und damit weniger aufgaben- bzw. positionsspezifisch als übliche Schlüsselqualifikationen. Einige solcher psychologischen Schlüsseldimensionen des Leistungsverhaltens sind im Folgenden in Anlehnung an Weinert (2004) exemplarisch vorgestellt.

Leistungsmotivation. Wie jemand zu Leistung motiviert ist und er mit Herausforderungen umgeht, ist von Person zu Person verschieden (vgl. auch Kap. 12.1). Leistungsmotive können z.B. Hoffnung auf Erfolg oder Furcht vor Misserfolg sein. Hoffnung auf Erfolg oder Furcht vor Misserfolg werden zugleich als zeitlich überdauernde persönlichkeitsspezifische Dispositionen angesehen: Während manche Menschen in herausfordernden Situationen tendenziell mit Hoffnung auf Erfolg reagieren, werden andere stärker durch den Wunsch motiviert, Misserfolg zu vermeiden. Diese Dispositionen haben zugleich Einfluss auf die Wahl von Aufgaben: Erfolgsorientierte Menschen wählen eher Aufgaben, die auf einem realistischen mittleren Anspruchsniveau liegen. Misserfolgsorientierte Personen tendieren hingegen zur Wahl von Aufgaben mit besonders niedrigem oder hohem Anspruchsniveau (vgl. Weinert, 2004). Beides hat entsprechend der oben genannten allgemeinen Leistungsformel von Vroom Einfluss auf die individuelle Leistung.

Locus of control. Locus of control sensu Rotter als Persönlichkeitsdimension gibt darüber Auskunft, ob und in welchem Maße eine Person einschätzt, selbst Kontrolle über ihr Verhalten zu haben (internale Kontrollüberzeugung), oder diese Kontrollüberzeugung external attribuiert (z.B. auf andere oder Zufall). Untersuchungen in Organisationen zeigen, dass internale Orientierung mit Leistungsvorteilen einhergeht (einschließlich langfristig höherer Gehälter) und dass ein engerer Zusammenhang zwischen Arbeitszufriedenheit und Gesamtleistung besteht als bei external Orientierten. External Orientierte haben hingegen in Arbeitskontexten Vorteile, die das Einhalten von Regeln voraussetzen. Eine Reflexion der eigenen Kontrollüberzeugung und eine realistische Selbsteinschätzung sind von Vorteil, um sowohl erlernte Hilflosigkeit (sensu Seligman) als auch Omnipotenz (i.S. der Überschätzung eigener Kontrolle) zu vermeiden.

Selbstwirksamkeit. Selbstwirksamkeit (Self-efficacy) sensu Bandura korreliert eng mit internaler Kontrolle und hat Bezüge zum Selbstwert sowie damit, wie selbstorganisiert und selbstbestimmt jemand sich mit Anforderungen auseinander setzt (vgl. von Rosenstiel, 2003). Sie bezieht sich auf die Überzeugung einer Person, fähig zu sein, eine Aufgabe erfolgreich auszuführen. Eine hohe Selbstwirksamkeit kann empirisch zu hoher Arbeitsleistung und zu Erfolg führen. Dabei wirken verschiedene Prozesse: die sich selbst erfüllenden Prophezeiungen („self fullfilling prophecies"), die positive selektive Wahrnehmung eigener Fähigkeiten oder auch die Bewertung von Hindernissen als Herausforderungen.

Selbstwert. Selbstwert (Self-esteem) ist ebenfalls ein psychologisches Konstrukt, das vielfältigen Eingang in die organisationspsychologische Forschung gefunden hat. Selbstwert umfasst die Einschätzung, wie Menschen sich und ihre Kompetenzen wahrnehmen. Selbstwert zeigt signifikante Zusammenhänge mit der Wahl von Beschäftigungsverhältnissen, die Risiken bedeuten, mit unkonventionellen Arbeitsrollen, mit Arbeitszufriedenheit und generell mit Lebenszufriedenheit.

Selbststeuerung. Selbststeuerung (Self-monitoring) bedingt u.a. die Fähigkeit einer Person, ihr Verhalten verschiedenen Situationen anzupassen. Die Fähigkeit zur Selbststeuerung korreliert mit beruflichen Erfolgskriterien und ist bei der Personalauswahl und entsprechenden Auswahlsituationen als „Türöffner" von Vorteil.

Risikoverhalten. Auch über Risikobereitschaft bzw. -freudigkeit wird diskutiert. Hohe Risikofreudigkeit bedeutet, dass jemand schnell Entscheidungen zu fällen vermag – auch bei geringer Verfügbarkeit von Informationen. Vielfach wurde der Befund repliziert, dass Führungskräfte eher Risikovermeider sind. Ebenso wurde beobachtet, dass Personen, die über eine hohe Leistungsmotivation verfügen, eher mäßige statt hohe Risiken eingehen. Allerdings sind diese Befunde deskriptiv zu deuten. Aus ihnen lassen sich keine generellen Aussagen darüber treffen, welches Maß an Risikofreudigkeit günstiger ist. Dies hängt von situativen Bedingungen ab.

Emotionale Intelligenz. Emotionale Intelligenz ist in fast allen Arbeitskontexten hilfreich (vgl. zum Überblick Neubauer & Freudenthaler, 2001). Emotionen spielen z.B. bei der Entstehung von Konflikten, der Erklärung von Arbeitsmotivation und -leistung sowie Handlungsentscheidungen eine Rolle. Daher ist es hilfreich, Gefühle zu erkennen und unterschiedliche Gefühlsklassen voneinander zu differenzieren. Für die Steuerung eigener Gefühle bietet die kognitive Emotionstheorie konkrete Ansätze, indem an den Kognitionen, die den Emotionen zu Grunde liegen, angesetzt wird (Montada, 1992).

> **!** Psychologische Schlüsseldimensionen des Leistungsverhaltens umfassen kognitive Dimensionen (z.B. Locus of control), Emotionsdimensionen (z.B. emotionale Intelligenz) sowie motivationale Faktoren (z.B. Leistungsmotivation). Zur Vorhersage von Leistung sind darüber hinaus – parallel zu den Trait-Theorien der Führungspersönlichkeit (vgl. Kap. 7.3.1) – die jeweiligen Arbeitsaufgaben und -kontexte einzubeziehen.

11.5 Resultierende Aufgaben für Organisationsmitglieder

Anpassungsprozesse helfen, das potentielle Spannungsverhältnis zwischen Organisation und Individuen abzufedern. Diese Anpassungen sind jedoch keine einseitigen Leistungen des Mitarbeiters, sondern es finden wechselseitige Anpassungsleistungen zwischen der Organisation,

Führungskräften und Entscheidungsträgern sowie einzelnen Mitgliedern der Organisation statt. Beispielsweise ist Sozialisation ein wechselseitiger Prozess, bei dem auch die Entscheidungsträger Sozialisationseffekten (z.B. durch Mitarbeiter) unterliegen. Zudem haben die expliziten und impliziten Persönlichkeitstheorien nicht nur Konsequenzen auf das Denken, Fühlen und Handeln von Entscheidungsträgern, sondern auch auf das von Mitarbeitern – und das von Arbeits- und Organisationspsychologen.

Anpassungsleistungen. Im Sinne des eingangs genannten vierten Forschungsparadigmas (interaktionistische Sichtweise von Arbeitsumwelt und Person) (vgl. Kap. 11.1) tragen also nicht nur die Mitarbeiter Verantwortung für Anpassungsleistungen, sondern auch die Entscheidungsträger. Sie sind beispielsweise aufgefordert, eigene, oftmals implizite Persönlichkeitstheorien zu reflektieren, funktionierende Anreizsysteme für optimale Leistungsvoraussetzungen zu schaffen, Mitarbeiter zu fördern oder die Arbeitsumwelt so zu gestalten, dass beispielsweise Handlungsspielräume erweitert werden und dem Motiv nach Kontrolle und Selbstbestimmung Rechnung getragen wird (vgl. Kap. 13.3.2). Ein Klima der wertorientierten Führung, das die dritte Generation der Unternehmensführung darstellt (im Gegensatz zur produktions- oder kostenorientierten Führung als erste und zweite Generation), ist förderlich, um Konflikte zwischen Organisation und Mitarbeiter abzuschwächen (Becker & Schwarz, 2002). Das bedeutet beispielsweise, dass Führungskräfte Werte der Organisationskultur nicht nur als Lippenbekenntnisse äußern, sondern auch bei ihren Entscheidungen berücksichtigen.

Berufliche Leistungen. Organisationen als zweckrationale Gebilde sind darauf angewiesen, dass die Mitarbeiter ihre jeweiligen Aufgaben und Ziele erfüllen. Dazu dienen einerseits die beschriebenen Anpassungsleistungen. Eine zweite Fragestellung betrifft die Analyse beruflicher Leistungen. Das Bedingungsgefüge beruflicher Leistung ist komplex. Neben Motivation sind seitens der Mitarbeiter Fähigkeiten und Fertigkeiten entscheidend. Diese sind für die jeweiligen beruflichen Aufgaben und Kontexte zu spezifizieren. Darüber hinaus sind auf übergeordneter Ebene psychologische Schlüsseldimensionen des Leistungsverhaltens relevant, die kognitive und emotive Persönlichkeitskonstrukte umfassen. Zwar sind diese nur in Grenzen veränderbar – die „Selbstreflexion" des eigenen Leistungsverhaltens sowie der psychologischen Schlüsseldimensionen sind jedoch für alle Mitglieder von Organisationen (einschließlich der Entscheidungsträger) hilfreich und daher als weitere Entwicklungsaufgabe formulierbar.

11.6 Kernpunkte und Übungsaufgaben

Kernpunkte

▶ Ziele und Ausrichtungen von Organisationen und Individuen stehen in einem potentiellen Spannungsverhältnis. Es gibt Grundkonflikte z.B. zwischen der Fremdbestimmung durch die Organisation und der Selbstbestimmung des Individuums.

▶ Zur Vermeidung bzw. Dämpfung dieser Grundkonflikte tragen formale Regulierungsmechanismen bei, wie der Kontrakt, der zwischen Organisation und Organisationsmitglied geschlossen wurde. Dieser ist auch psychologisch wirksam, z.B. wirken Prozesse zur Vermeidung kognitiver Dissonanz, so dass die Entscheidung des Mitarbeiters für die jeweilige Organisation nicht immer wieder in Frage gestellt wird.

- Zu den Anpassungsleistungen tragen weitere psychologische Prozesse bei: (1) Selbst- und Fremdselektion, bei der sowohl Mitarbeiter als auch Entscheidungsträger jeweils auf eine hohe Passung zwischen Mitarbeiter und Organisation achten, (2) Sozialisation als wechselseitiger Effekt von Mitarbeiter und Vorgesetzten, (3) implizite und explizite Persönlichkeitstheorien von Organisationsmitgliedern, die eigenes Handeln und Entscheiden, aber auch das Handeln anderer steuern.
- Eine wichtige Frage der Praxis ist, welche Merkmale darüber bestimmen, ob ein Mitglied der Organisation Leistungsträger ist oder werden kann. Zur Beantwortung dieser Frage werden Schlüsselqualifikationen berufsspezifisch differenziert und Persönlichkeitsmerkmale analysiert – sie können als Schlüsseldimensionen von Leistungsverhalten gelten.
- Aus den Anpassungsleistungen und den entsprechenden Fragen aus der Praxis resultieren gleichermaßen Verantwortlichkeiten von Mitarbeitern und Entscheidungsträgern in Organisationen.

Übungsaufgaben

- Was sind die wesentlichen Fragestellungen zum Verhältnis von Individuen und Organisationen?
- Überlegen Sie sich möglichst unterschiedliche Beispiele, welchen Sozialisationseffekten ein Mitarbeiter in einer Organisation unterliegt. Durch welche geplanten Maßnahmen könnte man hilfreiche Sozialisationseffekte, die normalerweise spontan stattfinden, fördern?
- Inwiefern können implizite und explizite Persönlichkeitstheorien von Organisationsmitgliedern dazu beitragen, dass sich neue Mitarbeiter den jeweils in der Organisation herrschenden Normen und Werten anpassen?

Weiterführende Literatur

Vertiefung Sozialisation: Hurrelmann & Ulich (1991); Hoff (1994).
Vertiefung Persönlichkeitstheorien: Schneewind (1982).
Verhältnis von Individuen in Organisationen: von Rosenstiel (2003; Kap. 3.1).

12 Bedingungen und Wirkungen von Arbeit

Was Sie in diesem Kapitel erwartet

Die Analyse von Arbeitstätigkeiten und -plätzen und ihren Auswirkungen auf ökonomische und Humankriterien (Arbeitszufriedenheit, -motivation etc.) steht im Zentrum der Arbeitspsychologie. Einige Beispiele für Forschungsfragen, die für die Praxis sehr bedeutsam sind: Wie sind Arbeitszufriedenheit und -motivation zu definieren und zu erfassen? Wie kommen sie zustande, und von welchen Bedingungen sind sie beeinflusst? Welche Vorhersagen lassen sie für das tatsächliche Arbeitsverhalten, für Fluktuation, Krankenstand etc. zu? Unter welchen Bedingungen wirkt sich die Ar-

beitstätigkeit belastend und stressreich aus, wann ist sie erfüllend und motivierend?

Diese Fragen werden im vorliegenden Kapitel behandelt. Dazu wird zunächst ein grundlagenorientierter Blick auf die drei Konzepte (1) Arbeitsmotivation, (2) Arbeitszufriedenheit und (3) Belastung/Beanspruchung bzw. Stress eingenommen. Anschließend werden auf der Basis dieser Erkenntnisse Empfehlungen für die Arbeitsgestaltung gegeben, bevor eine kritische Reflexion der Praxis gegeben wird.

12.1 Arbeitsmotivation

Zunächst sollen zwei Begriffe unterschieden werden: Mit Motiven ist die Bereitschaft verbunden, auf eine gegebene Situation konsistent zu reagieren (Fischer & Wiswede, 2002). Im konzeptuellen Kern von Motiven stehen Ziele, z.B. der hohe Anreizwert von Macht beim Machtmotiv. Motivation bezeichnet hingegen die Initiierung, Steuerung und Aufrechterhaltung psychischer und physischer Aktivitäten, die dazu dienen, ein Ziel zu erreichen (z.B. Macht zu erlangen). Daher ist Motivation Voraussetzung für zielorientiertes Verhalten und spielt z.B. bei der Personalentwicklung eine entscheidende Rolle (vgl. Kap. 6).

Motivation wird in intrinsische und extrinsische Motivation unterschieden. Erstere bedeutet Aktivität aus eigenem Antrieb und dient der persönlichen Befriedigung. Extrinsische Motivation braucht hingegen Antrieb von außen, z.B. durch Belohnung. Die Förderung von Mitarbeitern kann positiven Einfluss auf ihre intrinsische Motivation haben. Wichtiger Faktor für die intrinsische Motivation ist die Arbeitszufriedenheit (vgl. Kap. 12.2).

Arbeitsmotivation ist ein psychischer Zustand. Er fördert erwünschte individuelle Arbeitshandlungen, die im Kontext von Wirtschaftsunternehmen letztlich zu einer hohen Produktivität beitragen (vgl. Abb. 12.1). Entsprechend des in Abbildung 12.1 dargestellten vereinfachenden Modells kann sich eine hohe Arbeitsmotivation in verschiedenen Handlungen und Emotionen zeigen: regelmäßige Anwesenheit, hohes Leistungsniveau, Zufriedenheit, Stolz und Identifizierung mit der Organisation. Geringe oder fehlende Arbeitsmotivation können sich auf individueller Ebene in häufiger Abwesenheit und Arbeitsunzufriedenheit, niedrigem Leistungsniveau, Ärger, Desinteresse und Fluktuation ausdrücken. Dies trägt auf Organisationsebene u.a. zu einer niedrigen Produktivität bei.

Arbeitsmotivation wird dann zu einem Thema, wenn die Motivstruktur des Einzelnen nicht in Einklang damit steht, wie jemand durch die jeweilige Arbeitstätigkeit seine Bedürfnisse befriedigen kann. Dabei gehen zeitliche Schwankungen oder gelegentliche Einbrüche in der Arbeitsmotivation zumeist auf situativ variable Bedingungen zurück (z.B. Tageszeitschwankungen, punktuell hohe Arbeitslast, wenig Pausen).

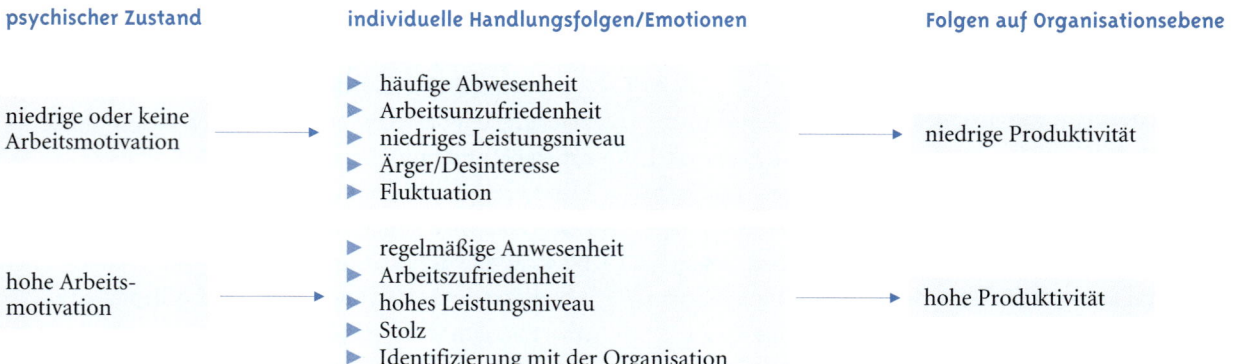

psychischer Zustand	individuelle Handlungsfolgen/Emotionen	Folgen auf Organisationsebene
niedrige oder keine Arbeitsmotivation	▶ häufige Abwesenheit ▶ Arbeitsunzufriedenheit ▶ niedriges Leistungsniveau ▶ Ärger/Desinteresse ▶ Fluktuation	niedrige Produktivität
hohe Arbeitsmotivation	▶ regelmäßige Anwesenheit ▶ Arbeitszufriedenheit ▶ hohes Leistungsniveau ▶ Stolz ▶ Identifizierung mit der Organisation	hohe Produktivität

Abbildung 12.1. Ausmaß der Arbeitsmotivation und ihre positiven und negativen individuellen und organisationalen Auswirkungen (Kleinbeck, 1996)

Theorien helfen dabei, Arbeitsmotivation zu erklären. Es lassen sich Inhalts- und Prozesstheorien voneinander unterscheiden, die nachfolgend erklärt und durch exemplarische Theorien illustriert werden (vgl. Semmer & Udris, 2004).

Inhaltstheorien

Inhaltstheorien (auch Bedürfnistheorien genannt) beschäftigen sich mit den Faktoren, die zur Arbeit motivieren – dabei liegen die Schwerpunkte auf personalen Faktoren, Motiv-Inhalten und Merkmalen der Arbeit (Arbeitsinhalte). Sie fragen danach, welche Bedürfnisse zu Arbeitsverhalten motivieren, und berücksichtigen beispielsweise die Wirksamkeit von Be- und Entlohnungen. Beispiele für die Inhalt-Ursache-Theorien sind McClellands Theorie der gelernten Bedürfnisse, Maslows Bedürfnishierarchie oder auch das Job-Characteristics-Modell von Hackman und Oldham. Die letzten zwei Modelle werden aufgrund ihrer großen Popularität nachfolgend vorgestellt.

Maslow. Maslows Modell der Bedürfnishierarchie ist ein Beispiel für die Betrachtung von Motiv-Inhalten (vgl. Abb. 12.2). Es ist humanistisch geprägt und postuliert fünf Ebenen der Bedürfnisse. Dabei geht Maslow davon aus, dass sich Bedürfnisse höherer Stufen erst entwickeln, wenn die Bedürfnisse auf darunter liegenden Stufen befriedigt sind. Von höchster zu niedrigster Stufe lauten die fünf Bedürfnisse wie folgt (vgl. Weinert, 2004):
(1) Bedürfnis nach Selbstaktualisierung und -verwirklichung
(2) Bedürfnis nach Anerkennung, Achtung und Wertschätzung
(3) Bedürfnis nach sozialem Kontakt und Zuneigung
(4) Bedürfnis nach Sicherheit, Recht, Ordnung und Freiheit von Bedrohung
(5) physiologische bzw. existenzielle Bedürfnisse, wie Essen und Trinken.
Das Modell von Maslow wird vor allem in zweierlei Hinsicht kritisiert: (1) weil es simplifiziert und z.B. keine Aussagen über spezifische Handlungssituationen oder die parallele Aktivierung unterschiedlicher Motive macht, (2) weil es aufgrund des hierarchischen Modells elitäres Denken propagiert, indem z.B. Selbstverwirklichung erst dann als Motivationsquelle angenommen wird, wenn alle anderen Motive (die auch Defizitmotive genannt werden) befriedigt sind.

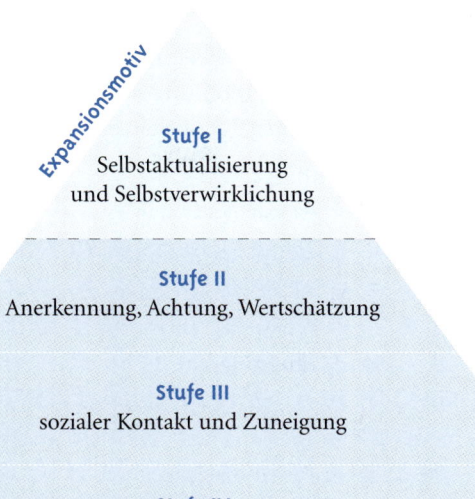

Abbildung 12.2. Die Motivationspyramide bzw. Bedürfnispyramide von Maslow (zit. in Weinert, 2004). Die Bedürfnisse der Stufen II bis V haben einen Sättigungsgrad und sind prinzipiell zu befriedigen (Defizitmotive). Das Bedürfnis nach Selbstaktualisierung und -verwirklichung (Stufe I) wird hingegen als Expansionsmotiv bezeichnet, weil hier keine Sättigung zu erwarten ist

Hackman und Oldham. Das Job-Characteristics-Modell („Modell der Arbeitscharakteristika") nach Hackman und Oldham ist ebenfalls eine Inhalts- bzw. Bedürfnistheorie. Es macht Aussagen darüber, unter welchen Bedingungen Menschen eine hohe intrinsische Arbeitsmotivation ausbilden (vgl. Abb. 12.3). Die fünf Kernmerkmale des Modells (Variabilität, Ganzheitlichkeit, Bedeutung, Autonomie und Feedback) bestimmen drei „kritische" Erlebniszustände: erlebte Sinnhaftigkeit, Verantwortlichkeit und die Kenntnis der Ergebnisse der eigenen Arbeit. Alle drei Zustände wirken sich positiv auf intrinsische Motivation, Arbeitszufriedenheit und Leistungskriterien aus. Hackman und Oldham gehen davon aus, dass jede Arbeitstätigkeit ein bestimmtes Motivationspotential besitzt (der sog. MPS-Wert). Der MPS-Wert berücksichtigt alle fünf Kernmerkmale der Arbeit. Er ist somit ein operationalisiertes Maß, mit dem die Qualität einer Arbeitssituation bewertet werden kann. Mit seiner Hilfe lässt sich einschätzen, wie hoch das Potential ist, dass ein Mitarbeiter durch eine spezifische Arbeitsplatzsituation motiviert wird. Dadurch werden unterschiedliche Arbeitsplatzbedingungen hinsichtlich ihrer Motivationsmöglichkeiten miteinander vergleichbar.

Zur Operationalisierung des Motivationspotentials haben Hackman und Oldham einen Job-Diagnostic-Survey (JDS) entwickelt. Ist der Wert des Motivationspotentials gering ausgeprägt, so wird dies als Hinweis gedeutet, dass Arbeitsgestaltungsmaßnahmen (AG-Maßnahmen) notwendig sind. Die Kernvariablen des Modells geben Aufschluss darüber, in welchem Bereich die Arbeit optimiert werden sollte. Empirische Studien zeigen u.a., dass die Bedeutsamkeit der Arbeit und die Übernahme von Selbstverantwortung für das Arbeitsergebnis internale Arbeitsmotivation gut erklären und vorhersagen können (vgl. Weinert, 2004). Hierbei bestehen enge Bezüge zum Konzept der „unvollständigen Tätigkeiten" von Hacker. Diese Tätigkeiten sind nicht ganzheitlich oder anfordernd, sie erfordern zu wenig Kooperation und fördern kaum Lernmöglichkeiten (vgl. Kap. 13.3.1). Daher ist bei diesen unvollständigen Tätigkeiten ein geringer MPS-Wert zu erwarten.

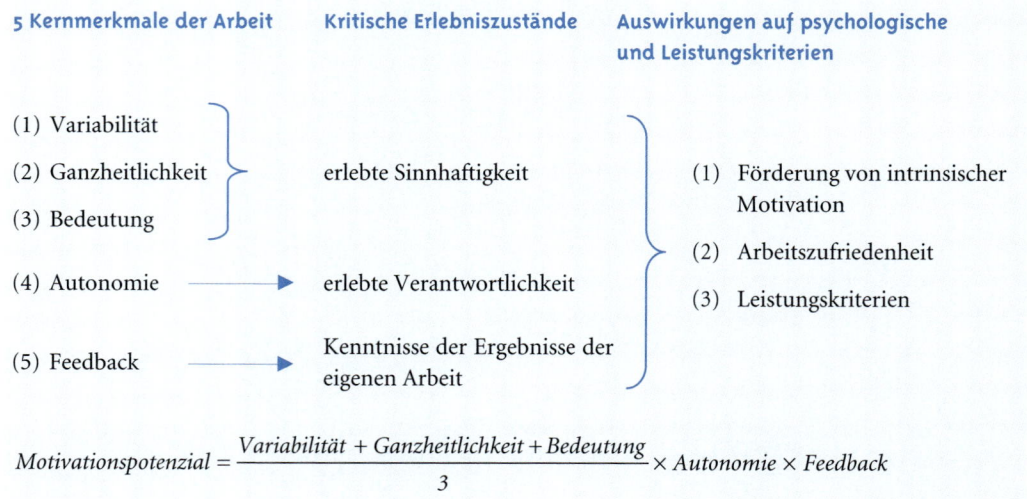

Abbildung 12.3. Job-Characteristics-Modell von Hackman und Oldham (nach Brandstätter, 1999). Es berücksichtigt fünf Kernmerkmale der Arbeit: Variabilität, Ganzheitlichkeit, Bedeutung, Autonomie und Feedback. Diese führen zu kritischen Erlebniszuständen, die ihrerseits Auswirkungen auf psychologische und Leistungskriterien haben

> **!** Inhaltstheorien fragen nach motivierenden Faktoren der Arbeit. Alle Ansätze bestätigen einheitlich die Bedeutung intrinsischer Motivierung durch ganzheitliche und anregende Arbeitsinhalte (Semmer & Udris, 2004).

Prozesstheorien

Die genannten Inhaltstheorien spezifizieren nicht die Mechanismen, die von Bedürfnissen oder Werten hin zu Handlungen führen. In diese Lücke stoßen die nachfolgend beschriebenen Prozesstheorien. Diese beschäftigen sich mit den kognitiven Prozessen, die zwischen dem Motiv und dem aktiven Handeln stehen. Sie betonen die Konzepte „Wert und Erwartung" oder die Auswirkungen von Zielen (Semmer & Udris, 2004). Drei besonders populäre Prozesstheorien sind Vrooms VIE-Theorie, das Modell von Porter und Lawler sowie die Zielsetzungstheorie von Locke – alle werden im Folgenden vorgestellt.

Vroom. Die VIE-Theorie von Vroom (zit. in Semmer & Udris, 2004) ist ein prozessorientiertes Wert-Erwartungs-Modell (valence-instrumentality-expectancy). Es sagt motiviertes Verhalten (nicht Arbeitsleistung) mittels dreier Konstrukte vorher (vgl. Abb. 12.4):
(1) die Erwartung (expectancy), dass eine Handlung zu einem spezifischen Ergebnis führt (Einschätzung der Wahrscheinlichkeit, dass ein Handlungsergebnis eintritt)
(2) die Einschätzung über die Folgen des Handlungsergebnisses bezogen auf spezifische Ziele (instrumentality)
(3) die Bewertung der Handlungsziele im Sinne ihrer Valenz (valence).

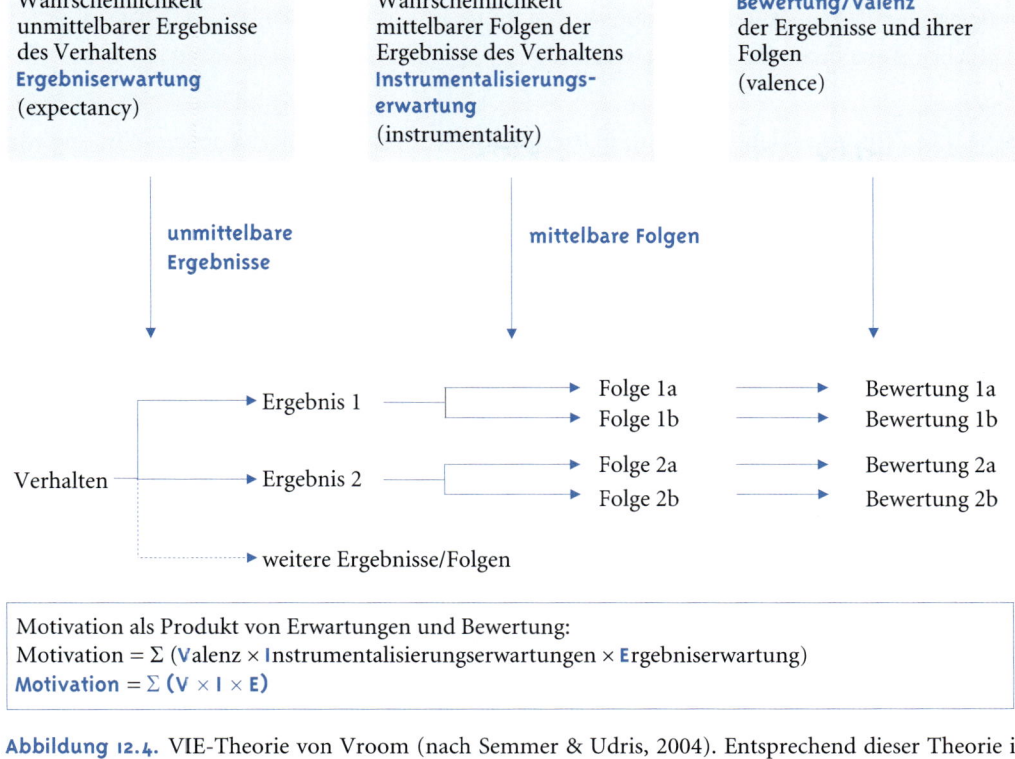

Motivation als Produkt von Erwartungen und Bewertung:
Motivation = Σ (**V**alenz × **I**nstrumentalisierungserwartungen × **E**rgebniserwartung)
Motivation = Σ (V × I × E)

Abbildung 12.4. VIE-Theorie von Vroom (nach Semmer & Udris, 2004). Entsprechend dieser Theorie ist Motivation ein Produkt aus Instrumentalisierungs- und Ergebniserwartungen sowie Bewertung

Die Theorie von Vroom gilt – bezogen auf die Vorhersage motivierten Verhaltens – als recht gut bestätigt. Motiviertes Verhalten ist vor allem dann hoch ausgeprägt, wenn für jemanden die Ergebnisse und Folgen seiner Handlung deutlich erkennbar sind. Die Arbeitsleistung sagt die Theorie hingegen weniger gut vorher (vgl. Semmer & Udris, 2004). Sie steht auch nicht in ihrem Mittelpunkt.

Porter und Lawler. Das Modell von Porter und Lawler (zit. in Weinert, 2004) gehört ebenfalls zu den Wert-Erwartungs-Theorien. Im Zentrum des Modells steht hier – im Gegensatz zur Theorie von Vroom – die eigentliche Arbeitsdurchführung bzw. -leistung. Die Erwartungskomponente umfasst zwei Wahrscheinlichkeiten, die miteinander multiplikativ verknüpft werden:

(1) Anstrengungs-Leistungs-Erwartung: die Erwartung, durch erhöhte Bemühung ein Ziel zu erreichen (effort-performance expectancy)

(2) Leistungs-Ergebnis-Erwartung: die Erwartung, dass gute Arbeitsleistung zu den gewünschten Zielen führt (performance-outcome expectancy).

Da Leistung und Belohnung Rückwirkungen auf das Selbstwertgefühl und auf zukünftige Erwartungen haben, wird das Modell auch als Zirkulationsmodell bezeichnet. Es enthält darüber hinaus eine größere Zahl von Einzelvariablen, die in ihrer Komplexität hier nicht alle wiedergegeben werden können. Eine ausführliche Diskussion findet sich bei Weinert (2004).

Das Modell von Porter und Lawler ist eine der komplexesten Prozesstheorien und wurde – trotz Detailkritik – in seinen wesentlichen Annahmen und Postulaten bestätigt.

Locke. Die Zieltheorie von Locke (zit. in Weinert, 2004) betont die motivationale Wirkung von spezifischen Zielen. Es wird propagiert, dass die Ziele und Intentionen einer Person die wesentlichen kognitiven Determinanten für das Arbeitsverhalten sind: Durch Ziele werden Aufmerksamkeiten gelenkt; Ziele helfen Aufgaben nachhaltig zu verfolgen; Ziele erleichtern die Entwicklung von Aufgabenstrategien (vgl. Weinert, 2004) (vgl. auch Kap. 6.5 zu Zielvereinbarungen und zum Feedback).

Die zentrale These lautet: Je anspruchsvoller das Ziel, desto höher die Leistung. Allerdings bestätigt sich diese Annahme nur, wenn das Ziel von den Bearbeitern akzeptiert worden ist. Weitere Voraussetzungen, damit Ziele jemanden zu hoher Anstrengung und Leistung motivieren, sind Zielklarheit, Zielschwierigkeit und Feedback über Zielerreichung (vgl. zum Überblick Staehle et al., 1999).

Die Prozesstheorien kommen dem tatsächlichen Verhalten näher als die Inhaltstheorien. Sie gehen nicht davon aus, dass alle Menschen in ihrem Handeln von den gleichen Motiven geleitet werden, sondern betonen subjektive Bewertungen und Urteile. Dennoch lässt sich die Stärke der Prozesstheorien, keine Inhalte und Motive vorauszusetzen, auch als Schwäche deuten, weil in Prozesstheorien inhaltliche Aussagen, z.B. über Zielsetzungen, fehlen (vgl. Semmer & Udris, 2004).

Anwendung der Attributionstheorie. Über die Inhalts- und Prozesstheorien hinaus werden allgemeine theoretische Konzepte auf die Erklärung von Arbeitsmotivation angewendet. Hierzu gehört u.a. die Anwendung der Attributionstheorie als Motivationstheorie (vgl. Weinert, 2004). Diese kognitive Theorie geht davon aus, dass Menschen eigenes Verhalten, Verhalten anderer sowie Ereignisse in ihrer Umwelt beobachten – sie suchen Erklärungen dafür, warum sich jemand auf eine bestimmte Weise verhält (Weinert, 2004). Entsprechend wird Arbeitsmotivation im Wesentlichen auf Attributionsprozesse von Mitarbeitern oder Führungskräften zurückgeführt.

Zwei Beispiele (vgl. Weinert, 2004): (1) Ein Mitarbeiter einer Organisation erlebt immer wieder, dass sein Bemühen um ein gutes Arbeitsergebnis erfolglos bleibt. Ist er einmal erfolgreich, so attribuiert er diesen Erfolg nicht internal und stabil (auf eigene Fähigkeiten), sondern external (auf Zufallsbedingungen). Dieses ungünstige Attributionsmuster führt dazu, dass die Bereitschaft abnimmt, sich für die Arbeit zu engagieren. Ein Teufelskreis mit sich selbst erfüllenden Prophezeiungen tritt ein. (2) Der Chef beobachtet die schlechte Arbeitsleistung eines Mitarbeiters. Er kann die mangelnde Leistung unterschiedlich attribuieren. Je nachdem, wie er attribuiert, wird er unterschiedlich reagieren, z.B. mit unterstützenden Maßnahmen (wenn er äußere Zustände für den Misserfolg verantwortlich macht) oder mit Sanktionen (wenn er mangelnden Einsatz als Ursache ansieht und dafür keine Rechtfertigungsgründe sieht).

Die Motivationsmodelle werden nicht nur zur Erklärung von Handeln und motiviertem Verhalten genutzt, sondern auch, um Arbeitsmotivation in der Praxis zu fördern und Arbeitsplätze entsprechend zu gestalten.

Prüfung der Motivationsmodelle

Es gibt konkurrierende Modelle zur Arbeitsmotivation. Diese wenden allgemeine sozialpsychologische Verhaltens- und Entscheidensmodelle auf die spezifische Arbeitssituation an (z.B. die Attributionstheorie) oder sind für Arbeitsaufgabe bzw. -kontext spezifiziert (z.B. das Job-Characteristics-Modell nach Hackman und Oldham). Es steht noch aus, die Gültigkeit der verschiedenen Modelle empirisch zu klären. Dazu ist es notwendig, Motivation zu operationalisieren. Es stehen u.a. folgende Messmethoden zur Verfügung (vgl. von Rosenstiel, 2003; Staehle et al., 1999):

(1) Introspektion (Selbstbeobachtung), z.B. Einsatz von Fragebogen

(2) Verhaltensbeobachtungen durch Fremdbeobachtungen

(3) Analyse von Verhaltensergebnissen, z.B. Leistungsmessungen.

Zudem besteht die Möglichkeit, physiologische Daten zu erheben (z.B. Messung von Blutdruck und Herzfrequenz), um indirekt auf Motivation zu schließen. Allerdings wird diese Methode im organisationspsychologischen Kontext sehr selten verwandt, da sie aufwendig ist und die Ergebnisse uneindeutig zu interpretieren sind.

> Trotz der langen Forschungstradition wurden die Zusammenhänge zwischen Arbeitsmotivation, -zufriedenheit und -leistung in nichtexperimentellen Settings noch vergleichsweise lückenhaft nachgewiesen. Hierfür werden unterschiedliche Gründe diskutiert. Wesentlich ist dabei folgender Grund unterschiedlicher Messniveaus: Die Variablen werden unterschiedlich spezifisch operationalisiert. Arbeitsmotivation wird tendenziell als ein sehr grundlegender allgemeiner Motivationszustand erfasst, Arbeitszufriedenheit hingegen kontextspezifisch und die Arbeitsleistung zumeist als sehr konkretes, objektives Maß (vgl. Semmer & Udris, 2004).

12.2 Arbeitszufriedenheit

Arbeitszufriedenheit liegt vor, wenn Mitarbeiter positive Gefühle erleben und eine positive Einstellung gegenüber ihrer Arbeitstätigkeit ausbilden (vgl. Weinert, 2004). Sie ist vom Begriff des Organisationsklimas und der Identifikation mit der Arbeit abzugrenzen, obgleich sie vor allem mit der Arbeitsidentifikation eng zusammenhängt. Arbeitszufriedenheit umfasst drei Komponenten (vgl. Weinert, 2004):

(1) Emotional-affektive Komponente: Im Vordergrund stehen Zufriedenheit und sich Wohlfühlen bei und mit der Arbeit.

(2) Kognitive bzw. Einstellungskomponente: Die Arbeit wird positiv bewertet, z.B. als interessant, herausfordernd, spannend.

(3) Behaviorial-verhaltensmäßige Komponente: Es zeigt sich positives Verhalten gegenüber der Arbeit, wie hohe Anwesenheiten, geringe Krankenstände und Fluktuation. Dies ist allerdings ein indirektes Maß von Arbeitszufriedenheit, das Spielraum für die Wirksamkeit von Störvariablen und somit auch für Interpretationen lässt.

> Arbeitszufriedenheit und -motivation sind konzeptuell eng miteinander verbunden. Allerdings ist ihr Zusammenhang empirisch nicht eindeutig belegt. Es wird von einer Wechselwirkung ausgegangen: Eine hohe Zufriedenheit mit und bei der Arbeit führt zu einer hohen Motivation, sich im Kontext der Arbeit anzustrengen, was wiederum die Arbeitszufriedenheit stärkt.

Aufgrund der engen konzeptuellen Verbindung von Arbeitszufriedenheit und -motivation lassen sich Modelle zu beiden Variablen kaum voneinander trennen. In vielen Modellen kommen daher sinnvollerweise beide Konstrukte vor (vgl. z.B. das Job-Characteristics-Modell von Hackman und Oldham). Zwei Modelle, die von ihren Autoren vornehmlich als Modelle der Arbeitszufriedenheit klassifiziert werden, seien exemplarisch vorgestellt: Herzbergs Zwei-Faktoren-Theorie und Lawlers Modell der Arbeitszufriedenheit.

Herzberg. Herzbergs Zwei-Faktoren-Theorie, die Herzberg auch "Theorien der Arbeitszufriedenheit" nennt, basiert auf empirischen Erhebungen (u.a. auf der „Pittsburgh-Studie", bei der Buchhalter und Ingenieure mithilfe eines teilstrukturierten Interviews über ihre angenehmen bzw. unangenehmen Arbeitssituationen befragt wurden). In diesen Studien zeigte sich, dass es eine deutliche Tendenz gibt, welche Faktoren im Zusammenhang mit guten und welche im Zusammenhang mit schlechten Arbeitserlebnissen genannt werden: Faktoren, die zu hoher Zufriedenheit führen, sind primär Aspekte der Arbeitsinhalte (wie Arbeitstätigkeit, Verantwortung, Leistungsergebnis, Anerkennung, Aufstieg). Faktoren, die besonders häufig zu Unzufriedenheit führen, betreffen Aspekte der Arbeitsumwelt (wie Unternehmenspolitik, äußere Rahmenbedingungen, Führungsstile, soziale Beziehungen) (vgl. Staehle et al., 1999). Herzberg bezeichnet Faktoren, die Zufriedenheit herstellen können, als Motivatoren. Faktoren, die hingegen Unzufriedenheit verhindern, aber keine Zufriedenheit herstellen, nennt er Hygienefaktoren. Herzbergs Befunde werden rückblickend durch Attributionstheorien erklärt, indem unangenehme Situationen (z.B. schlechte Arbeitsbedingungen) external attribuiert werden, während angenehme Situationen internen Faktoren (z.B. der eigenen Leistung) zugeschrieben werden.
Mithilfe von Herzbergs Theorie werden in der Praxis Gestaltungs- und Interventionsempfehlungen begründet (vgl. Kap. 12.4.1). Man kann sich fragen, warum gerade diese Theorie in der organisationalen Praxis so populär ist – der Grund mag sein, dass die Theorie sehr sparsam und letztlich deskriptiv ist. Sie ist leicht verständlich und entspricht sozialen Erwartungen (vgl. von Rosenstiel, 2003).

Lawler. Das Modell der Arbeitszufriedenheit von Lawler baut auf dem Motivationsmodell von Porter und Lawler auf (vgl. Kap. 12.1). In ihm bestimmen vier Faktoren die Arbeitszufriedenheit (vgl. Weinert, 2004):
(1) wahrgenommene persönliche Investitionen in die Arbeit
(2) wahrgenommene Investitionen und Ergebnisse der Bezugspersonen
(3) wahrgenommene Charakteristika der Arbeit
(4) wahrgenommene Höhe der Belohnung, wobei diese nicht nur finanzielle, sondern auch nichtmonetäre Anreize (z.B. Lob, Anerkennung) meint.
Die Grundaussage: Arbeitszufriedenheit hängt von der Bilanz zwischen erwarteter und tatsächlicher Belohnung des Beschäftigten ab. Entspricht die Belohnung den Erwartungen, dann folgt eine hohe Zufriedenheit; ist die Belohnung hingegen geringer als erwartet, so folgt hieraus Unzufriedenheit.

Messung der Variablen
Arbeitszufriedenheit ist messbar. So existieren viele standardisierte Methoden, wie die „Skala zur Messung der Arbeitszufriedenheit" von Fischer oder der „Arbeits-Beschreibungs-Bogen" (ABB) von Neuberger und Allerbeck. Die wesentlichen Methoden, um Arbeitszufriedenheit zu erfassen, sind (vgl. Weinert, 2004):

- ▶ Selbstbeschreibungen
- ▶ Skalen zur Selbstbeurteilung von Verhaltenstendenzen
- ▶ Fremdbeurteilungen der Reaktionen und des Verhaltens der Beschäftigten am Arbeitsplatz
- ▶ Mitarbeitergespräche und Interviews
- ▶ Methode der „kritischen Ereignisse" am Arbeitsplatz als spezifische Methode, mit der man überprüft, wie effizient bzw. ineffizient die Handlungen des Beschäftigten sind, um ein spezifisches Arbeitsziel zu erreichen.

> **!** Die Vielfalt der Methoden spiegelt wider, dass die Theorien und Fragestellungen auf unterschiedliche Ziele ausgerichtet sind. Entsprechend wird Arbeitszufriedenheit unterschiedlich definiert.

Vorbehalte und Lösungsansätze

Das Konzept der Arbeitszufriedenheit ist ein ausschließlich subjektiver und relativer Indikator: Zufriedenheit am Arbeitsplatz ist dynamisch. Arbeitszufriedenheit verändert sich mit neuen Erfahrungen. Diese führen zu veränderten Erwartungen und einer Anpassung des individuellen Anspruchsniveaus. Zufriedenheitsurteile können „Selbstschutzfunktionen" haben (Fischer, zit. in Ulich, 2001). Solche dynamischen Aspekte werden bei der statischen Erfassung von Arbeitszufriedenheit nicht berücksichtigt. Zudem bleibt oftmals unklar, welche Form der Arbeitszufriedenheit gemessen wird. Beispielsweise können sich Antworten (z.B. beim „Arbeits-Beschreibungs-Bogen", ABB, s.o.) auf unterschiedliche Zeitabschnitte oder unterschiedliche

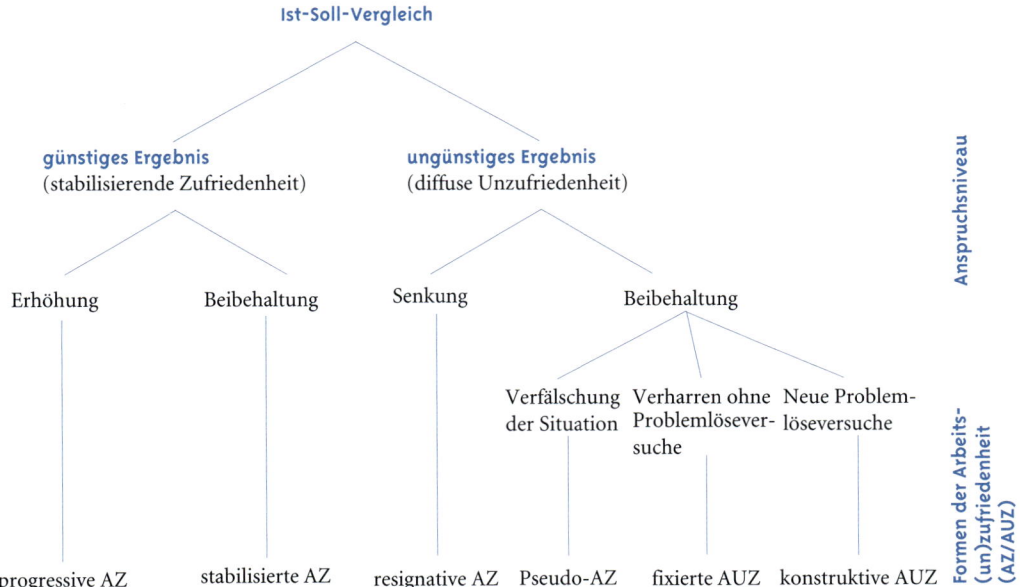

Abbildung 12.5. Formen der Arbeitszufriedenheit von Bruggemann (nach von Rosenstiel, 2003). Ein Ist-Soll-Vergleich zwischen individuellen Erwartungen und ihrer tatsächlichen Realisierung führt zu einem günstigen oder ungünstigen Ergebnis. Je nach individuellem Anspruchsniveau und eigenen Copingstrategien resultieren hieraus folgende sechs Formen von Arbeits(un)zufriedenheit: progressive, stabilisierte, resignative und Pseudo-Arbeitszufriedenheit (AZ) sowie fixierte und konstruktive Arbeitsunzufriedenheit (AUZ)

Aspekte der Arbeit beziehen (z.B. die Zufriedenheit im letzten Jahr oder in den letzten Tagen, die Gesamtzufriedenheit oder die Zufriedenheit mit bestimmten Teilaspekten der Arbeit). Die Messungen geschehen somit mit einem hohen Interpretationsspielraum und führen zu recht geringen Korrelationen mit Arbeitsleistungen zwischen .20 und .40. Es werden daher ergänzende Analysen der objektiven Arbeitsbedingungen sowie präzisere Fassungen von Arbeitszufriedenheit gefordert.

Diese Forderung nach einer genaueren Fassung von Arbeitszufriedenheit löst das Modell von Bruggemann ein (zit. in Ulich, 2001; von Rosenstiel, 2003). Es differenziert sechs Formen der Arbeits(un)zufriedenheit und leistet zugleich einen wichtigen Beitrag, um zu erklären, wie Arbeitszufriedenheit zustande kommt: Das Modell postuliert, dass ein individueller Vergleich zwischen eigenen Bedürfnissen und Erwartungen einerseits (Soll) und den Möglichkeiten ihrer Realisierung in der Arbeitssituation andererseits (Ist) stattfindet. Zusammen mit einer entsprechenden Regulation des individuellen Anspruchsniveaus resultieren die verschiedenen Formen der Arbeits(un)zufriedenheit (vgl. Abb. 12.5). Diese stehen ihrerseits in Wechselwirkung mit der Arbeitsmotivation. Beispielsweise ist die fixierte Arbeitsunzufriedenheit das Ergebnis eines negativen Ist-Soll-Vergleichs mit diffuser Unzufriedenheit. Zugleich wird das eigene Anspruchsniveau beibehalten, und es werden keine Versuche unternommen, um die Situation zu verbessern. Das Resultat: Unzufriedenheit mit den Arbeitsbedingungen sowie geringe Motivation, die Arbeit gut auszuführen.

12.3 Beanspruchung und Stress

Arbeitsbeanspruchung ergibt sich aus dem Arbeitsauftrag und den Arbeitsbedingungen, unter denen Mitarbeiter den Auftrag erfüllen (Hacker, 1998). Der Begriff der Beanspruchung beschreibt in Analogie zum Begriff der Stressreaktion, wie Mitarbeiter auf Belastungen bzw. Stressoren reagieren. Arbeitsbeanspruchungen können sowohl psychische Belastungen umfassen (z.B. monotone Arbeit, Übermüdung, Burnout-Syndrom, Stress) als auch physische Beanspruchungen (z.B. Lärmbelastungen, schwere körperliche Arbeit) (vgl. Hacker, 1998, 1999).

Veränderte Belastungen

Veränderte Arbeitsformen und -bedingungen führen dazu, dass sich die Bedeutung der psychischen versus physischen Beanspruchungsarten verschoben hat (vgl. Hacker, 1999). So steigt in der Tendenz die Bedeutung der psychischen Arbeitsanforderungen, z.B. aufgrund von Angst um den Arbeitsplatz oder auch durch Verdichtung und Flexibilisierung von Arbeitsprozessen. Entsprechend fokussieren ältere Studien physikalisch-körperliche Belastungsfaktoren (wie Arbeiten unter Lärm, Nässe, Kälte, Hitze, Zugluft, Arbeiten in gebückter Körperhaltung, in Rauch, Staub, Gasen oder Dämpfen) (vgl. Frieling & Sonntag, 1999). In neueren Studien werden hingegen vermehrt soziale und emotionale Belastungen untersucht, wie sie z.B. durch Arbeit in hoher sozialer Dichte entstehen oder auch im Dienstleistungssektor, bei dem Freundlichkeit und Kontrolle eigener Gefühle gefordert sind (vgl. von Rosenstiel, 2003).

Von den verschiedenen Formen der Arbeitsbeanspruchung spielt arbeitsbedingter Stress eine besonders große Rolle. Er wird daher nachfolgend genauer betrachtet (vgl. zum Überblick Zapf & Semmer, 2004). Stress ist ein Zustand, bei dem das körperliche oder psychische Wohlbefinden durch innere oder äußere Einflüsse als gefährdet wahrgenommen wird. Der Begriff „Stress" kann je nach Kontext die Stressreaktion, den Stressor, aber auch das Stressgeschehen insgesamt umschreiben. Stress kann als Stimulus, Response oder Interaktion gesehen werden (vgl. von Rosenstiel, 2003):

Stress als Stimulus. Es werden primär physische, soziale oder psychische Faktoren ausgemacht, die für die Spannungsreaktion beim Individuum verantwortlich sind. Hierzu gehört beispielsweise die Analyse von Arbeitsplätzen unter dem Blickwinkel körperlicher oder psychischer Belastungen.

Stress als Response. Die spezifische Reaktion des Individuums auf den äußeren Umweltreiz steht im Vordergrund. Dies befördert eine persönlichkeits- bzw. differentialpsychologische Sicht – zentrale Frage: Gibt es spezifische, überdauernde Persönlichkeitsmerkmale, die erklären können, wie jemand auf bestimmte Stressbedingungen mit Stresssymptomen reagiert?
Als Beispiel kann die Diskussion von „Typ A- und B-Verhalten" dienen (obgleich diese Unterscheidung kontrovers diskutiert wird, ist sie nach wie vor populär): Diese Typenkategorisierung von Friedman und Rosenman (zit. in Weinert, 2004) entstammt der Forschung zu Stress und koronaren Herzerkrankungen. Typ A-Verhalten ist durch eine starke Konkurrenzorientierung und Reizbarkeit geprägt. Es wird in Verbindung mit Ehrgeiz, Strebsamkeit (auch nach materiellem Wohlstand) und Karriereorientierung gebracht. Hingegen ist der Typ B von einem eher zwanglosen Stil geprägt.

Stress als Interaktion. In der Analyse, wie Personen stresshafte Bedingungen verarbeiten, geht man davon aus, dass die Reaktion situations- und personenspezifisch ist und über die Zeit variiert. Hierfür finden sich viele empirische Belege. Ein Beispiel: Die Herz-Kreislaufmortalität ist ab 50 Jahren vor allem dann drastisch erhöht, wenn gleichzeitig folgende Bedingungen bestehen – (1) überdurchschnittliche Arbeitsintensität mit eingeschränkten Tätigkeitsspielräumen, (2) unzureichende Möglichkeiten zur unterstützenden Kooperation (vgl. Hacker, 1999).

> Biopsychologischen Untersuchungen zufolge kann Stress leistungsstimulierend wirken (Eustress) *oder* beeinträchtigen und gesundheitsschädlich sein (Disstress). Diese Unterscheidung ist nicht unumstritten– gleichwohl werden in der Arbeits- und Organisationspsychologie mit dem Stresskonzept Prozesse des Disstress beschrieben.

Stressmodell von Lazarus und Launier

Lazarus und Launier haben ein transaktionales Stressmodell entwickelt (zit. in Ulich, 2001), das Stress als Interaktion definiert. Es propagiert, dass bestimmte Anforderungen aus der Umwelt spezifische Bewältigungsprozesse notwendig machen (vgl. Spieß, 2005). Unterschieden werden drei Bewertungs- bzw. Bewältigungsprozesse, auf deren Basis eine Handlungsentscheidung stattfindet:

(1) Primäre Bewertung (primacy appraisal): Es wird eingeschätzt, wie hoch die Gefahren oder negativen Erlebnisqualitäten sind.
(2) Sekundäre Bewertung (secondary appraisal): Die Einschätzung eigener Bewältigungsfähigkeiten und -möglichkeiten steht im Vordergrund.
(3) Neubewertung (re-appraisal): Die Gesamtsituation ist aufgrund der Bewertungsprozesse und eingeholter Informationen neu einzuschätzen.

Es werden problembezogenes und emotionsbezogenes Coping voneinander unterschieden. Das problembezogene Coping setzt bei den Ursachen an, indem z.B. versucht wird, ungünstige Arbeitsbedingungen (z.B. Schichtarbeit) zu verbessern. Das emotionsbezogene Coping umfasst, wie sich jemand fühlt und wie er mit belastenden Emotionen umgeht. Zwar bleiben z.B. die objektiven Arbeitsbedingungen bestehen, doch werden diese als weniger belastend erlebt, weil u.a. soziale Unterstützung bei Familie und Freunden gesucht wird.

Welche Stressoren veranlassen Coping-Bemühungen?

In der Literatur wird eine Vielzahl von Stressoren in der Arbeitswelt diskutiert: Aufgabenschwierigkeit, Belastungen, Rollenkonflikte, Enge, Lärm, Hitze, Kälte, Vibration, schlechte Lichtverhältnisse, zwischenmenschliche Beziehungen, Isolation (vgl. McGrath, zit. in von Rosenstiel, 2003; Zapf & Semmer, 2004). Diese können schwerpunktmäßig im materiell-technischen Bereich (z.B. Lärm), im sozialen Bereich (z.B. Isolation) oder in der Person (z.B. Rollenkonflikte) auftreten (vgl. Semmer & Udris, 2004).

> **!** Es sind vor allem Fehlpassungen zwischen personalen Ressourcen einerseits und situativen Anforderungen andererseits (i.S. eines geringen → Person-Environment-Fit, vgl. Kap. 5.1), die letztendlich dafür verantwortlich sind, dass Stress entsteht (vgl. Kap. 13.3).

Stresswirkungen. Unter welchen Bedingungen stellt Stress ein besonders hohes Risiko dar (vgl. Spieß, 2005)? – Ein Unternehmen muss unter folgenden Bedingungen ein erhöhtes Interesse daran haben, Risiken zu vermindern und die entsprechenden Bedingungen zu verbessern: (1) Die Stresssituation ist chronisch. (2) Ständige Anstrengungen und Aufmerksamkeiten sind erforderlich. (3) Die Mitarbeiter haben das Gefühl, den Forderungen nicht gewachsen zu sein. (4) Die Probleme übertragen sich auf andere Lebensbereiche. Bezogen auf die Arbeitswelt können Stressoren zahlreiche Auswirkungen haben:

▶ Auf emotionaler Ebene kommt es zu Belastungsgefühlen.
▶ Damit gehen physiologische Veränderungen einher, z.B. kurzfristige Pulserhöhungen oder langfristige Ausschüttung von Stresshormonen.
▶ Auf Verhaltensebene zeigen sich Stresssymptome, z.B. verstärktes Suchtverhalten, wie Nikotinabusus.
▶ Auf kognitiver Ebene sind Informationsverarbeitung und andere kognitive Prozesse beeinträchtigt, z.B. verlangsamte Denkprozesse.
▶ Auf der Ebene des Gesamtsystems des Organismus sind Gesundheitsbeeinträchtigungen zu erwarten als Einschränkung des psychosozialen Wohlbefindens (entsprechend der Gesundheitsdefinition der Weltgesundheitsorganisation), bis hin zum Burnout-Syndrom.

Messung der Stressoren. Da die verschiedenen Ansätze Stress unterschiedlich definieren, sind auch die Instrumente und Methoden zur Erfassung von Stress vielfältig. Sie umfassen (vgl. Dunckel, 1999; Gebert, 1981):

▶ physiologische Daten, z.B. Erfassung des Erregungs- bzw. Aktivierungsniveaus durch Veränderungen im Kreislauf, der Atmung, biochemischer Abläufe, elektrophysiologischer Daten
▶ Selbstauskünfte, z.B. durch Einsatz der Skala zur Allgemeinen Zentralen Aktiviertheit (AZA) von Bartenwerfer (zit. in Gebert, 1981) oder des Instruments zur stressbezogenen

Arbeitsanalyse (ISTA) von Semmer (zit. in Ulich, 2001), der schwerpunktmäßig bei den Arbeitsbedingungen ansetzt, die zu Stressentstehung und -vermeidung beitragen

▶ (Verhaltens)Beobachtungen, z.B. eher makroskopisch: Veränderungen in der Aggressionsrate, Leistungsschwankungen; oder mikroskopisch: verbale, non- und paraverbale Hinweise auf Stressbelastungen.

!

Entsprechend des neueren biopsychosozialen Gesundheitsbegriffs hat Stress negative Auswirkungen auf physiologische Maße, Emotionen, Kognitionen, Verhalten und auf das Gesamtsystem. Um die verschiedenen Wirkungen von Stress zu erfassen, ist Stress daher multimodal zu erheben (z.B. mittels physiologischer Daten, Selbstauskünfte und Verhaltensbeobachtungen).

12.4 Ableitungen für die Praxis

Aus den bisherigen Theorien lassen sich praktische Empfehlungen ableiten, wie sich Motivation und Zufriedenheit fördern lassen und was getan werden kann, um mit Stress und Belastungen besser umzugehen und sie abzubauen. Diese Empfehlungen betreffen Vorgesetzte und Mitarbeiter in gleicher Weise, z.B. ist motivierendes Verhalten von Vorgesetzten genauso trainierbar wie die Arbeitsmotivation der einzelnen Mitarbeiter. Ebenso ist Stresserleben nicht auf eine Personengruppe beschränkt, sondern kann auf jeder Hierarchiestufe eines Unternehmens auftauchen. Nachfolgend wird zunächst die Förderung von Motivation und Zufriedenheit (Kap. 12.4.1), anschließend der Abbau von Stress und Belastungen (Kap. 12.4.2) betrachtet.

12.4.1 Förderung von Motivation und Zufriedenheit

Als Beispiel, Motivation und Zufriedenheit zu fördern, soll hier die Zwei-Faktoren-Theorie von Herzberg (vgl. Kap. 12.2) gemeinsam mit der Zielsetzungstheorie von Locke (vgl. Kap. 12.1) dienen. Obgleich Herzbergs Theorie kritisch diskutiert wird (vgl. von Rosenstiel, 2003), ist zu würdigen, dass durch sie konkrete Empfehlungen für eine psychologische Arbeitsgestaltung begründet werden – jeweils abgeleitet von empirischen Befunden.

Grundansätze. Arbeitszufriedenheit lässt sich vor allem fördern, indem man die Motivationsfaktoren vermehrt – entsprechend der Unterscheidung von Hygiene- und Motivationsfaktoren. Arbeits*un*zufriedenheit lässt sich abbauen, indem die „Hygienebedürfnisse" erfüllt werden – dies führt dann aber nicht zu Arbeitszufriedenheit, sondern lediglich zu einem neutralen Zustand (vgl. Weinert, 2004). Als Vergleich wird genannt, dass keimfreies Wasser lediglich Krankheit vermeidet, aber nicht aktiv gesundheitsförderlich ist.

Konkrete Empfehlungen. Auf der Basis der Grundansätze von Herzberg (vgl. Kap. 12.2) sowie der Zielsetzungstheorie von Locke (vgl. Kap. 12.1) werden folgende konkrete Empfehlungen zur Förderung von Arbeitsmotivation und -zufriedenheit formuliert (vgl. von Rosenstiel, 2003):

▶ Klare Vorgabe der Aufgaben und eine Rückmeldung über den Grad der Zielerreichung: Mitarbeiter sollten durch Zielvereinbarungen (→ Management by Objectives) und nicht durch Zielvorgaben gefördert werden (vgl. Kap. 6.5.2 zu Zielvereinbarungen).

- ▶ Anerkennung der Leistung der Mitarbeiter: Vorgesetzte sollten Leistung anerkennen und positive sowie negative Kritik als systematisches Führungsmittel einsetzen (vgl. Kap. 6.5.3 zu Feedback). Die Anerkennung kann auf unterschiedliche Weise ausgedrückt werden, z.B. verbal (Lob), durch höheres Entgelt oder Aufstiegsmöglichkeiten mit erweitertem Verantwortungsfeld.
- ▶ Weder Über- noch Unterforderung: Die Arbeit sollte mit den jeweiligen internalen Kontrollüberzeugungen des Mitarbeiters übereinstimmen und zugleich jene Fähigkeiten erfordern, die von den Mitarbeitern als hoch bewertet werden. Hieraus folgt u.a. auch die Forderung nach einem erweiterten Handlungsspielraum sowie nach Persönlichkeitsentfaltung und -bildung (vgl. Kap. 13.3.1 zu psychologischen Ansätzen der Arbeitsgestaltung).
- ▶ Förderung von Eigenverantwortung: Durch das Prinzip der Delegation können Rechte und Verantwortungen des einzelnen Mitarbeiters entsprechend seiner Qualifikationen und im Umfang der Arbeiten zugewiesen werden (vgl. Kap. 13.3.1 zu „unvollständigen Tätigkeiten" nach Hacker).

Kritik Sprengers. Ohne Anspruch auf Wissenschaftlichkeit kritisiert Sprenger (2002) provokant das weit verbreitete Anreizsystem in Unternehmen mittels Lob, Prämien, Boni, leistungsvariable Einkommen, aber auch „psychologischer Mitarbeiterführung". Er kritisiert u.a. den Missbrauch von lerntheoretischen Erkenntnissen, den instrumentalisierten und oftmals ungerechten Einsatz von Incentives, manipulative Mitarbeitergespräche, die mangelnde Berücksichtigung intrinsischer Quellen von Motivation, fehlende innere Anteilnahme und mangelnde Wertschätzung der Mitarbeiter.

Zwar sind die kausalen Zusammenhänge zwischen Motivation, Zufriedenheit und Leistung in nicht-experimentellen Settings noch nicht ausreichend belegt (vgl. Kap. 12.1), doch gibt es eine lange Tradition zur Motivationsforschung, innerhalb derer vielfältige Erklärungsansätze zur Bildung und Förderung von Motivation entwickelt und auch auf den Arbeitskontext bezogen wurden. Diese sind differenzierter als ein eingeschränkter verhaltensorientierter Ansatz, der letztlich auf die Kontingenztheorie beschränkt ist, und sie leiten sich aus den vielfältigen Motivationstheorien ab (vgl. Kap. 12.1). Daher gibt es von Seiten der Arbeits- und Organisationspsychologie vielfältige Möglichkeiten, einer von Sprenger beschriebenen Praxis entgegenzuwirken.

12.4.2 Abbau von Stress und Belastungen

Der jeweiligen Belastung durch Arbeit steht eine individuelle und spezifische Belastbarkeit gegenüber. Bei einem Ungleichgewicht zwischen Belastung und Belastbarkeit gibt es zwei Lösungsmöglichkeiten. Diese berücksichtigen verschiedene situationsbezogene und personale Ressourcen (vgl. Semmer & Udris, 2004; Udris & Frese, 1988; von Rosenstiel, 2003):

(1) Es kann bei den Belastungen angesetzt werden, z.B. durch Maßnahmen der Arbeitsgestaltung (vgl. Kap. 13), die die Belastung verringern. Im Wesentlichen geht es hierbei um die Erweiterung des Handlungsspielraumes und damit um die Möglichkeit, die eigene Arbeitssituation zu beeinflussen (z.B. Variationsmöglichkeiten des Arbeitstempos, Bestimmung über die Reihenfolge, in der Dinge erledigt werden etc.) (vgl. Kap. 13.3.1 zu den psychologischen Ansätzen der Arbeitsgestaltung).

(2) Die individuelle Belastbarkeit kann erhöht werden, z.B. durch Weiterbildungsmaßnahmen und psychologische Trainings. Darüber hinaus hilft eine valide Selektion bei der Personal-

auswahl, eine Fehlpassung zu vermeiden. Es sind alle personenbezogenen Ressourcen relevant, wie die Verbesserung von Copingstrategien, aber auch der Gesundheitszustand, Selbstvertrauen, Optimismus, Problemlösefähigkeit, berufliche und soziale Fähigkeiten. Es ist überdies vor allem die soziale und emotionale Unterstützung durch Personen im und außerhalb des Arbeitskontextes, die die Belastbarkeit fördert und das Stresserleben verringert (vgl. auch Spieß, 2005).

Prävention. Unter dem Blickwinkel arbeitsbedingter Belastungen ist die Gestaltung von Arbeitsplätzen und -systemen darauf auszurichten, Disstress und gesundheitsbeeinträchtigende Belastungen zu vermeiden. Dabei wird zwischen Maßnahmen der primären, sekundären und tertiären Prävention unterschieden (vgl. von Rosenstiel, 2003):

▶ Bei der primären Prävention wird die Arbeitssituation umstrukturiert und somit die Ursache von Stress objektiv beseitigt.

▶ Bei der sekundären Prävention bleibt die äußere Situation unverändert, allerdings wird beim Individuum angesetzt, indem der Mitarbeiter z.B. seine Copingstrategien optimiert, um mit der objektiv unveränderten Situation besser fertig zu werden. Dies kann beispielsweise durch ein Training positiver Verhaltenskompetenzen geschehen (vgl. Kasten zum Verhaltenstraining).

▶ Bei der tertiären Prävention treten aufgrund eines geringen Person-Environment-Fits (vgl. Kap. 5.1) bereits Stresssymptome auf. Diese werden verringert, z.B. indem der betroffene Mitarbeiter sozial unterstützt wird.

Ursachen und Folgen von Stress sind im Einzelfall diagnostisch zu klären. Auf dieser Basis sind Entscheidungen zu fällen, bei welchen personen- und situationsbezogenen Faktoren anzusetzen ist. Der Königsweg ist die Prävention, bei der versucht wird, das Auftreten von Stresssymptomen zu vermeiden. Im Sinne der interaktionistischen Sicht sollten Umwelt- und Personvariablen gleichzeitig und in ihrer Wechselwirkung berücksichtigt werden.

Beispiel eines Verhaltenstrainings. Es existieren zahlreiche Trainings zur Stressbewältigung in Arbeitssituationen, wobei sich eine Tendenz hin zur Ressourcenorientierung findet. Als Beispiel kann das Training positiven Verhaltens von Niebel (1987) dienen. Grundkonzept dieses Trainings sind „positive Verhaltensmöglichkeiten", wie die Fähigkeit, positive und befriedigende soziale Beziehungen aufzubauen, eine positive Haltung sich selbst und anderen Menschen gegenüber zu entwickeln, intrinsische Kontrollüberzeugung sowie positive Erfolgserwartungen zu fördern. Menschen, die positive Verhaltensmöglichkeiten besitzen, sollten in der Lage sein, sich kooperativ zu verhalten und zu einem guten Organisationsklima und betrieblicher → Effektivität beizutragen. Daher sind positive Verhaltensmöglichkeiten zu fördern. Durch das Training soll ein Überwiegen positiver gegenüber negativer Alltagserfahrungen erreicht werden. Erste empirische Daten sprechen dafür, dass das Training erfolgreich ist.

Für die Praxis sind theoretische Kenntnisse über Motivation, Zufriedenheit und Belastungen im Kontext der Arbeit in zweifacher Hinsicht sehr relevant: Sie helfen, Zustände in der Praxis zu erklären. Auf dieser Basis können diese sodann in die gewünschte Richtung verändert werden.

12.5 Kernpunkte und Übungsaufgaben

Kernpunkte

▶ Da Arbeit ein wichtiger Bestandteil menschlichen Lebens ist, hat das Erleben und die Qualität von Arbeitstätigkeiten weitreichende Wirkungen auf das menschliche Wohlbefinden und die menschliche Gesundheit insgesamt.

▶ Auswirkungen zeigen sich entsprechend des neueren biopsychosozialen Gesundheitsbegriffs biologisch (z.B. physiologische Reaktionen), psychologisch (z.B. Zufriedenheit und Wohlbefinden, aber auch Stresserleben) und sozial (z.B. soziale Anerkennung, Affiliation, Isolation).

▶ Die biopsychosozialen Wirkungen von Arbeit können förderlich oder belastend sein, weshalb in diesem Kapitel sowohl Arbeitsmotivation und -zufriedenheit als positive Begriffe als auch übermäßige Beanspruchung und Stress als negativ besetzte Begriffe behandelt wurden. In allen drei Feldern (Arbeitsmotivation, -zufriedenheit und Belastungserleben) liegen konkurrierende definitorische Ansätze und Modelle vor.

▶ Modelle der Arbeitsmotivation umfassen Inhalts- und Prozesstheorien, die spezifische Vor- und Nachteile haben und sich daher ergänzen. Darüber hinaus gibt es allgemeine theoretische Erklärungsmodelle (z.B. die Attributionstheorie), die auf Fragen der Arbeitsmotivation angewandt werden.

▶ Das eindimensionale Konzept der Arbeitszufriedenheit wird vielfältig kritisiert, weshalb das Modell von Bruggemann vorgestellt wurde – es differenziert unterschiedliche Formen von Arbeitszufriedenheit und ihrer Genese.

▶ Es findet sich eine Verschiebung von arbeitsbedingten Belastungen weg von physischen und hin zu psychischen Belastungen. Es werden primäre, sekundäre und tertiäre Präventionen von Belastungen sowie Stress im Kontext der Arbeit unterschieden. Aufgrund zahlreicher negativer Stresswirkungen ist das vorrangige Ziel, Stresssymptome gar nicht erst entstehen zu lassen und damit die Notwendigkeit tertiärer Prävention zu vermeiden.

▶ Es lassen sich Antworten auf praktisch interventionsorientierte Fragen ableiten, wie sich Arbeitsmotivation und -zufriedenheit fördern und Stressreaktionen vermeiden lassen.

Übungsaufgaben

▶ Wie sind Arbeitszufriedenheit und -motivation zu definieren, und wie lassen sie sich erfassen? Was sind die spezifischen Aussagen und Vorteile des Modells von Bruggemann zur Arbeits(un)zufriedenheit?

▶ Welche Theorien machen Aussagen darüber, wie Arbeitsmotivation und -zufriedenheit zustande kommen? Wie lassen sich Motivation und Zufriedenheit auf der Basis der Theorien fördern?

▶ Welche Formen arbeitsbedingten Stresses lassen sich unterscheiden, und wie können sie gemessen werden? Unter welchen Bedingungen stellt Stress – auch aus Sicht eines Unternehmens – ein besonderes Risiko dar? Welche Ansätze gibt es, um übermäßige Beanspruchung zu verringern?

▶ Warum sind theoretische Kenntnisse über Arbeitsmotivation, -zufriedenheit und arbeitsbedingter Beanspruchung so wichtig für die Praxis? Überlegen Sie sich bitte einige fiktive Praxisbeispiele.

Weiterführende Literatur

Vertiefung Belastung: Frieling & Sonntag (1999, Teil III, Kap. 3); Gebert (1981).

Vertiefung Arbeitsmotivation: Kleinbeck (1996).

Vertiefung Gesamtkapitel: Semmer & Udris (2004).

13 Analyse und Gestaltung von Arbeitsplätzen, -prozessen, -systemen

Was Sie in diesem Kapitel erwartet

Was sind die Anlässe für Arbeitsanalysen? Die Ermittlung und Analyse von Schwachstellen sowie die Bestimmung von Arbeitsanforderungen und -belastungen dienen der Vorbereitung von Arbeits(platz)gestaltungs-Maßnahmen (AG-Maßnahmen). Darüber hinaus gibt es weitere Anlässe für die Durchführung von Arbeitsanalysen, z.B. Analyse von Schwachstellen bei der Arbeitsorganisation oder Ermittlung von Eignungsanforderungen als Teil eines Personalauswahl-Verfahrens (PA-Verfahrens) (vgl. Kap. 5.2). Von diesen Anlässen nimmt die Vorbereitung von AG-Maßnahmen jedoch eine herausragende Stellung ein.

So wird einheitlich gefordert, dass AG-Maßnahmen idealerweise systematische Arbeitsanalysen vorausgehen sollten. Gleichwohl lässt sich dieses Postulat des systematischen Vorgehens in der Praxis längst nicht immer realisieren, wie das vorliegende Kapitel zeigen wird.

Dazu wird zunächst die Bedeutung der Psychologie für die Arbeitsanalyse und Arbeitsgestaltung erläutert. Anschließend werden diese beiden Themen getrennt behandelt. Es schließt sich eine kritische Reflexion der Chancen und Grenzen von Arbeitsanalyse und -gestaltung in der Praxis an.

13.1 Die Bedeutung der Psychologie für die Arbeitsanalyse und -gestaltung

Ein Beispiel. In einem großen Versicherungsunternehmen wurden vor einiger Zeit aus Kostengründen die Einzelsekretariate aufgegeben. Stattdessen wurde ein Sekretariatspool eingeführt, auf den alle Bereichsleiter gleichermaßen Zugriff haben. Doch das System kämpft mit Schwierigkeiten: Die Sekretärinnen klagen über ungleiche Arbeitsbelastung, sowohl was die Menge an Arbeit betrifft als auch die Art der Arbeitsaufträge. Es kommt zu Verantwortungsdiffusionen und geringer Arbeitsmotivation, die sich auch darin zeigen, dass unbeliebte Arbeiten sehr lange in der Ablage bleiben, so dass Terminarbeiten nicht mehr fristgerecht fertig werden. Die Stimmung im Sekretariatsbereich ist oftmals schlecht. Auf objektiver Datenebene hat der Krankenstand zugenommen. Daher werden die Psychologen aus der Personalabteilung gebeten, eine Arbeitsanalyse durchzuführen und Vorschläge für die bessere Gestaltung des Sekretariatssystems zu machen.

Arbeitsplatzbedingungen und Arbeitsleistung. In den Anfängen der wissenschaftlichen Arbeits- und Organisationspsychologie stand die Frage im Mittelpunkt: Wie wirken sich Arbeitsplatzbedingungen auf Arbeitsleistungen aus? Historisch gesehen leiteten die Hawthorne-Studien die organisationswissenschaftliche Forschung zur Beantwortung dieser Frage ein. Sie werden als Ausgangspunkt der Human-Relations-Bewegung interpretiert, bei der zwischenmenschliche

Beziehungen (human relations) am Arbeitsplatz im Zentrum des Interesses stehen (vgl. von Rosenstiel, 2003).

Die Hawthorne-Studien. Die Hawthorne-Studien wurden von Mayo und Kollegen Ende der 1920er/Anfang der 1930er Jahre in den Hawthorne-Werken der Western Electric Co. (USA) durchgeführt. In Einzelstudien wurde untersucht, welchen Einfluss unterschiedliche Arbeitsbedingungen, wie die experimentelle Variation der Beleuchtungsstärke, auf die Arbeitsleistung hatte. Von besonderer Bedeutung war der Befund, dass eine Verbesserung der Leistung sich nicht nur in der Experimentalgruppe zeigte, sondern auch in einer Kontrollgruppe – außerdem sogar in jener Gruppe, in der die Lichtverhältnisse verschlechtert worden waren (vgl. Greif, 2004). Diese scheinbar paradoxen Ergebnisse (der „Hawthorne-Effekt") wurden durch Mayo und Kollegen in dem Sinne interpretiert, dass die durch den Versuchsleiter erzeugte freundliche Atmosphäre für die Leistungsverbesserung in Kontroll- und Experimentalgruppe verantwortlich war. Dies beförderte die Annahme, dass eine Verbesserung der zwischenmenschlichen Beziehungen am Arbeitsplatz Arbeitsmotivation und -zufriedenheit erhöhen kann. Die Studien wurden methodisch viel kritisiert, der „Hawthorne-Effekt" als Mythos entlarvt. Ohne diese fundamentale Kritik zu übersehen, wurden die Studien zum Auslöser, dass in der organisationspsychologischen Forschung neben objektiven Arbeitsplatzbedingungen auch psychologische Variablen (z.B. subjektive Urteile über die Arbeitssituation) und vor allem auch zwischenmenschliche Beziehungen untersucht werden (vgl. Weinert, 2004).

Analyse und Gestaltung. Eine psychologisch fundierte Arbeitsanalyse ist Voraussetzung für eine effiziente Arbeitsgestaltung (vgl. Frieling, 1999). Es muss detailliertes Wissen über den Ist-Zustand gesammelt werden, damit die Arbeitsgestaltung gezielt ansetzen kann, um den erwünschten Soll-Zustand zu erreichen. Dies führt zu folgenden Schwerpunkten:

▶ Arbeitsanalyse: Im ersten Schritt findet unter Einschluss der betroffenen Mitarbeiter eine Analyse der Arbeitstätigkeit statt. Dabei werden ergonomische, technische, personale, interaktionale und organisatorische Bedingungen beachtet. Das Ergebnis ist eine Analyse der Struktur- bzw. Prozessmerkmale der jeweiligen Tätigkeit.

▶ Arbeitsgestaltung: Aus dieser Analyse leiten sich Gestaltungsmaßnahmen ab. Unter Abwägung der unterschiedlichen Argumente sollten diese – abermals im Zusammenspiel von Betroffenen und Experten – umgesetzt und anschließend evaluiert werden.

Arbeitsanalysen haben unterschiedliche Zwecke, wie Dokumentation, Evaluation stattgefundener Veränderungen sowie Informationsbasis für AG-Maßnahmen. So sollten den AG-Maßnahmen immer Arbeitsanalysen vorausgehen und so die Voraussetzungen für eine effiziente Gestaltungsentscheidung schaffen.

Kriterien und theoretische Perspektiven. Arbeitsanalyse und -gestaltung können unter verschiedenen Blickwinkeln geschehen: Human- oder ökonomische Kriterien können im Vordergrund stehen. Es kann darum gehen, Arbeitsmotivation und -zufriedenheit zu steigern (vgl. Kap. 12.4.1) oder Stress und Belastungserleben zu verringern (vgl. Kap. 12.4.2). Human- und ökonomische Kriterien schließen einander nicht aus: So können z.B. Risikoarbeitsplätze anhand des Kriteriums der Arbeitssicherheit, des Gesundheits- oder Umweltschutzes analysiert und optimiert werden. Auf psychologischer Ebene steht die Erweiterung von Handlungsspielräumen im Mittelpunkt (vgl. Kap. 13.3.2).

Arbeitssicherheit, Gesundheits- und Umweltschutz. In der ingenieurwissenschaftlichen Literatur spielen Arbeitsanalyse und -gestaltung unter dem Blickwinkel von Arbeitssicherheit, Gesundheits- und Umweltschutz eine wichtige Rolle (z.B. beim Umgang mit Gefahrstoffen, die Gesundheit und Umwelt gleichermaßen gefährden). Es wird gefordert, über Arbeitsschutzverordnungen und technische Ansätze hinaus den psychologischen Ansatz mehr zu beachten, bei dem das individuelle Verhalten im Vordergrund steht (z.B. durch psychologische Sicherheitstrainings und -unterweisungen) (vgl. Wenninger, 1999).

> **!** Arbeitstätigkeiten können nach unterschiedlichen Kriterien bewertet werden. Die Erweiterung des Handlungsspielraumes ist die zentrale persönlichkeitsförderliche Maßnahme, die somit ein Humankriterium zur Bewertung von Arbeitstätigkeit darstellt.

13.2 Die Arbeitsanalyse

Zunächst werden die Grundlagen der Arbeitsanalyse beschrieben: Was bedeutet sie, welche Ziele und Ebenen umfasst sie (Kap. 13.2.1)? Es folgt die Darstellung, wie man bei der Arbeitsanalyse vorgeht (Kap. 13.2.2), bevor spezifische Methoden und Verfahren erläutert werden (Kap. 13.2.3).

13.2.1 Definition, Ziele und Ebenen

Arbeitsanalyse ist der systematische Prozess des Sammelns von Informationen über arbeits- bzw. mitarbeiterorientierte Elemente eines Aufgabenspektrums (Weinert, 2004). Sie dient unterschiedlichen Zielsetzungen (vgl. Frieling, 1999; von Rosenstiel, 2003; Weinert, 2004):

▶ Schwachstellenermittlung im Bereich der Arbeitsgestaltung und Arbeitsorganisation (z.B. Suche überflüssiger Arbeitsleistungen, Auffinden fehlerhafter Arbeitsprozesse, Analyse der Ursachen von Fehlverhalten und Versagen)

▶ Bestimmung spezifischer Arbeitsanforderungen und -belastungen mit dem Ziel, Arbeitsplätze humaner, → effizienter und sicherer zu gestalten

▶ Arbeitsbeschreibungen mit Festlegung von Pflichten, Aufgaben, Anforderungen, Rechten von Mitarbeitern, um gestalterisch eingreifen zu können

▶ Ermittlung von Eignungsanforderungen für die Personalauswahl und Personalplatzierung i.S. eines optimalen Person-Environment-Fits (vgl. Kap. 5.1)

▶ Bestimmung von Qualifikationserfordernissen zum Aufbau von Trainings-, Schulungs- und Ausbildungsmaßnahmen und -programmen

▶ Koordination von Einzeltätigkeiten: Abgrenzung von unterschiedlichen Verantwortungsbereichen, bessere Steuerung und gemeinsame Zielausrichtung von voneinander abhängigen Tätigkeiten (Ambiguitäten und Missverständnisse werden verringert, Beziehungen zwischen Mitarbeitern festgeschrieben)

▶ Systematisierung von Anreizsystemen: Standardisierung des Arbeitsentgelts, Vereinfachung von Beförderungssystemen

▶ systematischer Vergleich von Arbeitstätigkeiten zu Zwecken der Dokumentation, Evaluation und Abschätzung der Folgen des Einsatzes der jeweiligen Techniken und Methoden (Technikfolgenabschätzung).

Ergonomie. Vor allem die genannten ersten drei Ziele dienen der Arbeitsgestaltung als Grundlage. In der Praxis nehmen bei diesen Zielsetzungen folgende ergonomische Fragen besonders viel Raum ein (vgl. von Rosenstiel, 2003): Wie müssen Arbeit verteilt und Pausen eingelegt werden, damit man die relativ geringste Ermüdung und die relativ beste Erholung erreicht? Wie lässt sich Arbeit an physiologisch bedingte Schwankungen der Leistungsfähigkeit anpassen (z.B. an den menschlichen Tagesrhythmus)? Wie lässt sich durch Regulierung äußerer Bedingungen (wie Licht, Lärm, Temperatur, Luftfeuchtigkeit) subjektives Wohlbefinden maximieren sowie Arbeitsleistungen optimieren? Wie lässt sich die Sicherheit am Arbeitsplatz gewährleisten?

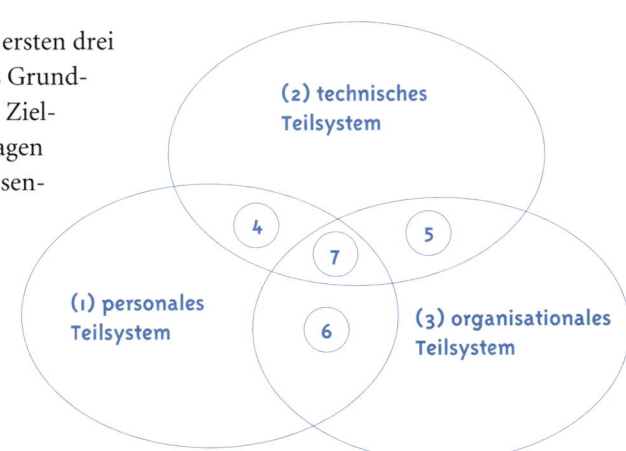

Abbildung 13.1. Sieben Ebenen zur Analyse und Gestaltung von Arbeit entsprechend der soziotechnischen Systemanalyse (nach Frieling, 1999). Diese unterscheidet ein personales (1), technisches (2) und organisationales Teilsystem (3). Aus den Schnittmengen zwischen den drei großen Teilsystemen ergeben sich das personale und technische Teilsystem (4), das technische und organisationale Teilsystem (5), das personale und organisationale Teilsystem (6) und die Arbeitstätigkeit (7)

Ebenen der Arbeitsanalyse. Arbeitsanalysen können auf allen Ebenen stattfinden, die der Struktur dieses Buches zu Grunde liegen: auf organisationaler, interindividueller („kollektive Arbeitsorganisation") und individueller Ebene (vgl. Schüpbach, 2004). Legt man die soziotechnische Systemanalyse zu Grunde (vgl. Kap. 2.5), so ergibt sich eine besonders differenzierte Unterscheidung von insgesamt sieben Ebenen, auf denen Arbeit analysiert und gestaltet werden kann (vgl. Abb. 13.1). Ebenen der Analyse und Gestaltung von Arbeitstätigkeiten (Frieling, 1999):

(1) Personales Teilsystem: Im Zentrum stehen individuelle Qualifikationen, berufsbiographische Besonderheiten und aktuelle Befindlichkeiten. Es geht um das arbeitende Individuum, seine individuellen Merkmale und Leistungsvoraussetzungen.

(2) Technisches Teilsystem: Arbeitstätigkeit wird unter technischem Blickwinkel analysiert (z.B. Art der eingesetzten Technologie bzw. Arbeitsmittel, Werkzeuge, technische Anlagen, physikalisch-chemische Prozesse etc.). Gestaltungsspielräume sind auf dieser Ebene technologisch bestimmt.

(3) Organisatorisches Teilsystem: Zentral sind Arbeitsorganisationen und Organisationsstrukturen. Diese machen Aussagen darüber, wie Arbeit geteilt und Personen zugeordnet wird. Es geht z.B. um Fragen der Zentralisierung bzw. der Dezentralisierung, des In- oder → Outsourcings, des → Lean Managements, der Arbeitszeitsysteme oder der Gruppenarbeit.

(4) Personales und technisches Teilsystem: Im Zentrum steht die systematische Beobachtung oder Befragung von Personen, die Arbeitstätigkeiten im technischen Bereich verrichten, z.B.

mit Werkzeugen, technischen Anlagen, Fahrzeugen und Maschinen. Es geht um die Analyse von Mensch-Maschine-Systemen, um die Wechselwirkung von Person und Technik. Welche Aufgaben sollten durch Menschen und welche durch die Technik übernommen werden, und welche Folgen haben entsprechende Entscheidungen auf unterschiedliche Variablen (z.B. Produktivität)?

(5) Technisches und organisationales Teilsystem: In diese Ebene fällt die Analyse der Produktgestaltung, da diese wichtige Auswirkungen auf die Arbeitsorganisation hat, etwa dann, wenn es darum geht, ob Produkte in der Vor- oder Endmontage zusammengebaut werden sollen.

(6) Personales und organisationales Teilsystem: Durch welche organisatorischen Rahmenbedingungen lässt sich das personale Teilsystem effizient gestalten? Durch welche personalen Entscheidungen (Human resource management) kann das organisationale System optimal unterstützt werden (vgl. Kap. 6.1)?

(7) Arbeitstätigkeit: Die Wechselwirkung von personalem, technischem und organisationalem Teilsystem mündet in der Arbeitstätigkeit. Im Vordergrund stehen Humankriterien zur Bewertung von Arbeitstätigkeiten.

13.2.2 Vorgehensweise der Arbeitsanalyse

Je nach Zielsetzung einer Arbeitsanalyse sind unterschiedliche Vorgehensweisen notwendig. Zwei exemplarische Vorgehensweisen seien vorgestellt.

Beispiel 1. Die Analyse der Auftrags- und Erfüllungsbedingungen einer Tätigkeit erfolgt unabhängig von einzelnen Personen. Sie ist vor allem relevant, wenn es um hochstandardisierte und -strukturierte Arbeitstätigkeiten geht. Hacker und Matern (zit. in von Rosenstiel, 2003) schlagen hier sieben Schritte vor:

(1) Analyse betrieblicher Rahmenbedingungen
(2) Erfassung der Funktionsteilung zwischen Mensch und Maschine
(3) Auflistung der Merkmale des zu bearbeitenden Produkts und der zu steuernden Prozesse
(4) Erfassung der Kommunikation, die bei Arbeitsteilung zwischen verschiedenen Personen notwendig ist
(5) Beschreibung der Struktur der Arbeitsaufträge
(6) Feststellung objektiver Freiheitsgrade bei der Auftragsbewältigung
(7) Erfassung der Häufigkeit, mit der identische Arbeitsaufträge bearbeitet werden

Beispiel 2. Die psychologische Tätigkeitsanalyse ist ein personenorientiertes Vorgehen. Sie wird bei jenen Tätigkeiten verwandt, bei denen das Arbeitsergebnis in starkem Maße von den Personen abhängig ist, die die Arbeit ausführen. Ulich (zit. in von Rosenstiel, 2003) schlägt in diesem Fall eine dreiteilige Schrittfolge vor:

(1) Erfassung der Teiltätigkeiten durch Beobachtungsinterviews und anschließende Befragung
(2) Entwicklung eines Kategoriensystems, das der möglichst systematischen, exakten und differenzierten Erfassung der Teiltätigkeiten dient
(3) Tätigkeitsbeobachtungen über einen längeren Zeitraum, wobei auf das Kategoriensystem des zweiten Schritts zurückgegriffen wird.

Psychologische Tätigkeitsanalysen sollten möglichst standardisiert durchgeführt werden. Es ist vorher festzulegen, welche Informationen einzuholen sind. Um ein solches systematisches Vorgehen zu gewährleisten, sind neben „Experten der Praxis" (zumeist der beteiligte Stelleninhaber) externe Experten heranzuziehen, die keine eigene Betroffenheit haben (z.B. Arbeits-, Organisationspsychologen, Ingenieure). Beide Personengruppen sollten idealerweise kooperativ zusammenarbeiten.

13.2.3 Methoden und Verfahren der Arbeitsanalyse

Bei der Arbeitsanalyse werden sehr unterschiedliche Methoden eingesetzt (zum Überblick vgl. Dunckel, 1999). Die Arbeitsanalyseverfahren unterscheiden sich u.a. nach folgenden Kriterien (vgl. Frieling, 1999):

- ▶ theoretische Fundierungen der Verfahren der Arbeitsanalyse
- ▶ Geltungsbereich der Verfahren (z.B. beschränkt auf den Dienstleistungs- oder Produktionsbereich)
- ▶ Ebenen der Arbeitsanalyse und damit jeweiliger Zweck der Arbeitsanalyse (vgl. Kap. 13.2.1)
- ▶ Verfahrensanwender (oftmals beschränkt auf Arbeits- und Organisationspsychologen sowie qualifizierte Arbeitswissenschaftler)
- ▶ Aufwand und Umfang der Verfahren
- ▶ Strukturiertheit der Verfahren (unstandardisierte, halbstandardisierte, standardisierte Verfahren der Arbeitsanalyse).

Nach Frieling (zit. in von Rosenstiel, 2003) werden folgende wichtigste unstandardisierte Verfahren unterschieden: (1) vorhandene Arbeitsplatzbeschreibungen, (2) freie Berichte der Stelleninhaber, (3) Arbeitsausführung durch den Arbeitsanalytiker selbst, (4) Analyse der Ausbildungsprogramme, (5) Analyse vorliegender Dokumente.

Zu den halbstandardisierten Verfahren gehören u.a. (vgl. von Rosenstiel, 2003) die Analyse von Arbeitstagebüchern, Beobachtungsverfahren, Interviewtechniken sowie die → Critical Incidence Technique (CIT).

Zu den standardisierten Arbeitsanalyseverfahren gehören Checklisten, Fragebogen und Beobachtungsinterviews (vgl. Frieling, 1999; Schüpbach, 2004). Im deutschsprachigen Raum sind vor allem fünf Verfahren prominent, von denen eines exemplarisch vorgestellt sei (zit. in von Rosenstiel, 2003):

(1) Fragebogen zur Arbeitsanalyse von Frieling und Hoyos (FAA)
(2) Verfahren zur Ermittlung von Regulationserfordernissen in der Arbeitstätigkeit von Volpert et al. (VERA)
(3) Analyse der Regulationshindernisse der Arbeitstätigkeit von Leitner et al. (RHIA)
(4) Tätigkeitsanalyseinventar von Frieling et al. (TAI)
(5) Fragebogen zur subjektiven Arbeitsanalyse von Udris und Alioth (SAA).

Beispiel. Theoretischer Hintergrund des standardisierten Verfahrens „Tätigkeitsanalyseinventar" (TAI) und seiner Fortentwicklung (PTAI) sind die Handlungs-Regulations-Theorie, die Tätigkeitstheorie sowie die Informationsverarbeitungstheorie. Das Verfahren hat einen relativ breiten Anwendungsanspruch, da es für geistige und manuelle Arbeitstätigkeiten universell einsetzbar ist. Schüpbach (2004) nennt als Anwendungsfelder u.a. die Bildung und den Vergleich von Bedingungs- und Anforderungskonfigurationen, die Ableitung von Gestaltungs- und

Qualifizierungserfordernissen sowie die Evaluation von Veränderungsprozessen. Es stehen folgende Aspekte im Vordergrund: organisatorisch-technische Bedingungen der Tätigkeit, Informationsaufnahme und -bearbeitung, Vorbereitung und Ausführung, Dynamik der Tätigkeit. Das Verfahren umfasst insgesamt 2055 Items. Die Anwendung aller Module, die alle obig genannten inhaltlichen Aspekte abdecken, ist sehr zeitaufwendig. Es ist jedoch modular in seiner Anwendung, d.h. bei spezifischen Fragestellungen kann auf einzelne Teiltests oder sogar auf einzelne Items zurückgegriffen werden. Als Verfahrensanwender kommen Psychologen und Arbeitswissenschaftler gleichermaßen in Frage.

Aufgabeninventare. Ein besonderes Beispiel für ein Verfahren der Arbeitsanalyse sind Aufgabeninventare (Task-Inventories, TI). Sie sind ebenfalls standardisiert, allerdings müssen Konstruktion und Standardisierung oftmals speziell für die jeweiligen Arbeitsplätze bzw. Gruppen von Arbeitsplätzen geleistet werden (vgl. Schuler & Funke, 2004). Zum Teil geschieht dies organisationsübergreifend. Aufgabeninventare umfassen oftmals eine Liste von Hunderten von Aufgaben. Die Aufgaben beschreiben Aktivitäten, die für die jeweiligen Arbeitsplätze spezifisch sind. Sie werden entweder den jetzigen Arbeitsplatzinhabern oder den Vorgesetzten vorgegeben. Diese werden gebeten, die einzelnen Aufgaben bezogen auf mehrere Bewertungsgesichtspunkte auf Ratingskalen einzustufen – z.B. Bedeutung der Aufgabe, ihre Häufigkeit, ihre Schwierigkeit, der Trainingsaufwand, die Konsequenzen bei Fehlern in der Ausführung der Aufgabe etc.

Übliche Praxis. In der Praxis werden Arbeitsanalysen häufig unstandardisiert durchgeführt, denn die Neukonstruktion z.B. von Aufgabeninventaren ist mehr eine Forschungs- als eine Praxistätigkeit und daher im Arbeitsalltag von Arbeits- und Organisationspsychologen zu aufwendig. Bestehende Verfahren bleiben oftmals ungenutzt. Stattdessen beschreiben beispielsweise Experten die Anforderungen des Arbeitsplatzes und die daraus folgenden Qualifikationsmerkmale des Arbeitsplatzinhabers weitgehend frei. Als „Experten" werden unterschiedliche Personengruppen einbezogen, wie Vorgesetzte, Arbeitsplatzinhaber, Arbeitsanalytiker, Arbeits- und Organisationspsychologen. Aus der Arbeitsanalyse folgen oftmals jedoch weitreichende Konsequenzen, z.B. die Eignungsanalyse mit der Festlegung und Gewichtung von → Prädiktor- und → Kriteriumsvariablen (vgl. Kap. 5.1). Daher ist ein rein intuitives Vorgehen problematisch – denn dessen Fehlerbehaftung wird nicht systematisch kontrolliert.

> **!** Je nach Zielsetzung der Arbeitsanalyse werden unterschiedliche Schritte vorgeschlagen. Die Methoden und Verfahren zur Durchführung von Arbeitsanalysen sind entsprechend vielfältig. Sie reichen von unstandardisierten Verfahren bis hin zu sehr aufwendigen standardisierten Verfahren, die sich nach Anwendungsfeld und theoretischer Ausrichtung unterscheiden. In der Praxis werden Arbeitsanalysen jedoch häufig unstandardisiert durchgeführt und folgen ebenfalls nicht einer idealen Schrittfolge.

13.3 Arbeitsgestaltung

Die zentrale psychologische Dimension der Arbeitsgestaltung ist die Erweiterung des Handlungsspielraums. Daher werden zunächst diese und weitere grundlegende Ansätze der Arbeitsgestaltung (AG) beschrieben (Kap. 13.3.1), bevor spezifische Konzepte vorgestellt werden, die der Erweiterung des Handlungsspielraums dienen (Kap. 13.3.2).

13.3.1 Ansätze der Arbeitsgestaltung

AG-Maßnahmen dienen u.a. dazu, einen möglichst hohen Person-Environment-Fit (vgl. Kap. 5.1) zu erreichen. Idealerweise sollte die Arbeitsgestaltung Personen- und Umweltfaktoren sowie die Interaktion zwischen Person und Umwelt gleichermaßen berücksichtigen. Geht es beispielsweise um die konkrete Gestaltung eines einzelnen Arbeitsplatzes, so ist es hilfreich, neben Aspekten des Arbeitsplatzes (z.B. Arbeitsanforderungen) auch personenbezogene Aspekte (z.B. zeitkonstante und zeitvariable Leistungsvoraussetzungen) zu berücksichtigen. Auf der Basis von Arbeitsablaufanalysen können einerseits die objektiven Arbeitsbedingungen verbessert werden. Andererseits helfen Weiterqualifikationen des Stelleninhabers, seine Befähigung zu erweitern und die Arbeitsanforderungen zu meistern.

Auf psychologischer Ebene ist einheitlicher Grundgedanke, den Handlungsspielraum bezogen auf (1) Tätigkeit, (2) Entscheidungen und (3) zunehmend auch auf Kommunikation zu erweitern (vgl. von Rosenstiel, 2003). Die Bedeutung von Entscheidungs- und Kontrollspielräumen konnte in vielen Studien belegt werden (vgl. Hacker, 1998). Beispielsweise konnte Karasek (zit. in Udris & Frese, 1988) zeigen, dass hohe Arbeitsanforderungen vor allem dann zu Stresssymptomen führen, wenn sie mit geringem Entscheidungs- und Kontrollspielraum verbunden sind. Theoretisches Rahmenmodell ist neben den grundlegenden Modellen zur Kontrollüberzeugung sensu Rotter die Handlungsregulationstheorie. In Oesterreich (1981) findet sich hierzu, aufbauend auf dem Drei-Ebenen-Modell von Hacker (zit. in Oesterreich, 1981), ein Fünf-Ebenen-Modell der Handlungsregulation:

(1) Die unterste Ebene ist die der sensumotorischen Regulation. Hier werden Abfolgen von Arbeitsbewegungen reguliert, für deren Entwurf es keiner Planung bedarf.

(2) Es folgt auf der zweiten Ebene die Handlungsplanung, bei der das Vorgehen durch vorausschauendes Planen bestimmt wird.

(3) Auf der dritten Ebene der Teilzielplanung wird die Arbeitsausführung in Planungsabschnitte zerlegt und eine Abfolge von Teilzielen (Zwischenergebnissen) bis hin zum Endergebnis geplant.

(4) Auf der vierten Ebene der Koordination mehrerer Handlungsbereiche wird Arbeitshandeln reguliert, indem mehrere parallel verlaufende Teilzielplanungen miteinander koordiniert werden.

(5) Auf oberster Ebene werden neue Handlungsbereiche erschlossen und Möglichkeiten für neue Arbeitstätigkeiten geplant.

Dieses Modell wurde beispielsweise beim Verfahren zur Ermittlung von Regulationserfordernissen in der Arbeitstätigkeit (VERA) aufgegriffen (vgl. Kap. 12.2.3) und weiter differenziert (vgl. Ulich, 2001).

„Unvollständige Tätigkeiten" nach Hacker. Die Erweiterung des Handlungsspielraumes dient der Persönlichkeitsförderlichkeit der Tätigkeit nach Hacker (1998). Neben dem Handlungsspielraum erfordert die Persönlichkeitsförderlichkeit weitere Gestaltungsmerkmale der Tätigkeit: Ganzheitlichkeit, Anforderungsvielfalt, Kooperationserfordernis und Lernmöglichkeiten. Aus diesen Kriterien leiten sich folgende Bedingungen für unzweckmäßige bzw. im Sprachgebrauch Hackers „unvollständige" Arbeitstätigkeiten ab:

(1) Fehlen ausreichender Aktivität: Es bestehen z.B. in einem automatisierten Prozess unzureichende Möglichkeiten, aktiv und selbstveranlasst einzugreifen.

(2) Fehlen von Zielsetzungs- und Entscheidungsmöglichkeiten: Es fehlen Kontrollmöglichkeiten und somit die Möglichkeit, über eigenes Vorgehen zu entscheiden. Dadurch wird internale Verantwortungszuschreibung erschwert oder unmöglich.

(3) Fehlen von Kooperationsmöglichkeiten: Die Forderung nach Kooperation betrifft die Zusammenarbeit, etwa mit Kollegen, um so soziale Unterstützung und soziale Kompetenz aufzubauen.

(4) Fehlen von Denkanforderungen: Die Arbeit erfordert keinen intellektuellen Einsatz, keine Problemlösungskompetenzen oder gelegentliche schöpferische Tätigkeiten.

(5) Fehlen von Lernanforderungen: Vorhandene Qualifikationen werden nicht genutzt. Die Erweiterung von Qualifikationen oder das Erlernen oder Verändern von Einstellungen sind nicht vorgesehen.

! Extreme Arbeitsteilung führt zu Beeinträchtigungen des Wohlbefindens, zu Verlust an Motivation und Arbeitszufriedenheit und zu einem Abbau intellektueller Leistungsfähigkeiten. Ein erweiterter Handlungsspielraum wirkt hingegen ebenso wie Transparenz und soziale Kontakte persönlichkeitsförderlich (vgl. Hacker, 1998).

13.3.2 Maßnahmen zur Arbeitsgestaltung: Handlungsspielraum erhöhen

Viele Maßnahmen zur Arbeitsgestaltung erweitern den Handlungsspielraum des Mitarbeiters und die Flexibilität des Arbeitssystems bzw. der Organisation – ein Beispiel ist die Einführung teilautonomer Arbeitsgruppen (vgl. Kap. 8.4.2). Grundlegend werden drei Konzepte zur psychologischen Arbeitsgestaltung unterschieden, die auf die Erweiterung des Handlungsspielraumes zielen: das Konzept des Job-Rotations, Job-Enlargements und Job-Enrichments (vgl. von Rosenstiel, 2003; Weinert, 2004).

Job-Rotation. Bei einem planmäßigen Stellenwechsel tauschen verschiedene Personen lateral ihre Arbeitsrolle und -zuständigkeit aus. Arbeitsplatzwechsel werden vor allem durchgeführt, wenn durch die jeweilige Arbeit Monotonie oder Übersättigung entstanden ist. Oftmals geht es hierbei ausschließlich um eine Erweiterung des Tätigkeitsspielraumes, nicht des Entscheidungsspielraumes. Hinsichtlich der psychischen Regulationsebenen unterscheiden sich die übertragenen Arbeitsaufgaben nicht.

Insgesamt wird dieses Konzept eher kritisch bewertet: Es erhöht Trainings- und Ausbildungskosten. Und es kann möglicherweise demotivierend auf ehrgeizige Mitarbeiter wirken, da der Arbeitsplatzwechsel nicht zu einer Erweiterung von Handlungs- und Entscheidungsspielräumen führt. Als Vorteil wird diskutiert, dass die Mitarbeiter durch Job-Rotations-Maßnahmen Erfahrungen in verschiedenartigen Stellen sammeln, das Unternehmen besser kennen lernen und vielfältiger einsetzbar sind (vgl. Weinert, 2004).

Job-Enlargement. Bei der Aufgabenerweiterung findet keine Rotation zwischen verschiedenen Arbeitsplätzen statt, sondern innerhalb des gleichen Arbeitsplatzes werden i.S. einer horizontalen Arbeitserweiterung zusätzliche Aufgaben übernommen oder mehr Arbeitsschritte ausgeführt. Auch hier fällt die Bewertung eher kritisch aus, da abermals zumeist nur eine Erweiterung des Tätigkeitsspielraumes erreicht wird (vgl. von Rosenstiel, 2003). Motivationsgewinne lassen sich dadurch kaum erzielen (vgl. Weinert, 2004).

Job-Enrichment. Bei der Aufgabenbereicherung wird die Arbeitstätigkeit nicht nur horizontal, sondern auch vertikal erweitert. Der Mitarbeiter übernimmt die Planung und Ergebniskontrolle einer Arbeit, für deren Durchführung er verantwortlich ist. Somit geht es hier um inhaltliche Veränderungen der Arbeitstätigkeit.

Wird bei der spezifischen Gestaltung der Handlungsspielraum bezogen auf Tätigkeit, Entscheidungen und Interaktion erweitert und erhält der Stelleninhaber darüber hinaus regelmäßiges Feedback, so ergibt die Forschung positive Befunde – die Sinnhaftigkeit dieser Maßnahme wird bestätigt (vgl. Weinert, 2004). Job-Enrichment auf Gruppenebene führt zum Konzept teilautonomer Arbeitsgruppen, denn hier übernimmt die Gruppe die Planung, Durchführung und Kontrolle der Arbeit (vgl. Kap. 8.4.2).

Bewertung von AG-Maßnahmen. Unter dem Blickwinkel des Handlungsspielraumes lässt sich erklären, warum einige populäre AG-Maßnahmen (z.B. Einführung flexibler Bürosysteme) aus psychologischer Sicht problematisch sind: Flexible Bürosysteme (Großraumsysteme, flexible Arbeitsplätze, „E-Place" als elektronische Arbeitsplätze etc.) werden eingeführt, um Kosten zu sparen. Sie gehen jedoch einher mit einer verringerten Arbeitsmotivation und -leistung, erhöhten Krankheitssymptomen und Fernbleiben von der Arbeit (Absentismus) (vgl. Hellbrück & Fischer, 1999). Eine psychologische Erklärung ist, dass durch sie Handlungsspielräume und Selbstkontrolle verringert werden.

13.4 Chancen und Grenzen

Chancen von Arbeitsanalyse und -gestaltung

Die systematische Gestaltung von Arbeitsplätzen, -systemen, -prozessen und -umgebungen ist in humaner, wirtschaftlicher und rechtlicher Hinsicht von hoher Bedeutung: In humaner Hinsicht wurden zahlreiche Kriterien aufgestellt (vgl. Kap. 2.2.2). In wirtschaftlicher Hinsicht werden Arbeitsabläufe so gestaltet, dass die Arbeit schnell und mit geringem Aufwand geleistet werden kann (vgl. Kap. 2.2.2). Bezogen auf die Schädigungsfreiheit nehmen Arbeitsplatzsicherheit, Gesundheits- und Umweltschutz eine zentrale Position ein. Auf Grund des Arbeitsschutzgesetzes von 1996 ist die Arbeitsplatzgestaltung in rechtlicher Hinsicht nochmals bedeutsamer geworden. So sind Arbeitgeber gesetzlich gezwungen, Arbeitsplätze bezüglich ihrer Gefährdungen zu analysieren und zu beurteilen – dabei umfassen Gefährdungen auch psychische Belastungen (vgl. Frieling, 1999).

Es wird die Notwendigkeit diskutiert, Arbeitsgestaltungen aufgrund veränderter Technologien (Informationstechnologie, Mikroelektronik) zu reflektieren (vgl. z.B. von Rosenstiel, 2003). Denn die wechselseitigen Abhängigkeiten von technischen Innovationen, Arbeits- und Organisationsgestaltungen und personaler Qualifizierung werden unzureichend reflektiert und untersucht (vgl. Schüpbach, 2004).

Zur Technikfolgenabschätzung, aber auch, um Arbeitsplätze in humaner, wirtschaftlicher und rechtlicher Hinsicht → effizient zu gestalten, ist es notwendig, die verschiedenen Ebenen in Organisationen integrativ zu betrachten: die organisationale, die kollektive bzw. interindividuelle sowie die individualistische. Als theoretische Basis kann die soziotechnische Systemanalyse dienen (vgl. Kap. 2.5), die um psychologische Tätigkeitsanalysen und -bewertungen erweitert wird (vgl. Schüpbach, 2004).

Grenzen der Arbeitsanalyse in der Praxis

Auf der Ebene der Arbeitsanalyse ist es notwendig, dass Anpassungen an sich wandelnde äußere (arbeits)technische Bedingungen stattfinden. So werden traditionelle Arbeitsanalysen auch hinsichtlich der sich wandelnden Bedingungen kritisiert. Wesentliche Argumente sind dabei z.B. (vgl. Weinert, 2004):

► Arbeitsanalysen können den Status quo verfestigen.
► Sie berücksichtigen nicht strategische Planungen von Organisationen.
► Teamarbeit und Wechselwirkungen zwischen verschiedenen Mitarbeitern bleiben unbeachtet.
► Kooperatives Verhalten eines Mitarbeiters, das nicht direkt der Arbeitserfüllung dient, bleibt ausgeschlossen.
► Grenzen zwischen einzelnen Arbeitsgebieten, die festgelegt werden, können als hinderlich empfunden werden.
► Psychologische Kriterien, wie Werte, Persönlichkeit, Charakteristika oder Motive, werden nicht ausreichend berücksichtigt.

Um die Vorteile einer systematischen Arbeitsanalyse zu nutzen, ist es notwendig, veränderte Arbeitsbedingungen (Tele-, Team-, Projektarbeit etc.) und damit auch die genannten Gegenargumente zu berücksichtigen: Arbeitsanalysen sollten einer weniger statischen Struktur unterliegen. Sie sollten flexibler im Umgang mit breiten Arbeitsfeldern und häufigen Veränderungen in einem Arbeitsbereich sein und neue Anforderungen effizienter vorhersagen. Kooperatives Verhalten und Interdependenzen zwischen Mitarbeitern sollten mehr Berücksichtigung finden.

All dies führte dazu, dass neue Konzepte der Arbeitsanalyse entwickelt werden, etwa eine strategische Arbeitsanalyse, bei der festgeschrieben wird, welche Fähigkeiten und Fertigkeiten notwendig sind, um zukünftige Arbeitsgebiete und Aufgabenstellungen erfolgreich zu meistern (vgl. Weinert, 2004).

Grenzen der Arbeitsgestaltung in der Praxis

Im Gegensatz zur wissenschaftlich orientierten Arbeitsanalyse geht es bei der Arbeitsgestaltung zumeist darum, Praxisprobleme unter relativ hohem Zeitdruck zu lösen. Gleichwohl ist es in den wenigsten Fällen sinnvoll, sich diesem Zeitdruck uneingeschränkt zu beugen, sondern es sollte – wann immer es möglich ist – einem systematischen Vorgehen der Vorzug gegeben werden.

Vielfältige Variablen sind bei der Gestaltung von Arbeitstätigkeiten zu berücksichtigen, die in zahlreichen Wechselwirkungen stehen. Daher lassen sich nicht alle Effekte einer AG-Maßnahme gleichermaßen kontrollieren.

Nur bei sehr spezifischen Fragestellungen ist es möglich, vergleichende experimentelle Untersuchungen im Kontext psychologischer AG-Maßnahmen durchzuführen, wie bei der Erprobung unterschiedlicher Werkzeuge (vgl. Frieling, 1999). Daher macht es Sinn, auch auf andere Verfahren zurückzugreifen, wie exemplarische Studien zur Analyse der Mensch-Computer-Interaktion, zur Schichtarbeit oder auch zur Motorenmontage zeigen (Ulich, 2001).

!

Idealerweise sollte die Arbeitsgestaltung auf einer systematischen Arbeitsanalyse und -bewertung beruhen. In der Praxis ist dies jedoch oftmals nicht gewährleistet. Neben praktischen Schwierigkeiten liegt dies auch an konzeptuellen Einwänden gegen die Arbeitsanalyse. Diese sollte daher den veränderten (technologischen) Arbeitsbedingungen und -realitäten angepasst werden.

13.5 Kernpunkte und Übungsaufgaben

Kernpunkte

▶ Die Anfänge der wissenschaftlichen Forschung zu Arbeitsplätzen und ihren Folgen sowie der Beginn der Human-Relations-Bewegung werden durch die Hawthorne-Studien markiert. Gleichwohl wird der „Hawthorne-Effekt" mittlerweile aufgrund großer methodischer Mängel als Mythos bezeichnet.

▶ Arbeitsanalysen als systematischer Prozess des Sammelns von Informationen über ein Aufgabenspektrum sind Voraussetzung für eine systematische Arbeitsgestaltung. Dazu werden Schwachstellen ermittelt, Arbeitsanforderungen und -belastungen bestimmt und Arbeitstätigkeiten beschrieben. Darüber hinaus haben Arbeitsanalysen zahlreiche andere Zielsetzungen, z.B. Ermittlung von Eignungsanforderungen.

▶ Ein theoretisches Rahmenmodell zur Analyse und Gestaltung von Arbeitstätigkeiten bietet die soziotechnische Systemtheorie, die – mit wechselseitigen Überschneidungen – ein personales, technisches und organisationales Teilsystem unterscheidet. Die Arbeitsanalyse kann entsprechend dieser Teilsysteme auf unterschiedlichen Ebenen stattfinden.

▶ In Abhängigkeit von der jeweiligen Zielsetzung der Arbeitsanalyse werden unterschiedliche Schrittfolgen eines idealtypischen Vorgehens vorgeschlagen. Entsprechend unterschiedlich sind auch die zur Verfügung stehenden Methoden der Arbeitsanalyse, die von unstandardisierten bis hin zu hochstandardisierten Verfahren reichen. Allerdings gibt es eine Kluft zwischen theoretischen Vorgaben und dem Vorgehen in der Praxis: Arbeitsanalysen folgen oftmals nicht dem idealen Ablaufplan und werden zudem häufig unstandardisiert durchgeführt.

▶ Arbeitsgestaltung geschieht vor allem unter dem psychologischen Blickwinkel der Handlungsspielraumerweiterung. Theoretischer Hintergrund ist neben den Modellen der Kontrollüberzeugung sensu Rotter die Handlungsregulationstheorie. Die Erweiterung des Handlungsspielraumes ist mit der Persönlichkeitsförderung nach Hacker eng verwandt, dessen Konzept der „unvollständigen Tätigkeiten" der Gestaltung von Arbeitstätigkeiten zu Grunde gelegt werden kann. Die wichtigsten Konzepte zur Erweiterung des Handlungsspielraums sind neben Arbeitsgruppen (vgl. Kap. 8) das Job-Rotation, -Enlargement und -Enrichment.

▶ Neben praktischen Barrieren der Arbeitsanalyse und -gestaltung (z.B. Zeit- und Kostenaufwand, Notwendigkeit hoher methodischer Expertise) wird vor allem die Arbeitsanalyse auch konzeptuell kritisiert (z.B. Verfestigung des Status quo, mangelnde Berücksichtigung moderner Arbeitssysteme, wie Tele-, Team-, Projektarbeit). Daher werden neue Konzepte der Arbeitsanalyse gefordert (z.B. strategische Arbeitsanalysen).

Übungsaufgaben

▶ Nach welchen Kriterien und anhand welcher theoretischen Perspektive können Arbeitstätigkeiten analysiert und gestaltet werden?

▶ Was sind die wesentlichen Ziele und Schrittfolgen der Arbeitsanalysen? Wonach unterscheiden sich ihre verschiedenen Methoden und Verfahren?

▶ Warum ist die Erweiterung des Handlungsspielraums eine psychologisch so bedeutsame Dimension der Arbeitsgestaltung? Wie kann dies die relativ größere Wirksamkeit von Maßnahmen des Job-Enrichments erklären?

Weiterführende Literatur

Vertiefung der Verfahren der Arbeitsanalyse: Dunckel (1999).
Vertiefung Arbeitsanalyse und -gestaltung: Ulich (2001,
Kap. 2–6).

Teil V
Verbindung von Wissenschaft und Praxis

Herausforderungen der Arbeits- und Organisationspsychologie (Kap.1)

niedrig

Schwerpunkt

(I) Organisationale Ebene
Organisationsanalyse und -steuerung

Organisationspsychologie

Forschungsaktivitäten (Kap. 14)

Theoretischer Blick (Kap. 2)

Empirisch-analytischer Blick: Organisations-analyse (Kap. 3)

Interventionsorientierter Blick: Organisations-entwicklung (Kap. 4)

mittel

(II) Interindividuelle Ebene
Das Individuum im Kontext mit anderen/der Gruppe

Personalauswahl (Kap. 5)

Personalentwicklung (Kap. 6)

Führung, Macht und Motivierung (Kap. 7)

Gruppen und Gruppen-arbeit (Kap. 8)

Kommunikation und Information (Kap. 9)

Konflikte und Mediation (Kap. 10)

hoch

(III) Individuelle Ebene
Arbeit, Verhalten, Erleben von Individuen in Organisationen/am Arbeitsplatz

Individuen und ihre Entwicklung in Orga-nisationen (Kap. 11)

Bedingungen und Wirkungen von Arbeit (Kap. 12)

Analyse und Gestal-tung von Arbeit (Kap. 13)

Arbeitspsychologie

14 Forschung und Praxis

In den meisten vorangehenden Kapiteln wurden spezifische Forschungserfordernisse formuliert. Im vorliegenden Schlusskapitel werden diese Erfordernisse im Hinblick auf Praxiserfordernisse resümiert. Dazu werden zunächst Wertfragen arbeits- und organisationspsychologischer Forschung sowie Ebenen und Schwerpunkte aktueller Forschungsschwerpunkte dargestellt. Anschließend wird die Analyse der Kluft zwischen Forschung und Praxis mit ihren Ursachen und Überwindungsmöglichkeiten analysiert. Das Kapitel schließt mit der Forderung nach einem Dialog zwischen Forschung und Praxis ab.

Was Sie in diesem Kapitel erwartet

14.1 Wertfragen arbeits- und organisationspsychologischer Forschung

Wertproblematik im Allgemeinen. Häufiges Ziel arbeits- und organisationspsychologischer Forschung im Feld ist, die Leistung der einzelnen Mitarbeiter zu steigern und damit die Produktivität der Organisation zu erhöhen. Humankriterien werden oftmals zur Erreichung der ökonomischen Kriterien instrumentalisiert (vgl. von Rosenstiel, 2003). Daher ist es bei jedem arbeits- und organisationspsychologischen Forschungsprojekt unabdingbar, nicht nur allgemeine ethische Richtlinien psychologischer Forschung zu beachten, sondern

▶ arbeits- und organisationspsychologische Forschung zu hinterfragen,

▶ Normen und Werte zu explizieren, die den Forschungsfragen zu Grunde liegen,

▶ ggf. über ökonomische Ziele hinaus auch psychologischen Zielformulierungen einen eigenständigen Platz zuzuweisen, der letztlich Selbstzweck sein darf.

Um die Frage nach dem Nutzen arbeits- und organisationspsychologischer Forschung zu beantworten, müssen Bewertungskriterien festgelegt werden. Diese sind u.a. Lösung von Praxisproblemen und Fragestellungen aus der Praxis, aber auch allgemeine Erkenntnisgewinne, Mehrung von Grundlagenwissen, innovative Kraft und Anregung neuer Forschungsparadigmen und -zugänge sowie Anregung gesellschaftspolitischer Diskussion (vgl. von Rosenstiel, 2003).

Auftragsforschung. Arbeits- und organisationspsychologische Forschung entsteht u.a. aus Fragestellungen aus der Praxis. Oftmals wird sie durch externe Anfragen, primär aus dem Management von Organisationen, initiiert. Daher stellt sich bei Auftragsforschung in besonderer Weise die Frage, in welchem Dienst die Forschung steht. Ethisch relevante Entscheidungen sind reflektiert zu fällen, z.B. wie man mit unklaren oder differierenden Zielsetzungen umgehen sollte, wie man sich verhalten sollte, wenn offene Evaluationsziele nicht den eigentlichen Interessen entsprechen und es noch verdeckte Ziele des Managements gibt etc.

14.2 Forschungsebenen und -schwerpunkte

Forschungsebenen. Die Arbeits- und Organisationspsychologie dient u.a. dazu, psychologische Probleme und Fragestellungen bei der Arbeit und in Organisationen zu analysieren, sie zu erklären und Beiträge zu ihrer Lösung zu leisten. Zur Erreichung dieser Ziele stehen der Arbeits- und Organisationspsychologie – neben der spezifischen Forschungsform der technologischen Forschung – zwei Forschungsebenen zur Verfügung (Kleinbeck & Przygodda, 1993):

(1) Grundlagenforschung: Theorien, Methoden und Erkenntnisse werden entwickelt, die letztlich das Verständnis für menschliches Handeln in der Arbeitswelt verbessern. Neben der organisationspsychologischen Grundlagenforschung wird dabei auf die allgemeine psychologische Grundlagenforschung zurückgegriffen.

(2) Anwendungsforschung: Techniken werden bereitgestellt, mit deren Hilfe sich praktische Probleme im Arbeitskontext und in Organisationen lösen lassen, wie z.B. Techniken und Methoden zur Gestaltung von Arbeitsbedingungen und ihrer Organisation, zur Beratung und Verhaltensmodifikation (z.B. in Form von Aus-, Fort- und Weiterbildungen) oder auch zur Eignungsdiagnostik, einschließlich der Personalauswahl.

Spannungen zwischen den Forschungsebenen. Es bestehen Spannungen zwischen Grundlagen- und Anwendungsforschung, die auf unterschiedliche Validitäten zurückzuführen sind: Während Grundlagenforschung hoch intern valide ist, hat die Anwendungsforschung den Vorteil einer hohen externen Validität.

Forschungsschwerpunkte. Die Forschungsschwerpunkte seien anhand der Grundstruktur des Buches erläutert: (1) Auf intraindividueller Ebene gibt es relativ viel Forschung, die nah an praktischen Fragestellungen ist, da diese intraindividuelle Ebene in starkem Maße Grundlagenforschung umfasst: Das einzelne Individuum steht im Vordergrund. Laborexperimentelle Methoden sind – etwa im Kontext der Arbeitsplatzgestaltung – oftmals die Methode der Wahl. (2) Auf interindividueller Ebene dominiert ebenfalls die Laborforschung, da in der Praxis zu viele → Moderatorvariablen zu berücksichtigen wären. Es findet sich hier jedoch eine größere Kluft zwischen Theorie und Praxis als auf intraindividueller Ebene. Diese Kluft wird umso größer, je umfassender die Zahl der Moderatorvariablen sowie je komplexer das zu untersuchende System ist, da beides zu kaum mehr zu realisierenden Untersuchungsplänen führen würde. (3) Auf organisationaler Ebene ist die Kluft zwischen Theorie und Praxis am größten. Hierfür gibt es unterschiedliche pragmatische Gründe, die die Forschung vor Ort erschweren (vgl. Kap. 14.3).

Analyse aktueller Forschungsprojekte. Bei Greif und Bamberg (zit. in Schuler, 2004b) finden sich sieben Forschungsschwerpunkte der Arbeits- und Organisationspsychologie: Hiervon zählen vier zur intraindividuellen Ebene (anwendungsorientierte Grundlagenforschung, Analyse von Aufgabentätigkeit und Arbeitsorganisation, Gestaltung von Arbeitsbedingungen und Arbeitstätigkeit, Einstellung zur Arbeit, Wertewandel), zwei zur interindividuellen Ebene (Personalauswahl und Berufseignungsdiagnostik, Personalentwicklung) und nur ein Forschungsschwerpunkt repräsentiert die organisationale Ebene (Organisationsstrukturen und Organisationsprozesse). Dies illustriert, dass es von der Einzelbetrachtungs- zur Systemebene stetig weniger Forschung gibt.

14.3 Ursachen für die Kluft zwischen Theorie und Praxis

Mit zunehmender Komplexität des Forschungsgegenstandes weitet sich die Kluft zwischen praktischen Herausforderungen und empirischer Forschung (vgl. Kap. 14.2). Für diese Kluft sind eine Reihe von Ursachen verantwortlich (vgl. Bungard, 2004; Hoyos & Frey, 1999b).

Finanzielle Barrieren der Drittmittelforschung. Öffentlich-rechtliche Institutionen (z.B. Deutsche Forschungsgemeinschaft, Bundesministerium für Forschung und Technologie) finanzieren vorrangig grundlagenwissenschaftliche Forschung. Anwendungsorientierte Forschung mit spezifischen Problemen → interner Validität, wie sie vor allem auf organisationaler Ebene zu finden ist, ist oftmals auf privatwirtschaftliche Förderung angewiesen. Neben spezifischen Vorteilen (schnellere Bewilligung, größere Freiheiten bei der Studiengestaltung etc.) birgt diese Förderung jedoch Gefahren, allen voran die Gefährdung der unabhängigen Wissenschaftlichkeit.

Gesetzlich geschützter Rahmen. Studien, die innerhalb von Organisationen durchgeführt werden, müssen arbeitsrechtlichen Vorschriften und Bestimmungen genügen, die u.a. im Betriebsverfassungs- und Personalvertretungsgesetz festgeschrieben sind und Informations-, Mitwirkungs- und Mitbestimmungsrechte umfassen (vgl. Kap. 6.5.4). Oftmals scheitert die Durchführung einer Studie an einer mangelnden Genehmigung, oder es kommt zu erheblichen Verzögerungen bis zu ihrer Durchführung.

Unterschiedliche Zeithorizonte. Wissenschaftliche Programme sind zumeist auf mehrere Jahre ausgerichtet, während die praktische Lösung eines Problems in Organisationen so schnell wie möglich (oftmals innerhalb von Wochen) erwartet wird. Daher steht die Anwendungspraxis der Arbeits- und Organisationspsychologie unter hohem Handlungsdruck. Oftmals kann mit Forschungsprojekten jedoch erst begonnen werden, wenn sich die personalen und situativen Rahmenbedingungen in der Organisation bereits entscheidend verändert haben und z.B. durch Vorstandswechsel neue Ansprechpartner vor Ort sind, die nicht an der Vorbereitung des Projekts beteiligt waren.

Methodische Schwierigkeiten. Auf organisationaler Ebene ist die Variablenzahl hoch, so dass die Möglichkeiten ihrer Kontrolle oder Manipulierung sinken. Zudem erreichen Ergebnisse der experimentellen organisationspsychologischen Forschung oftmals nicht ihr Anwendungsfeld.

Motivationale Probleme. Studien in Organisationen bedürfen der Unterstützung durch die an der Untersuchung beteiligten Personen: Sie müssen durch das Management unterstützt werden. Darüber hinaus müssen die Probanden (Mitarbeiter, Führungskräfte etc.) zur Mitarbeit und relativen Offenheit bereit sein, damit z.B. Selbstauskünfte nicht instrumentalisiert gegeben werden. Beides bedarf oftmals aktiver Überzeugungsarbeit.

Anderes soziales Umfeld. Organisationen sind durch ihre Organisationskultur geprägt (vgl. Kap. 3.4). Beispielsweise ist die Sprache im Anwendungsalltag auf Probleme bezogen, während in der Wissenschaft Abstraktion und Verallgemeinerungen zentrale Ziele sind. Feldforscher sind daher darauf angewiesen, sich in einem anderen sozialen Umfeld „zu sozialisieren".

14.4 Forderung nach einem Dialog zwischen Forschung und Praxis

Laut Kaminski (1990) lassen sich psychologische Erkenntnisse prinzipiell auf zwei Forschungswegen erlangen: (1) auf der Basis einer zunächst theoretischen und empirischen, grundlagenorientierten Erschließung des Gegenstandsfeldes, um darauf aufbauend in einem späteren Schritt Interventionen zu entwickeln und umzusetzen, (2) auf der Basis einer Handlungs- bzw. Aktionsforschung, bei der unmittelbar mit eingreifendem Handeln begonnen wird, um ein Interventionsziel zu erreichen.

Vor- und Nachteile. Der Vorteil des systematischen Vorgehens von Grundlagen- zur Anwendungsforschung liegt in einer hohen inhaltlichen und methodischen Absicherung der Interventionen. Darüber hinaus wird auf diese Weise das Problem verringert, dass Grundlagenforschung zwar intern valide, aber nicht auf die Praxis übertragbar ist. Der Forschungsweg der Handlungsforschung wird mit geringerem Aufwand und schnellerem Ergebnis begründet. → Effektivität und Zeitersparnis sind im Kontext organisationalen Geschehens zentrale Bewertungskomponenten. Dennoch ist ein Abwägen notwendig, von Geschwindigkeit und Effektivität einerseits und Absicherung sowie höherem Erkenntnisgewinn andererseits.
Aus den bisherigen Ausführungen lässt sich folgern, dass sich Forschung und Anwendungspraxis der Arbeits- und Organisationspsychologie einander mehr annähern sollten. Dies kann auf beiden Forschungswegen geschehen – durch systematische Forschung wie durch Handlungsforschung.

Systematische Forschung. Diese Forschung folgt dem idealtypischen Vorgehen zur Lösung von Praxisproblemen, etwa bei der Organisationsentwicklung (vgl. Kap. 4.3.2), der Personalentwicklung (vgl. Kap. 6.3.2) oder der Arbeitsanalyse (vgl. Kap. 13.2.2), die zugleich systematische Grundlage der Arbeitsplatzgestaltung ist. In allen Fällen werden auf der Basis von Theorien Bedingungsanalysen durchgeführt, Prognosen erstellt und über Interventionen entschieden, die sodann umgesetzt und evaluiert werden. Beitrag der Forschung kann es sein, diese Schritte im Sinne einer formativen Evaluation zu begleiten, indem sie z.B. anwendungsrelevante Theorien sowie Evaluationskenntnisse zur Verfügung stellt. Ein solches systematisches und wissenschaftlich fundiertes Vorgehen findet sich beim bereits mehrfach herangezogenen Praxisbeispiel von Bungard et al. (1996) (vgl. Kap. 3.2 sowie 4.3.3).

Handlungsforschung. Auch bei der Handlungsforschung können wissenschaftlicher Anspruch und Praxis zusammenlaufen, vor allem, indem Interventionen in der Praxis wissenschaftlich begleitet und evaluiert werden. Dadurch lassen sich Erkenntnisse ableiten, die wiederum in Theorien eingehen und so die Grundlagen befruchten können.

Evaluation. Gemeinsames Bestimmungsstück beider Forschungswege ist somit die wissenschaftliche Evaluation. Dabei sind hier die Begriffe der Evaluation und der Evaluationsforschung gleichzusetzen (vgl. Koch & Wittmann, 1990), denn es geht darum, wissenschaftliche Forschungsmethoden und -techniken explizit einzusetzen, um zu einer Bewertung zu gelangen. Das Evaluationsobjekt kann sehr unterschiedlich sein – es kann z.B. um die Bewertung einer Technik, einer Methode, einer Zielvorgabe, eines Projekts, eines Produkts, eines Systems, einer Struktur oder auch eines Forschungsprogramms in der Organisation gehen (vgl. Bortz & Döring, 2003).

Ziel der wissenschaftlichen Evaluation ist es, diese Evaluationsobjekte zu überprüfen, zu verbessern oder über sie zu entscheiden, z.B. ob ein bestimmtes Training wieder aus dem PE-Programm genommen werden sollte (Wottawa & Thierau, 1990). Dadurch werden

- Handlungsentscheidungen in Organisationen legitimiert,
- Arbeitsfelder der Arbeits- und Organisationspsychologie stabilisiert und
- wissenschaftliche Erkenntnisse erweitert.

Zur Umsetzung des Evaluationsvorhabens steht das Wissens- und Methodenspektrum der allgemeinen qualitativen und quantitativen Methodenlehre zur Verfügung. Hierzu gehören Entscheidungen über das geeignete Analyseniveau und das Untersuchungsdesign, die Wahl der Stichprobe, die Festlegung der Erhebungsmethode, die von Interviews über Fragebögen, Beobachtungen, nichtreaktiven Messverfahren bis hin zu experimentellen Simulationen reichen (vgl. Wottawa & Thierau, 1990). Bei der Realisierung wissenschaftlicher Evaluation in der Praxis sind Barrieren zu überwinden, wie Zeit- und Kostenaufwand, motivationale Barrieren (z.B. Sorge vor negativem Evaluationsergebnis oder Kontrollverlust). Auch werden Ziel-, Kriterien-, Design- und Auswertungsdilemmata diskutiert, die die Validität in Frage stellen (vgl. Bungard et al., 1996). Wege, wie sich diese Barrieren überwinden lassen, zeigen praxisnahe Empfehlungen und Vorbilder (vgl. z.B. Bühner, 2004; Bungard et al., 1996).

> **!**
> Die wechselseitige Annäherung von Forschung und Praxis befördert den Dialog zwischen beiden. Dazu sollte die Forschung ihre Erkenntnisse und Wissensbestände so aufbereiten, dass sie für die Praxis tauglich sind. Und in der Praxis tätige Arbeits- und Organisationspsychologen sollten Fragen an die Wissenschaft und Widrigkeiten bei der Umsetzung von Empfehlungen (z.B. zu Evaluationsvorhaben) mitteilen.

14.5 Kernpunkte und Übungsaufgaben

Kernpunkte

- Arbeits- und Organisationspsychologie ist ein Anwendungsfach, das der Lösung von Problemen und Herausforderungen in der Arbeitswelt und in Organisationen dient. Damit werden Probleme und Fragestellungen „vor Ort" behandelt und gelöst (vgl. Kap. 1.2). Dazu greift das Fach auf eigene umfangreiche Forschung zurück. Diese Forschung ist daher immer wertbezogen. Auch wenn es sich nicht um direkte Auftragsforschung handelt, ist zu hinterfragen, wie Forschungsfragen zustande kommen, wem die Forschung nutzt, welche Normen und Werte den Fragen zu Grunde liegen und auf welche Ziele sie letztlich ausgerichtet sind.
- Grundlagen- und Anwendungsforschung der Arbeits- und Organisationspsychologie stehen in einem Spannungsverhältnis zueinander, da sie auf unterschiedlichen Validitäten beruhen. Grundlagenforschung ist vor allem auf Arbeitsebene und somit auf intraindividueller Ebene von Organisationen angesiedelt. Hierzu gibt es am meisten Forschung. Auf organisationaler Ebene existiert hingegen am wenigsten Forschung. Hier ist die Kluft zwischen Praxis und Forschung am größten.
- Für die Kluft zwischen Forschungstheorie und Praxis sind unterschiedliche Ursachen verantwortlich, z.B. finanzielle Barrieren der Drittmittelforschung, Organisationen als gesetz-

lich geschützter Rahmen, unterschiedliche Zeithorizonte und soziale Umfelder in Forschung und Praxis, methodische und motivationale Schwierigkeiten.

► Zur Überwindung dieser Kluft wird die Vertiefung des Dialogs zwischen Forschung und Praxis gefordert. Ein wesentlicher Brückenschlag kann hierzu die wissenschaftliche Evaluation von Praxisprojekten sein, die Teil des in diesem Buch oftmals spezifizierten systematischen und theoriegeleiteten Vorgehens zur Lösung praktischer Probleme ist.

Übungsaufgaben

► Welche ethischen Fragestellungen sind bei der arbeits- und organisationspsychologischen Forschung „vor Ort" relevant, und wie ist mit ihnen umzugehen?

► Welche Forschungsschwerpunkte lassen sich innerhalb der Arbeits- und Organisationspsychologie unterscheiden, und welche Gründe sind für die unterschiedliche Quantität an Forschung verantwortlich?

► Wie lässt sich der Dialog zwischen Forschung und Praxis fördern?

Weiterführende Literatur

Wissenschaftliches Vorgehen in der Praxis: Bungard et al. (1996).

Glossar

In diesem Glossar sind nur jene primär wirtschaftswissenschaftlichen und statistischen Fachbegriffe erklärt, die nicht explizit im Text definiert sind.

Akzeptanz von Tests: Inwiefern wird der Test von denen akzeptiert, die mit seiner Hilfe untersucht werden? Entspricht der Test gesellschaftlichen Normen und Werten?

Augenscheinvalidität: Einfachste, aber am schlechtesten nachprüfbare Form der → Validität. Sie meint die offensichtliche Plausibilität einer Untersuchung bzw. eines Verfahrens (z.B. eines Tests). Dabei macht der Test für den zu Untersuchenden den Eindruck, plausibel und somit valide zu sein. Literatur: Albert, R. & Koster, C.J. (2002). Empirie in Linguistik und Sprachlehrforschung. Tübingen: Narr.

Behavior setting: Umweltausschnitt, der durch charakteristische uniforme Verhaltensmuster und Normen gekennzeichnet ist. Diese werden durch die Teilnehmer nach einem Programm abgewickelt und auf die Umgebung abgestimmt. Literatur: Hellbrück, J. & Fischer, M. (1999). Umweltpsychologie. Göttingen: Hogrefe.

Bombenwurf-Strategie: Grundlegende Entscheidungen über einen organisationalen Wandel werden vom Management getroffen und ohne jegliche Vorbereitungs- oder Diskussionszeit unter hohem Zeitdruck angeordnet. Häufig verwendete Konzepte sind das → Lean Management, das → Total Quality Management oder das → Business Reengineering. Literatur: von Rosenstiel, L. (2003). Grundlagen der Organisationspsychologie. Stuttgart: Schäffer-Poeschel.

Business Reengineering: Schlagwort für grundlegendes Überdenken von Unternehmensstrukturen und radikales Redesign wesentlicher Unternehmensprozesse. Die grundlegenden Veränderungen dienen dazu, veränderten Anforderungen des Marktes (höhere Kundenanforderungen, verschärfter Wettbewerb, ständiger Wandel) gerecht zu werden. Gemeinsame Elemente aller Strategien des Business Reengineering sind: Zusammenfassung von Positionen (Mitarbeiter arbeiten nicht in einzelnen Fachressorts, sondern in Prozessteams), Linearisierung (i.S. einer Beschleunigung des Arbeitsablaufs werden mehrere zuvor sukzessive Arbeitsgänge nun simultan durchgeführt), Einsatz moderner Informationstechnologie, mehr Eigenverantwortung für die Mitarbeiter und weniger Überwachungs- und Kontrollbedarf (Veränderung von Führungsstrukturen und Hierarchieabbau). Literatur: Hammer, M. & Champy, J. (1996). Business reengineering. Frankfurt a.M.: Campus. Wank, R. (1995). Lean Management und Business Reengineering aus arbeitsrechtlicher Sicht. Stuttgart: Schäffer-Poeschel.

Change Management (Veränderungsmanagement): Oberbegriff für Managementstrategien, die aufgrund von Umstrukturierungen, Reorganisationsmaßnahmen, Um- oder Ausgründungen tiefgreifende Veränderungen in der Organisationsstruktur mit sich bringen. Strategien des Change Managements sind auf einen hohen Zielerreichungsgrad und positive Evalua-tionen der Maßnahmen, Ergebnisse und Folgen ausgerichtet. Die Evaluationen finden durch einflussreiche Schlüsselpersonen und -gruppen innerhalb und außerhalb der Organisation (insbesondere der Auftraggeber) statt. Idealerweise beurteilen alle relevanten Personen die Veränderung übereinstimmend als „Erfolg". Literatur: Greif, S., Runde, B. & Seeberg, I. (2004). Erfolge und Misserfolge beim Change Management. Göttingen: Hogrefe.

Cluster-Organisation: Teamorientierte Organisation mit strategischem Leitungsteam und einander überlappenden technischen und operationalen Teams. Literatur: Weinert, A.B. (2004). Organisations- und Personalpsychologie. Weinheim: Beltz PVU.

Corporate Identity: Nach innen und außen kommuniziertes Erscheinungsbild eines Unternehmens bezüglich Selbstdarstellung und Verhaltensweise. Es ist Ausdruck einer in die Unternehmensphilosophie bzw. -strategie integrierten Kommunikationsstrategie. Voraussetzung für Corporate Identity ist Klarheit bezüglich Geschäftsprozessen, Produkten und Dienstleistungen sowie Strukturen. Ein umfassendes Corporate Identity-Konzept umfasst alle Kommunikationsmittel eines Unternehmens (z.B. Public Relations, Werbung und Gebäudebeschriftung). Es dient dazu, dem Unternehmen eine unverwechselbare und positive Unternehmensidentität zu verleihen und sich somit von Konkurrenzunternehmen abzugrenzen. Literatur: Pepels, W. (Hrsg.). (2002). Das neue Lexikon der BWL. Berlin: Cornelsen. Sellien, R. (Hrsg.). (1988). Gabler Wirtschaftslexikon. Wiesbaden: Gabler. Thommen, J.-P. (2002). Betriebswirtschaftslehre. Zürich: Versus.

Critical Incident Technique (Methode der kritischen Ereignisse): Halbstandardisiertes Verfahren der Arbeitsanalyse; von Flanagan entwickelt und von ihm erstmals 1954 vorgestellt. Es basiert auf der Annahme, dass bestimmte Verhaltensweisen (bzw. „kritische Ereignisse") im Hinblick auf ein bestimmtes Ziel als besonders erfolgreich oder nicht erfolgreich klassifizierbar sind. Dazu wird die befragte Person aufgefordert, aus dem eigenen Erlebnisbereich über wichtige „kritische" Ereignisse in der Vergangenheit zu berichten. Von besonderem Interesse in der Praxis sind wiederkehrende und unverzichtbare Arbeitsinhalte, die z.B. in einer Führungsposition zum Erfolg führen. Literatur: Becker, M. (2002). Personalentwicklung. Stuttgart: Schäffer-Poeschel. Flanagan, J.G. (1954). The critical incident technique. Psychological Bulletin, 51, 327–358. Sellien, R. (Hrsg.). (1988). Gabler Wirtschaftslexikon. Wiesbaden: Gabler.

Effektivität: „Die richtigen Dinge tun." Beispiel: Man möchte schneller von A nach B kommen und nimmt dazu ein geeignetes Fahrzeug. Literatur: Birker, K. (2000). Einführung in die Betriebswirtschaftslehre: Grundbegriffe, Denkweisen, Fachgebiete. Berlin: Cornelsen.

Effizienz: „Die Dinge richtig tun." Beispiel: Man möchte schneller von A nach B kommen und läuft dazu schneller. Literatur: Birker, K. (2000). Einführung in die Betriebswirtschaftslehre: Grundbegriffe, Denkweisen, Fachgebiete. Berlin: Cornelsen.

Empowerment: Partizipatives Management, bei dem den Mitarbeitern bewusst mehr Entscheidungsbefugnisse zur Aufgabenerledigung übertragen werden. Geteilt werden Macht, Einfluss oder Kontrolle. Dazu werden Entscheidungsbefugnisse und Ressourcen von der Führungskraft zu den Mitarbeitern gegeben. Motivationale Grundlagen sind Verantwortungsübernahme und das Bedürfnis nach Selbstbestimmung. Literatur: Becker, M. (2002). Personalentwicklung. Stuttgart: Schäffer-Poeschel.

Externe Validität: Eine Form der → Validität, die erfasst, inwieweit die Ergebnisse einer Untersuchung (z.B. eines Tests) auf andere als die untersuchten Situationen, Zeitpunkte und Populationen generalisierbar sind. Sie umfasst daher die Messung an einem Außenkriterium, weshalb i.S. Brunswicks auch von „ökologischer Validität" gesprochen wird. Die externe Validität sinkt, je unnatürlicher die Untersuchungsbedingungen sind und je weniger repräsentativ die untersuchte Stichprobe für die Grundgesamtheit ist. Sie wächst mit zunehmender Natürlichkeit der Untersuchungssituation (ökologische Validität) und wachsender Repräsentativität der untersuchten Stichprobe. Literatur: Bortz, J. (2005). Statistik für Human- und Sozialwissenschaftler. Berlin: Springer. Bortz, J. & Döring, N. (2003). Forschungsmethoden und Evaluation für Human- und Sozialwissenschaftler. Berlin: Springer.

Horizontale Organisation: Organisationsform moderner Organisationsdesigns. Statt traditioneller vertikaler Struktur mit verschiedenen Funktionseinheiten existiert eine horizontale Struktur mit Teams, die um Kernprozesse und nicht in Funktionseinheiten angeordnet sind. Literatur: Weinert, A.B. (2004). Organisations- und Personalpsychologie. Weinheim: Beltz PVU.

Impression Management (Eindrucksmanagement): Strategische Selbstdarstellung, die dazu dient, den Eindruck, den man bei anderen Personen auslöst, zu steuern. Die Selbstdarstellung kann unterschiedlichen Zielen dienen, z.B. sich bei anderen einzuschmeicheln, andere einzuschüchtern, eigene Fähigkeiten hervorzuheben etc. Der Begriff geht ursprünglich auf Goffman zurück. Literatur: Bierhoff, H.-W. & Herner, M.J. (2002). Begriffswörterbuch Sozialpsychologie. Stuttgart: Kohlhammer. Goffman, E. (1959). The presentation of self in everyday life. New York: Doubleday.

Interaktionsgerechtigkeit: Form der Gerechtigkeit. Sie ist spezifischer als die → Verfahrensgerechtigkeit. Sie wurde von Folger 1996 eingeführt und bezieht sich auf die Implementation von Verfahrensgerechtigkeit innerhalb einer Gruppe von Personen bzw. zwischen Personengruppen, z.B. als Einhaltung von Höflichkeitsreden. Literatur: Folger, R. (1996). Distributive and procedural justice: Multifaceted meanings and interrelations. Social Justice Research, 9, 395–416.

Interne Validität: Eine Form der → Validität, die erfasst, inwiefern die Ergebnisse einer Untersuchung (z.B. eines Tests) in sich logisch eindeutig interpretierbar sind – im Hinblick auf die zu prüfenden Hypothesen. Die interne Validität sinkt mit der Anzahl plausibler Alternativerklärungen für das Ergebnis aufgrund nicht kontrollierter Störvariablen. Literatur: Bortz, J. (2005). Statistik für Human- und Sozialwissenschaftler. Berlin: Springer. Bortz, J. & Döring, N. (2003). Forschungsmethoden und Evaluation für Human- und Sozialwissenschaftler. Berlin: Springer.

Interraterreliabilität: Eine Form der → Reliabilität, die den Genauigkeitsgrad (bzw. die Zuverlässigkeit) eines Maßes oder Tests erfasst, der sich rechnerisch ergibt, wenn die Bewertungen durch zwei oder mehr Beurteiler vorgenommen werden.

Kriteriumsvariable (bzw. Kriterium): Abhängige Variable in Korrelations- und Regressionsanalysen oder Merkmal, das mit einem psychologischen Test vorhergesagt werden soll (z.B. Berufseignung, Schulreife). Die → Validität eines Tests wird als Korrelation des Testergebnisses mit dem Kriterium ermittelt (Kriteriumsvalidität). Literatur: Bortz, J. & Döring, N. (2003). Forschungsmethoden und Evaluation für Human- und Sozialwissenschaftler. Berlin: Springer.

KVP-Team: Kontinuierlicher Veränderungsprozess. Hergeleitet aus dem Japanischen, wo er dem KAIZEN-Gedanken entspricht (Kai = Veränderung; Zen = zum Besseren). Demzufolge verändert sich die Welt ständig, so dass alles menschlich Geschaffene im Hinblick auf seine Dauerhaftigkeit in Frage gestellt werden muss. Dieser Gedanke wurde zur Unternehmensphilosophie i.S. einer Perfektionierung aller Unternehmensbereiche. Einige Automobilunternehmen realisieren Ansätze des → Total Quality Managements (TQM), die sie oft mit KVP gleichsetzen bzw. bei denen KVP als wichtiges Element betrachtet wird. Der Begriff des KVP-Teams wird zudem seit den 1990er Jahren im Zusammenhang mit dem → Lean Management benutzt. Literatur: Becker, M. (2002). Personalentwicklung. Stuttgart: Schäffer-Poeschel. Imai, M. (1994). Kaizen. München: Wirtschaftsverlag Langen-Müller-Herbig. Schuler, H. (Hrsg.). (2004). Lehrbuch Organisationspsychologie. Bern: Huber.

Lean Management: Abflachung von Hierarchien als Teilbereich des → Lean Productions. Dadurch sollen Entscheidungsprozesse beschleunigt und unnötige Abstimmungswege vermieden werden. Fach- und Führungslaufbahnen werden getrennt. Fachlich qualifizierte Mitarbeiter erhalten im Rahmen der Fachlaufbahn Aufstiegschancen (z.B. als Referenten, Sach- oder Fachgebietsleiter), ohne dass ihnen notwendigerweise weitere Mitarbeiter zugeordnet werden. In der Führungslaufbahn werden hauptsächlich Aufgaben der Personalführung wahrgenommen. Literatur: Wank, R. (1995). Lean Management und Business Reengineering aus arbeitsrechtlicher Sicht. Stuttgart: Schäffer-Poeschel.

Lean Production („schlanke Produktion"): Aus Japan stammendes betriebswirtschaftliches Prinzip der schlanken und effizienten Produktion. Der Begriff geht zurück auf eine große Vergleichsstudie am MIT (Massachusetts Institute of Technology) in der Automobilindustrie. Es bezeichnet ein von Toyota nach dem Krieg entwickeltes Produktionssystem, bei dem alle nicht wertschöpfenden Prozesse im Produktionsprozess auf ein unverzichtbares Minimum reduziert werden. Berücksichtigt werden z.B. Liege- und Leerzeiten, Material- und Raumvergeudung, Fehlzeiten, Fluktuation. Üblicherweise umfasst das

Lean Production folgende Gestaltungsprinzipien: Fremdverga-be von Aufgaben (→ Outsourcing), Qualitätsstreben, geringe Fertigungstiefe, Just-in-time-Lieferung, Gruppenarbeit und flache Hierarchien. Literatur: Thommen, J.-P. (2002). Betriebswirtschaftslehre. Zürich: Versus. Wank, R. (1995). Lean Management und Business Reengineering aus arbeitsrechtlicher Sicht. Stuttgart: Schäffer-Poeschel. Wiendieck, G. (1994). Arbeits- und Organisationspsychologie. Berlin/München: Quintessenz.

Management by Objectives: Führen durch Zielvereinbarungen. Das Grundprinzip lautet, Ziele in Unternehmen zu etablieren, die zielführenden Handlungen und Entscheidungen jedoch den beauftragten Personen zu überlassen. Literatur: Pepels, W. (Hrsg.). (2002). Das neue Lexikon der BWL. Berlin: Cornelsen.

Management by Reinforcement: Führen durch Anerkennung, materielle Belohnung (z.B. leistungsorientierte Entgeltsysteme, Bonus-Programme) etc.

Moderatorvariable: Variable, die den kausalen Zusammenhang zwischen → Prädiktor- und → Kriteriumsvariable beeinflusst bzw. erklärt.

Netzwerkdesign: Sehr flexible Organisationen, die von den Mechanismen des Markts kontrolliert werden. Die üblichen Organisationsebenen fehlen, stattdessen existieren innerhalb der Organisation Teams und geschäftliche Netzwerke. Literatur: Weinert, A.B. (2004). Organisations- und Personalpsychologie. Weinheim: Beltz PVU.

Objektivität: Objektivität i.S. des Gütekriteriums eines Tests oder Fragebogens meint Unabhängigkeit von der Person des Testanwenders: Kommen verschiedene Testleiter bei der Datengewinnung, Auswertung und Interpretation des Tests bei gleichen Personen zu gleichen Ergebnissen? Es werden Durchführungs-, Auswertungs- und Interpretationsobjektivität voneinander unterschieden. Literatur: Bortz, J. & Döring, N. (2003). Forschungsmethoden und Evaluation für Human- und Sozialwissenschaftler. Berlin: Springer.

Ökologische Validität: s. → externe Validität

Organisation ohne Grenzen: Organisation ohne vertikale und horizontale Grenzen und mit wenig Barrieren zwischen Organisation und Umfeld (z.B. Lieferanten). Literatur: Weinert, A.B. (2004). Organisations- und Personalpsychologie. Weinheim: Beltz PVU.

Outsourcing (Auslagerung): Wirtschaftlich begründete Auslagerung i.S. des externen Bezugs bislang selbst produzierter Leistungen. Man erhofft sich dadurch höhere Flexibilität, reduzierte Kosten sowie eine Konzentration auf Kernkompetenzen der Organisation. In der Praxis wird insbesondere die computergestützte Informationsverarbeitung an Fremdunternehmen übertragen. Outsourcing ist ein übliches Gestaltungsprinzip der → Lean Production. Literatur: Corsten, H. & Becker, J. (Hrsg.). (1999). Betriebswirtschaftslehre. München: Oldenbourg. Wendt, B. (1993). Gabler Wirtschaftslexikon. Wiesbaden: Gabler.

Potentialanalyse bzw. -beurteilung: Einschätzung der Qualifikationsreserven von Mitarbeitern zum Beurteilungszeitpunkt.

Die Beurteilung ist u.a. Grundlage von Nachfolge- und Karriereplanung. Literatur: Becker, M., Schwarz, V. & Schwertner, A. (Hrsg.). (2002), Theorie und Praxis der Personalentwicklung. München: Hampp.

Prädiktorvariable (bzw. Prädiktor): Unabhängige Variablen in Korrelations- und Regressionsanalysen und somit Variablen, die zur Vorhersage eingesetzt werden (z.B. personale Variablen als Prädiktoren von Führungserfolg). Literatur: Bortz, J. & Döring, N. (2003). Forschungsmethoden und Evaluation für Human- und Sozialwissenschaftler. Berlin: Springer.

Praktikabilität (bzw. Ökonomie) von Tests: Übersteigt der erzielte Nutzen des Tests die mit seinem Einsatz verbundenen Kosten? Rechtfertigt der Ertrag den Aufwand?

Prozessberatung: Spezifische Form der Beratung. Sie ist Bestandteil der Prozessintervention als Maßnahme der Organisationsentwicklung. Der Berater unterstützt eine Gruppe von Personen bei der Analyse und dem Verständnis von Prozessen in der Organisation und der Entwicklung und Umsetzung von Handlungsentscheidungen. Ziel ist die Hinführung zur Selbstdiagnose. Somit hat der Berater lediglich unterstützende Funktion bei der Bestimmung und Lösung der Probleme des Klienten. Der Berater initiiert Lernprozesse. Während sich der Berater mit seinen Interventionen auf den Prozess bezieht, ist der Klient hingegen Experte für die inhaltliche Bestimmung und Lösung des Problems. Literatur: Kauffeld, S. (2001). Teamdiagnose. Göttingen: Verlag für Angewandte Psychologie. Schuler, H. (Hrsg.). (2004). Lehrbuch Organisationspsychologie. Bern: Huber.

Prozessketten: Allgemeine Serie von Handlungen, Tätigkeiten oder Verrichtungen zur Schaffung von Produkten oder Dienstleistungen. Durch die Aktivitäten wird ein Input (Quelle) in einen Output (Leistung) überführt. Dabei sind Eingabe, Wertschöpfung und Ausgabe quantifizierbar. Prozessketten in Unternehmen werden von Prozessketten zu den Märkten unterschieden. Literatur: Birker, K. (2000). Einführung in die Betriebswirtschaftslehre: Grundbegriffe, Denkweisen, Fachgebiete. Berlin: Cornelsen. Pepels, W. (Hrsg.). (2002). Das neue Lexikon der BWL. Berlin: Cornelsen.

Reliabilität: Gütekriterium eines Tests oder Fragebogens, das seine Genauigkeit angibt und somit berücksichtigt, wie stark die Messwerte durch Störeinflüsse und Fehler belastet sind: Wie zuverlässig misst ein Verfahren (z.B. ein Test) das, was es zu messen vorgibt? Um die Reliabilität eines Erhebungsinstruments empirisch abzuschätzen, werden vor allem vier Techniken eingesetzt: Testhalbierungsmethode (Split-Half-Reliabilität), Testwiederholungsmethode (Retest-Reliabilität), Paralleltestmethode und interne Konsistenz. Literatur: Bortz, J. & Döring, N. (2003). Forschungsmethoden und Evaluation für Human- und Sozialwissenschaftler. Berlin: Springer.

Seating behavior: Ausschnitt des Sitzverhaltens (z.B. bei Besprechungen, Teamsitzungen), das durch uniforme Verhaltensmuster gekennzeichnet ist.

Stundenglas-Organisation: Ein kleines Team aus Führungskräften koordiniert die Arbeit vieler Mitarbeiter. Die mittlere Führungsebene fehlt. Literatur: Weinert, A.B. (2004). Organisations- und Personalpsychologie. Weinheim: Beltz PVU.

Tavistock-Gruppe: Effizientes Arbeitsorganisationsbeispiel des Tavistock-Instituts im britischen Kohlebergbau. Das Londoner Tavistock-Institut entwickelte Möglichkeiten zur Verringerung der Arbeitsteilung durch Arbeitsgruppen. Sie bilden den Kern der humanistisch ausgerichteten neuen Formen der Arbeitsgestaltung. Aus den empirischen Ergebnissen und Erfahrungen des Instituts entstand der soziotechnische Systemansatz des Tavistock-Instituts (vgl. Kap. 2.5). Literatur: Schuler, H. (2004). Lehrbuch Organisationspsychologie. Bern: Huber.

Taylorismus: Der Ingenieur Frederik W. Taylor (1856–1915) optimierte Arbeitsprozesse auf der Basis wissenschaftlicher Zeit- und Bewegungsstudien i.S. der Partialisierung. Typisch war dabei die Trennung von Kopf- und Handarbeit. Literatur: Taylor, F.W. (1911). The principles of scientific management. London: Harper & Brothers.

Total Quality Management (TQM): Ein auf das ganze Unternehmen ausgerichtetes Managementsystem zur Erreichung aller erforderlichen Qualitätsziele. Qualitätsverantwortung wird flächendeckend in allen Organisationseinheiten eingeführt. Dazu werden praktisch alle Funktionsbereiche der Unternehmung einbezogen. Total Quality Management wird in ein technisch und ein sozial orientiertes Teilsystem unterschieden: Das technisch ausgerichtete Teilsystem umfasst die aktive qualitätsorientierte Vorgehensweise des Managements, die stark ausgeprägte Orientierung am Kunden, die Prozessorientierung und das Beschaffungs-Qualitätsmanagement. Das soziale Teilsystem umfasst die Ausrichtung aller Mitarbeiter auf den Zielkomplex des Total Quality Managements und die Aufrechterhaltung eines fortlaufenden Prozesses des Bemühens um Verbesserungen. Literatur: Lück, W. (2004). Lexikon der Betriebswirtschaft. München: Oldenbourg.

Toyotismus: Durchrationalisierte Formen der Gruppenarbeit. Diese wurden in der japanischen Automobilindustrie („Toyota") entwickelt und verwirklicht.

Validität: Korrelation eines Tests oder Fragebogens mit einem Kriterium: Inwiefern misst ein Verfahren bzw. eine Untersuchung (z.B. ein Test) das, was es zu messen vorgibt? Zentrale Gütekriterien einer Untersuchung sind die → interne und → externe Validität. Literatur: Bortz, J. & Döring, N. (2003).

Forschungsmethoden und Evaluation für Human- und Sozialwissenschaftler. Berlin: Springer.

Verfahrensgerechtigkeit (prozedurale Gerechtigkeit): Subjektiv wahrgenommene Gerechtigkeit von Entscheidungsverfahren (z.B. Entscheidungen in Unternehmen, Behörden, Vereinen): Unter welchen Bedingungen wird das Zustandekommen eines Ergebnisses und damit das Verfahren selbst als gerecht erlebt? Ein als gerecht empfundenes Verfahren erhöht die Wahrscheinlichkeit der Akzeptanz auch ungünstiger Entscheidungen („just procedure effect"). Leventhal definiert folgende sechs prozedurale Regeln von Verfahrensgerechtigkeit: 1. Konsistenz der Regelanwendung (Konsistenzregel), 2. Unvoreingenommenheit der entscheidenden Personen (Regel zur Vermeidung von Verzerrungen), 3. Korrigierbarkeit von Entscheidungen (Korrigierbarkeitsregel), 4. Genauigkeit i.S. der Nutzung aller Informationen (Genauigkeitsregel), 5. Repräsentativität i.S. des Einbezugs aller Interessen (Repräsentativitätsregel) sowie 6. ethische Rechtfertigung (Ethikregel). Literatur: Leventhal, G.S. (1980). What should be done with equity theory? New approaches to the study of fairness in social relationships. In K.J. Gergen, M.S. Greenberg & R.H. Willis (Eds.), Social exchange: Advances in theory and research (pp. 27–55). New York: Plenum Press. Montada, L. & Kals, E. (2001). Mediation. Weinheim: Beltz PVU.

Verteilungsgerechtigkeit: Subjektiv wahrgenommene Gerechtigkeit der Verteilung knapper Ressourcen: Nach welchen Kriterien werden die Ressourcen verteilt? Wer hat welche Gewinne, wer welche Verluste? Die Anwendung unterschiedlicher Kriterien und Gerechtigkeitsprinzipien ist möglich, z.B. des Equity-Prinzips, bei dem ein faires Verhältnis von geleistetem Beitrag und erzieltem Ertrag angestrebt wird, aber auch Anwendungen anderer Prinzipien, wie Gleichheits-, Leistungs- oder Bedürfnisprinzip. Literatur: Leventhal, G.S. (1980). What should be done with equity theory? New approaches to the study of fairness in social relationships. In K.J. Gergen, M.S. Greenberg & R.H. Willis (Eds.), Social exchange: Advances in theory and research (pp. 27–55). New York: Plenum Press.

Volvoismus: Die schwedische Automobilfirma („Volvo") gilt als Pionier der Verwirklichung von teilautonomen Arbeitsgruppen, die komplexe Aufgaben ausführen.

Abkürzungen

AG	Arbeits(platz)gestaltung	**PE**	Personalentwicklung
CIT	Critical Incidence Technique	**P-E-Fit**	Person-Environment-Fit
OA	Organisationsanalyse	**RHIA**	Analyse der Regulationshindernisse der Arbeitstätigkeit
FAA	Fragebogen zur Arbeitsanalyse		
HRM	Human Resource Management	**SAA**	Fragebogen zur subjektiven Arbeitsanalyse
KVP	Kontinuierlicher Verbesserungsprozess (KVP-Teams)	**TAI**	Tätigkeitsanalyseinventar
		TBS	Tätigkeitsbewertungssystem
OE	Organisationsentwicklung	**TQM**	Total Quality Management
PA	Personalauswahl	**VERA**	Verfahren zur Ermittlung von Regulationserfordernissen in der Arbeitstätigkeit

Sachwortverzeichnis

Literatur

Antoni, C.H. (1996). Teilautonome Arbeitsgruppen. Weinheim: Beltz PVU.

Becker, H. & Langosch, I. (2002). Produktivität und Menschlichkeit. Organisationsentwicklung und ihre Anwendung in der Praxis. Stuttgart: Enke.

Becker, M. (1993). Personalentwicklung. Die personalwirtschaftliche Herausforderung der Zukunft. Bad Homburg: Gehlen.

Becker, M. (2002). Personalentwicklung. Bildung, Förderung und Organisationsentwicklung in Theorie und Praxis. Stuttgart: Schäffer-Poeschel.

Becker, M. & Schwarz, V. (2002). Personalentwicklung in Theorie und Praxis. Forschungsstand und weiterführende Forschungsfragen. In M. Becker, V. Schwarz & A. Schwertner (Hrsg.), Theorie und Praxis der Personalentwicklung (S. 6–44). München: Hampp.

Bender, N. & Gallenmüller, J. (1993). Training kommunikativer Kompetenz. In R. Wakenhut (Hrsg.), Materialien zur innerbetrieblichen Kommunikation (Eichstätter Berichte zur Wirtschaftspsychologie Nr. 7). Eichstätt: Katholische Universität Eichstätt-Ingolstadt.

Bortz, J. & Döring, N. (2003). Forschungsmethoden und Evaluation für Human- und Sozialwissenschaftler. Berlin: Springer.

Brandstätter, V. (1999). Arbeitsmotivation und Arbeitszufriedenheit. In C. Hoyos & D. Frey (Hrsg.), Arbeits- und Organisationspsychologie (S. 344–357). Weinheim: Beltz PVU.

Brodbeck, F.C. & Frey, D. (1999). Gruppenprozesse. In C. Hoyos & D. Frey (Hrsg.), Arbeits- und Organisationspsychologie (S. 358–372). Weinheim: Beltz PVU.

Bühner, M. (2004). Einführung in die Test- und Fragebogenkonstruktion. München: Pearson Studium.

Bungard, W. (2004). Probleme anwendungsbezogener organisationspsychologischer Forschung. In H. Schuler (Hrsg.), Organisationspsychologie (S. 107–128). Bern: Huber.

Bungard, W. & Antoni, C.H. (2004). Gruppenorientierte Interventionstechniken. In H. Schuler (Hrsg.), Organisationspsychologie (S. 377–404). Bern: Huber.

Bungard, W., Holling, H. & Schultz-Gambard, J. (1996). Methoden der Arbeits- und Organisationspsychologie. Weinheim: Beltz PVU.

Büssing, A. (2004). Organisationsdiagnose. In H. Schuler (Hrsg.), Organisationspsychologie (S. 445–479). Bern: Huber.

Chmiel, N. (Ed.). (2000). Introduction to work and organizational psychology. A European perspective. Oxford: Blackwell Publishers.

Dunckel, D. (Hrsg.). (1999). Handbuch psychologischer Arbeitsanalyseverfahren. Zürich: vdf Hochschulverlag an der ETH.

Elke, G. (1999). Organisationsentwicklung: Diagnose, Intervention und Evaluation. In C. Hoyos & D. Frey (Hrsg.), Arbeits- und Organisationspsychologie (S. 449–467). Weinheim: Beltz PVU.

Eyer, E. (2000). Wirtschaftsmediation als Weg zu neuen Arbeitszeit- und Entgeltsystemen. In C. Antoni, E. Eyer & J. Kutscher (Hrsg.), Das flexible Unternehmen. Arbeitszeit, Gruppenarbeit, Entgeltsystem. Düsseldorf: Symposien (Kap. 06.12).

Fischer, L. & Wiswede, G. (2002). Grundlagen der Sozialpsychologie. München: Oldenbourg.

Frank, R.H., Gilovich, T. & Regan, D.T. (1993). Does studying economics inhibit cooperation? Journal of Economic Perspectives, 7, 159–171.

Frey, D. (2004). Psychologie und Wirtschaft: eine Erfolgsstory. Psychologie heute, 10, 71–72.

Frey, D., von Rosenstiel, L. & Hoyos, C. (Hrsg.). (2005). Wirtschaftspsychologie. Weinheim: Beltz PVU.

Frey, S., Bente, G. & Frenz, H.-G. (2004). Analyse von Interaktionen. In H. Schuler (Hrsg.), Organisationspsychologie (S. 353–375). Bern: Huber.

Frieling, E. (1999). Arbeitsanalyse und Arbeitsgestaltung. In C. Hoyos & D. Frey (Hrsg.), Arbeits- und Organisationspsychologie (S. 468–487). Weinheim: Beltz PVU.

Frieling, E. & Sonntag, K. (1999). Lehrbuch Arbeitspsychologie. Bern: Huber.

Gallenmüller-Roschmann, J. & Maus, D. (2005). Finanzpsychologie. Beitrag in E. Spieß, Wirtschaftspsychologie (S. 191–205). München: Oldenbourg.

Gasch, B. (1989). Führungskonzeptionen. In J. Goller, H. Maack & B.W. Müller-Hedrich (Hrsg.), Verwaltungsmanagement (Bd. 3, Abschnitt C 3.1, S. 1–17). Stuttgart: Raabe.

Gebert, D. (1981). Belastung und Beanspruchung in Organisationen. Stuttgart: Poeschel.

Gebert, D. (2004). Interventionen in Organisationen. In H. Schuler (Hrsg.), Organisationspsychologie (S. 481–494). Bern: Huber.

Geiselhart, H. (2001). Das lernende Unternehmen im 21. Jahrhundert. Wiesbaden: Gabler.

Greif, S. (2004). Geschichte der Organisationspsychologie. In H. Schuler (Hrsg.), Organisationspsychologie (S. 15–48). Bern: Huber.

Hacker, W. (1998). Allgemeine Arbeitspsychologie. Bern: Huber.

Hacker, W. (1999). Neue Arbeitsformen – neue Beanspruchungsformen? In M. Kastner (Hrsg.), Gesundheit und Sicherheit in neuen Arbeits- und Organisationsformen (S. 79–89). Herdecke: MAORI.

Hager, B. (2003). Führen durch Zielvereinbarung. In W. Vogelauer & M.E. Risak (Hrsg.), Management-Handbuch für Führungskräfte (Kap. II, S. 23–48). Wien: Manz.

Hellbrück, J. & Fischer, M. (1999). Umweltpsychologie. Göttingen: Hogrefe.

Hoff, E.-H. (1994). Arbeit und Sozialisation. In K.A. Schneewind (Hrsg.), Psychologie der Erziehung und Sozialisation (S. 525–552). Göttingen: Hogrefe.

Hoffmann, W.K.H. (2003). Macht im Management. Zürich: vdf Hochschulverlag.

Holling, H. & Liepmann, D. (2004). Personalentwicklung. In H. Schuler (Hrsg.), Organisationspsychologie (S. 285–316). Bern: Huber.

Holling, H. & Müller, G.F. (2004). Theorien der Organisationspsychologie. In H. Schuler (Hrsg.), Organisationspsychologie (S. 49–69). Bern: Huber.

Hoyos, C. & Frey, D. (Hrsg.). (1999). Arbeits- und Organisationspsychologie. Weinheim: Beltz PVU.

Hoyos, C. & Frey, D. (1999b). Einführung. In C. Hoyos & D. Frey (Hrsg.), Arbeits- und Organisationspsychologie (S. 5–26). Weinheim: Beltz PVU.

Hurrelmann, K. & Ulich, D. (Hrsg.). (1991). Neues Handbuch der Sozialisationsforschung. Weinheim: Beltz.

Jonas, K., Keilhofer, G. & Schaller, J. (Hrsg.). (2005). Human Resource Management im Automobilbau. Bern: Huber.

Kals, E. (1999). Der Mensch nur ein zweckrationaler Entscheider? Zeitschrift für Politische Psychologie, 7(3), 267–293.

Kals, E. & Kärcher, J. (2001). Mythen in der Wirtschaftsmediation. Wirtschaftspsychologie, 2, 17–27.

Kals, E. & Webers, T. (2001). Wirtschaftsmediation als alternative Konfliktlösung. Wirtschaftspsychologie, 2, 10–16.

Kaminski, G. (1990). Handlungstheorie. In L. Kruse, C.-F. Graumann & E.-D. Lantermann (Hrsg.). Ökologische Psychologie (S. 112–118). Weinheim: Beltz PVU.

Kieser, A. (Hrsg.). (2001). Organisationstheorien. Stuttgart: Kohlhammer.

Kieser, A. & Kubicek, H. (1983). Organisationen. Berlin: De Gruyter.

Kirchler, E. (Hrsg.). (2005). Arbeits- und Organisationspsychologie. Wien: WUV.

Kirchler, E., Meier-Pesti, K. & Hofmann, E. (2005). Menschenbilder. In E. Kirchler (Hrsg.), Arbeits- und Organisationspsychologie (S. 17–195). Wien: WUV.

Klauder, W. (1997). Der Arbeitsmarkt ab dem Jahr 2000 – Chancen und Probleme. Report Psychologie, 22, 275–285.

Kleinbeck, U. (1996). Arbeitsmotivation. Entstehung, Wirkung und Förderung. Weinheim: Juventa.

Kleinbeck, U. & Przygodda, M. (1993). Arbeits- und Organisationspsychologie im Spannungsfeld zwischen experimenteller und angewandter Psychologie – braucht Zukunft Herkunft? In W. Bungard & T. Herrmann (Hrsg.), Arbeits- und Organisationspsychologie im Spannungsfeld zwischen Grundlagenorientierung und Anwendung (S. 75–89). Bern: Huber.

Knapp, M.L. (1980). Nonverbal communication in human interaction. New York: Holt, Rinehart & Winston.

Koch, U. & Wittmann, W. (Hrsg.). (1990). Evaluationsforschung. Berlin/Heidelberg: Springer.

Kokavecz, I. & Holling, H. (1999). Fort- und Weiterbildung. In C. Hoyos & D. Frey (Hrsg.), Arbeits- und Organisationspsychologie (S. 596–607). Weinheim: Beltz PVU.

Kühlmann, T.M. & Franke, M. (1989). Organisationsdiagnose. In E. Roth (Hrsg.), Enzyklopädie der Psychologie (Serie 3: Arbeits-Organisations-Wirtschaftspsychologie. Bd. 3: Organisationspsychologie, S. 631–652). Göttingen: Hogrefe.

Kühlmann, T.M. & Stahl, G.K. (2001). Problemfelder des internationalen Personaleinsatzes. In H. Schuler (Hrsg.), Lehrbuch der Personalpsychologie (S. 533–557). Göttingen: Hogrefe.

Leonhardt, W. (1991). Das „Mitarbeitergespräch" als Alternative zu formalisierten Beurteilungssystemen. In H. Schuler (Hrsg.), Beurteilung und Förderung beruflicher Leistung (S. 91–105). Stuttgart: Verlag für Angewandte Psychologie.

McKenna, E. (2000). Business Psychology and organisational behaviour. A student's handbook. Philadelphia: Psychology Press.

Miller, D.T. & Ratner, R.K. (1996). The power of the myth of self-interest. In L. Montada & M. J. Lerner (Eds.), Current societal concerns about justice (S. 25–48). New York: Plenum Press.

Montada, L. (1991). Grundlagen der Anwendungspraxis (Berichte aus der Arbeitsgruppe „Verantwortung, Gerechtigkeit, Moral", Nr. 62). Trier: Universität Trier, Fachbereich I – Psychologie.

Montada, L. (1992). Eine pädagogische Psychologie der Gefühle. Kognitionen und die Steuerung erlebter Emotionen. In H. Mandl, M. Dreher & H.-J. Kornadt (Hrsg.), Entwicklung und Denken im kulturellen Kontext (S. 229–249). Göttingen: Hogrefe.

Montada, L. & Kals, E. (2001). Mediation. Lehrbuch für Psychologen und Juristen. Weinheim: Beltz PVU.

Moser, K. & Schmook, R. (2001). Berufliche und organisationale Sozialisation. In H. Schuler (Hrsg), Lehrbuch der Personalpsychologie (S. 215–239). Göttingen: Hogrefe.

Neubauer, A.C. & Freudenthaler, H.H. (2001). Emotionale Intelligenz: Ein Überblick. In E. Stern & J. Guthke (Hrsg.), Perspektiven der Intelligenzforschung (S. 205–232). Lengerich: Pabst.

Neubauer, R. (1990). Frauen im Assessment-Center – ein Gewinn? Zeitschrift für Arbeits- und Organisationspsychologie, 34, 29–36.

Neuberger, O. (1994). Personalentwicklung. Stuttgart: Enke.

Neuberger, O. (2002). Führen und führen lassen. Stuttgart: Lucius & Lucius.

Niebel, G. (1987). Training positiven Verhaltens. In J.C. Brengelmann, L. von Rosenstiel & G. Bruns (Hrsg.), Verhaltensmanagement in Organisationen (S. 123–135). Frankfurt a.M.: Lang.

Nork, M.E. (1989). Management Training. München/Mering: Hampp.

Oesterreich, R. (1981). Handlungsregulation und Kontrolle. München: Urban & Schwarzenberg.

Pawlik, K. (1991). The psychology of global environmental change: Some basic data and an agenda for cooperative international research. International Journal of Psychology, 26, 547–563.

Rech, M. (1991). Haushalt und Familie: Der zweite Arbeitsplatz. Bern: Huber.

Reichwald, R. & Möslein, K. (1999). Organisation: Strukturen und Gestaltung. In C. Hoyos & D. Frey (Hrsg.), Arbeits-

und Organisationspsychologie (S. 29–49). Weinheim: Beltz PVU.

Schäfer, N. (1997). Organisationspsychologie für die Praxis. Berlin: Verlag Wissenschaft & Praxis.

Scherer, A.G. (2001). Kritik der Organisation oder Organisation der Kritik? – Wissenschaftstheoretische Bemerkungen zum kritischen Umgang mit Organisationstheorien. In A. Kieser (Hrsg.), Organisationstheorien (S. 1–38). Stuttgart: Kohlhammer.

Schneewind, K.A. (1982). Persönlichkeitstheorien. Darmstadt: Wissenschaftliche Buchgesellschaft.

Schneider, S. (1999). Die betriebliche Einarbeitung neuer Mitarbeiter: Ein Phasenmodell. Akademie, 1, 9–12.

Scholl, W. (2004). Grundkonzepte der Organisation. In H. Schuler (Hrsg.), Organisationspsychologie (S. 409–444). Bern: Huber.

Schüpbach, H. (2004). Analyse und Bewertung von Arbeitstätigkeiten. In H. Schuler (Hrsg.), Organisationspsychologie (S. 167–187). Bern: Huber.

Schuler, H. (2000). Psychologische Personalauswahl. Göttingen: Verlag für Angewandte Psychologie.

Schuler, H. (Hrsg.). (2001). Lehrbuch der Personalpsychologie. Göttingen: Hogrefe.

Schuler, H. (Hrsg.). (2004). Organisationspsychologie. Bern: Huber.

Schuler, H. (2004b). Einleitung. In H. Schuler (Hrsg.), Organisationspsychologie (S. 1–9). Bern: Huber.

Schuler, H. (Hrsg.). (2004c). Beurteilung und Förderung beruflicher Leistungen. Göttingen: Hogrefe.

Schuler, H. & Funke, U. (2004). Diagnose beruflicher Eignung und Leistung. In H. Schuler (Hrsg.), Organisationspsychologie (S. 235–283). Bern: Huber.

Schulz von Thun, F. (2001). Miteinander reden. Störungen und Klärungen (Band 1). Reinbek: Rowohlt.

Semmer, N. & Udris, I. (2004). Bedeutung und Wirkung von Arbeit. In H. Schuler (Hrsg.), Organisationspsychologie (S. 133–165). Bern: Huber.

Sonntag, K.H. (1999). Personalentwicklung in Organisationen. Göttingen: Hogrefe.

Sonntag, K. & Scharper, N. (1999). Personale Verhaltens- und Leistungsbedingungen. In C. Hoyos & D. Frey (Hrsg.), Arbeits- und Organisationspsychologie (S. 298–312). Weinheim: Beltz PVU.

Spieß, E. (2005). Wirtschaftspsychologie. München: Oldenbourg.

Sprenger, R.K. (2002). Mythos Motivation. Frankfurt a.M.: Campus.

Staehle, W.H., Conrad, P. & Sydow, J. (1999). Management. Eine verhaltenswissenschaftliche Perspektive. München: Vahlen.

Staufenbiel, T. & Rösler, F. (1999). Personalauswahl. In C. Hoyos & D. Frey (Hrsg.), Arbeits- und Organisationspsychologie (S. 488–509). Weinheim: Beltz PVU.

Udris, I. & Frese, M. (1988). Belastung, Stress, Beanspruchung und ihre Folgen. In D. Frey, C. Hoyos & D. Stahlberg (Hrsg.), Angewandte Psychologie (S. 427–447). Weinheim: PVU.

Ulich, E. (2001). Arbeitspsychologie. Stuttgart: Schäffer-Poeschel.

Van de Ven, A.H. & Ferry, D.L. (1980). Measuring and assessing organizations. New York: John Wiley.

von Rosenstiel, L. (1999). Führung und Macht. In C. Hoyos & D. Frey (Hrsg.), Arbeits- und Organisationspsychologie (S. 412–428). Weinheim: Beltz PVU.

von Rosenstiel, L. (2003). Grundlagen der Organisationspsychologie. Stuttgart: Schäffer-Poeschel.

von Rosenstiel, L. (2004). Kommunikation und Führung in Arbeitsgruppen. In H. Schuler (Hrsg.), Organisationspsychologie (S. 321–351). Bern: Huber.

Wakenhut, R. (1993). Wirtschaftspsychologie. In A. Schorr (Hrsg.), Handwörterbuch der Angewandten Psychologie (S. 736–742). Bonn: Verlag Deutscher Psychologen.

Walenta, C. & Kirchler, E. (2005). Führung. In E. Kirchler (Hrsg.), Arbeits- und Organisationspsychologie (S. 411–484). Wien: WUV.

Watzlawick, P., Beavin, J.H. & Jackson, D.D. (2000). Menschliche Kommunikation. Bern: Huber.

Weinert, A.B. (2004). Organisations- und Personalpsychologie. Weinheim: Beltz PVU.

Wenninger, G. (1999). Arbeits-, Gesundheits- und Umweltschutz. In C. Hoyos & D. Frey (Hrsg.), Arbeits- und Organisationspsychologie (S. 105–121). Weinheim: Beltz PVU.

Wiemann, J.M. & Giles, H. (1996). Interpersonale Kommunikation. In W. Stroebe, M. Hewstone & G.M. Stephenson (Hrsg.), Sozialpsychologie. Eine Einführung (S. 331–361). Berlin: Springer.

Wiendieck, G. (1993). Einführung in die Arbeits- und Organisationspsychologie. Studienbriefe der Fernuniversität Hagen. Fachbereich Erziehungs-, Sozial- und Geisteswissenschaften. Hagen: FernUniversität.

Wiendieck, G. (1994). Arbeits- und Organisationspsychologie. Berlin/München: Quintessenz.

Winterhoff-Spurk, P. (2002). Organisationspsychologie. Stuttgart: Kohlhammer.

Wottawa, H. & Thierau, H. (1990). Evaluation. Bern: Huber.

Wunderer, R. (2003). Führung und Zusammenarbeit. Eine unternehmerische Führungslehre. München: Luchterhand.

Zapf, D. & Semmer, N. (2004). Stress und Gesundheit in Organisationen. In H. Schuler (Hrsg.). Organisationspsychologie – Grundlagen und Personalpsychologie (S. 1007–1112). Göttingen: Hogrefe.

Autorenverzeichnis

DAS Standardwerk – komplett überarbeitet

A. Weinert

Organisations- und Personalpsychologie
Lehrbuch
5. vollständig überarbeitete Auflage
Gebunden. XXVI, 827 S.
ISBN 3-621-27490-1

Die rasche technologische Entwicklung, zunehmende (globale) Konkurrenz, wirtschaftlicher Druck und sich verändernde Rollen und Werte – die Veränderungen für Organisationen und das Arbeitsleben sind fundamental; die Wissenschaft und ein modernes Lehrbuch müssen dem Rechnung tragen.

Wie werden die „klassischen Kernthemen" der Organisations- und Personalpsychologie durch die wirtschaftlichen, gesellschaftlichen und technologischen Veränderungen beeinflusst und verändert? Welche neuen Entwicklungen entstehen infolge dieser Veränderungen?
An diesen Fragestellungen orientiert, legt Weinert ein modernes, grundlegend überarbeitetes Lehrbuch zur Organisations- und Personalpsychologie vor, das nicht nur durch Aktualität und exzellente Didaktik besticht.
Ein Spezifikum des Lehrbuchs ist der Stellenwert, der dem Faktor „Kultur", der Interkulturalität im Zeitalter der Globalisierung eingeräumt wird. Alle relevanten neuen Trends in den Arbeitsbeziehungen und Organisationsstrukturen wie 360°-Feedback, Franchise-System, TQM, Benchmarking, boundaryless Karrieren und E-Learning kommen zur Sprache.
Ein Lehrbuch, nicht nur fürs Studium von Psychologie oder Betriebswirtschaft.

Verlagsgruppe Beltz • Postfach 100154 • 69441 Weinheim • www.beltz.de